Glenologische Chemie

Die Organisation der Materie

Das Periodensystem der Elemente
als Ausdruck der Atkinson-These

„Sie haben meine Zustimmung, wenn es darum geht, das Periodensystem
zu verstehen. Ich verfolge Ihre intellektuellen Erkenntnisse immer weiter
und bestätige sie. Ich ziehe den Hut vor Ihnen, mein Freund. Ich bin Ihnen
zutiefst dankbar für mein immer tieferes Verständnis der Biodynamik
und darüber hinaus, wofür ich hoffe, dass die Erwähnung Ihrer Arbeit am
Ende meines Buches, Quantum Agriculture,
eine erste Zahlung ist.
Vielen Dank, vielen Dank, vielen Dank.
Mit freundlichen Grüßen, Hugh Lovel"

ISBN 978-0-473-72741-3 (pbk)

Zeichen und Farben im Buch

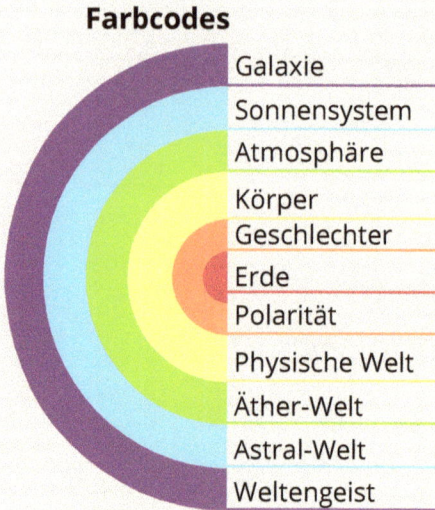

Farbcodes

- Galaxie
- Sonnensystem
- Atmosphäre
- Körper
- Geschlechter
- Erde
- Polarität
- Physische Welt
- Äther-Welt
- Astral-Welt
- Weltengeist

Überschrift/Erklärung

SUL Schwefel
SAL Salz
MER Quecksilber

Tierkreiszeichen

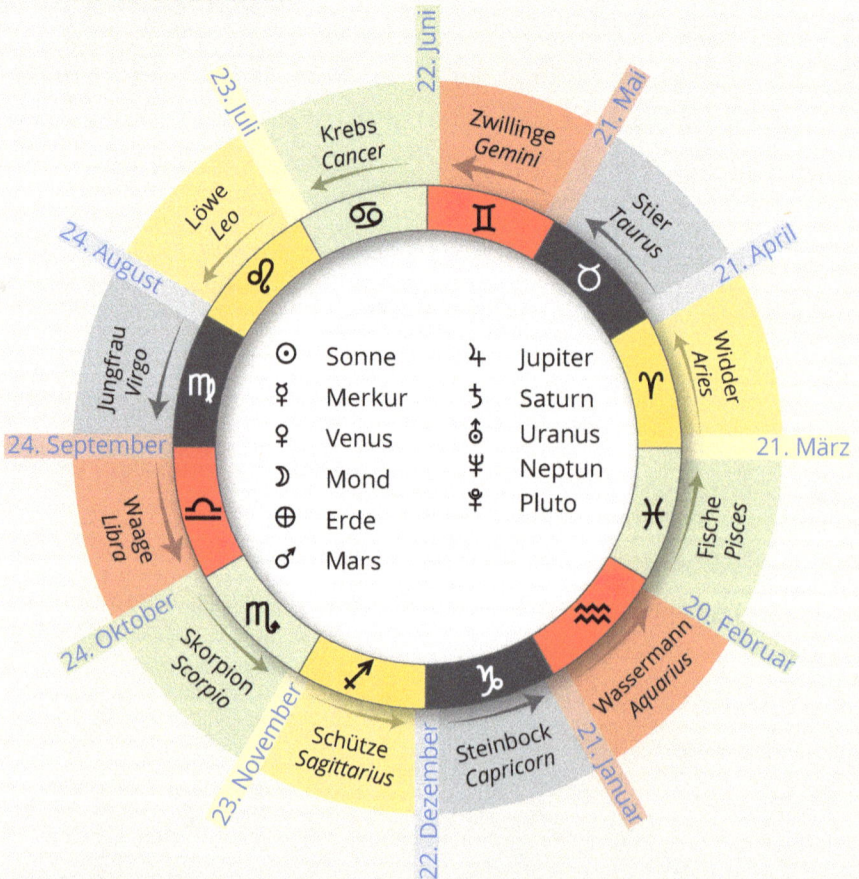

Inhalt

Vorwort

Dies ist meine Gedankenreise auf der Suche danach, wie Materie organisiert ist. Es stellt die Schritte der Geschichte dar, die von „Biodynamic Decoded" über „Biodynamic Chemistry" bis hin zur „Alchemical Chemistry" reichen. Ich hoffe, eine Geschichte präsentieren zu können, die die logische Abfolge universeller Wahrheiten darstellt, die auf dem Prinzip „Wie oben, so unten" basieren; vom Universum oben zum manifesten Leben unten.

Diese Reise hat etwa 50 Jahre gedauert, um zu dieser Präsentation zu gelangen. Im Alter von 16 Jahren begann ich, meine Umgebung zu hinterfragen. Jetzt, bei meiner zweiten Saturn-Rückkehr, ist es an der Zeit, alles zusammenzutragen, als „Samen", für das, was auch immer es in der Zukunft werden mag. Ich finde die Reise immer wieder aufregend, denn der ständige Strom von Einsichten und Entdeckungen, die sich aus diesem „universellen Lehrsatz" ergeben, hält mich bei der Stange. Ich fühle mich gesegnet, dass ich es so früh im Leben gefunden habe, denn es hat mein Interesse während der gesamten Zeit auf dem Niveau einer leichten bis starken Besessenheit gehalten. Die praktischen Belohnungen haben den Prozess lohnenswert gemacht.

Seit 1980 wurde mein Leben durch meine Entwicklungen physisch unterstützt, und ich habe immer noch einen weiten praktischen Horizont vor mir, den es zu erkunden gilt. Diese Saturn-Rückkehr ist zwar ein Abschluss, bei dem nun alle Teile an ihrem Platz sind, aber sie ist auch der Beginn der nächsten Phase in meinem Leben. Ich habe meine „Universität" und ihre Lehrer hinter mir gelassen und kann nun mit meiner eigenen Erfahrung unter dem Banner der Glenologie weitermachen. Diese Buchreihe enthält die meisten der Schritte, die ich als notwendig erachtet habe, um genügend Klarheit zu schaffen, damit ich mich in meiner „Praxis" sicher fühle. Ich bin sehr froh, dass ich diesen Weg beschritten habe. Er hat all das gebracht, was er mir vor all den Jahren vor Augen geführt hat.

8. Mai 2013

Als sich diese Reise zu meiner These entfaltete,, führte sie mich auf Wege, die sich nicht mehr mit einem der bestehenden „Ismen" identifizieren lassen. Diese Reise begann mit Rudolf Steiner (RS), aber ich bin zu einer Ansicht gelangt, die mit vielen der Überzeugungen seiner eifrigsten Anhänger nicht vereinbar ist. Dass ich endlich begriffen habe, dass ALLES ELEKTRONISCH ist, hat diese Gespräche noch herausfordernder gemacht. In der Praxis scheinen meine Bemühungen, das biodynamische (BD) Standardverständnis und die Anwendung zu „erweitern", nicht übermäßig willkommen zu sein. Meine Bemühungen mit der Chemie haben meine Arbeit in einen Bereich geführt, der von anderen Chemikern nicht betreten wird. Ich verwende homöopathische Methoden für die Herstellung von Produkten, aber das Verständnis, das hinter dieser Verwendung steht, entspricht nicht den „traditionellen" homöopathischen Techniken der Diagnose oder der Krankheitsreferenz. Es stammt aus dem Ansatz Steiners. Dennoch verwenden die Ärzte die BD-Präparate nicht als Heilmittel und haben bisher sehr wenig Interesse an meiner Chemie gezeigt. Ich kann sagen, dass ich immer noch in die Astrologie passe, aber nur, weil die Astrologie die älteste und breiteste „Kirche" ist, die es gibt, ohne zentrale Autorität, die ihre Natur definiert. Wenn man einfach nur die Verbindung zwischen dem Oben und dem Unten betrachtet, ist man ein Astrologe.

Der Ansatz, den ich in meinen Schriften vorstelle, hat nun einen ganz eigenen Charakter und kann sich nicht mehr an eine externe Referenzgruppe halten, um Gültigkeit zu erlangen. Er kann nur nach seiner eigenen These beurteilt werden und braucht daher einen Namen, um ihn zu definieren. Die Suche nach einem passenden Namen ist recht schwierig, da er irgendwie das Werk selbst widerspiegeln muss, ohne zu unpersönlich zu sein. So habe ich mich nach einiger Zeit für den Namen 'Glenology' entschieden. Diese Arbeit ist ein vollständiger Ausdruck meines Weges und meiner Bemühungen in diesem Leben, und obwohl sie sich auf andere Lehren stützt, ist die Art und Weise, wie sie durch meinen Kanal erscheint, ein Ausdruck meines Wesens. Sie erstreckt sich auch auf die Glenopathie, da sie einen starken Schwerpunkt auf die praktische Anwendung legt. Der Schwerpunkt meiner Bemühungen liegt immer auf der Lösung von Problemen, dem Eingreifen in Pathos oder Pathologien. Die Glenopathie besteht also aus der Betonung der praktischen Anwendung.

Mit einem sehr befreiten Herzen biete ich dieses Buch als Teil der glenologischen Reihe an.

24.8.2014

Die Absicht meiner Bemühungen sind die praktischen Ergebnisse, die sich daraus ergeben. Dieses Buch umreißt die zugrundeliegenden Gedanken des logischen Prozesses, den ich unternommen habe, um zu den Diagrammen (S. 58 und 184) zu gelangen. Daraus ergibt sich „das Feld", auf dem praktische Lösungen gefunden werden können. Es ist eine Reise, und wenn man sie unternimmt, wird sie die Sicht auf die geordnete Welt, in der wir leben, erheblich verbessern.

Es gibt eine praktische Anwendung, die für alle, die sie nutzen wollen, kostenlos und sicher ist. Bedenken Sie, dass ich 40 Jahre gebraucht habe, um diese Reise zu machen, und während es für Sie viel schneller gehen wird, vermute ich, dass Ihr Körper einige Zeit brauchen wird, um die vielen Einsichten und Orientierungen zu verdauen, die nötig sind, damit das Periodensystem zu einer lebendigen energetischen Realität im täglichen Leben wird. Diese dritte Ausgabe enthält Klarstellungen, Korrekturen und Erweiterungen, vor allem bei den Lanthanoiden, mehr nach Norden ausgerichtete Diagramme und wie „die Äther" als Realität innerhalb des elektronischen Seins anzusiedeln sind.

Viel Spaß.

3.4.2017

Die englische A4-Ausgabe wurde produziert, damit die Bilder und der Text größer sein können. Ich finde die A4-Ausgabe nicht so vielseitig verwendbar, aber sie ist auf andere Weise leichter zugänglich. Es gibt Ergänzungen im Text, aber keine großen Änderungen. Ein wichtiger Teil des Prozesses sind die Fragen. Sie zeigen den Prozess, die Übergänge von einem Schritt zum nächsten. Diese habe ich in dieser Ausgabe besonders hervorgehoben.

Seit 2010 habe ich meine Bilder mit dem magnetischen Nordpol der Erde als Referenz gezeichnet. Davor habe ich mich an der Sonnenbahn der Nordhalbkugel orientiert, wie es viele Menschen tun. Das bedeutet, dass einige der Bilder hier umgekehrt zu anderen Bildern sind. Wenn Sie praktisch arbeiten, verwenden Sie die magnetische Ausrichtung.

Ich habe auch einen Abschnitt über die verschiedenen Diagnosemethoden und Anwendungen der chemischen Elemente hinzugefügt, mit denen ich experimentiert habe. Teil dieses Vorworts ist ein Blogbeitrag von Hugh Lovel aus dem Jahr 2013. Wie Hugh sagt, habe ich 2001 begonnen, mit ihm über dieses Thema zu sprechen, und das sind seine Erkenntnisse. Ich hoffe, sein Enthusiasmus kann mehr Menschen ermutigen, diesen Ansatz ernst zu nehmen.

Ich möchte auch meinen Söhnen Rimu und Sol für die Aufgaben danken, die sie übernommen haben, um die 3D-Bilder und -Skulpturen des Periodensystems zu verwirklichen. Dies war eine wichtige Entwicklung, um diese Formen zu manifestieren.
12.3.2022

Diese deutsche Version ist der Vision und dem Willen von Ursula Gérard und Bernhard Scholl zu verdanken. Wir hoffen, dass die Menschen in Dr. Steiners Muttersprache diese energetische Vision der Chemie, die auf vier Aktivitäten in drei physikalischen Systemen basiert, wertschätzen können.
1.8.2024

Mein Prozess

Durch seine Goetheanische Wissenschaft hat Dr. Steiner uns einen Weg gegeben, neue Informationen zu generieren. Mit seiner Verwendung von „universellen Gesetzen", die auf der astronomischen Realität des Universums basieren, können wir die beobachtbare Ordnung, die wir beim Betrachten des Universums finden, als „universelle" Referenz für unsere Beobachtungen der Manifestation verwenden.

„... wenn wir die Pflanze verstehen wollen, müssen wir nicht nur das pflanzliche, tierische und menschliche Leben in Frage stellen, sondern das ganze Universum. Denn das Leben kommt aus dem ganzen Universum, nicht nur aus der Erde. Die Natur ist eine Einheit und ihre Kräfte sind von allen Seiten am Werk. Wer seinen Geist für das offensichtliche Wirken dieser Kräfte offen halten kann, wird sie verstehen." (RS, S. 70, Landwirtschaftlicher Kurs 1938).

Die äußere Organisation in Galaxien, Sonnensystemen und Planeten mit ihren Atmosphären sind grundlegende organisierte Realitäten, reale energetische Dimensionen innerhalb des Schöpferischen Wirbels. Die ihre Form beschreibende Physik und die Mathematik des Goldenen Schnitts sind das Fleisch auf ihren Knochen. Dr. Steiner beschreibt diese Muster, die in den Formen des Lebens mitschwingen, so kühn wie in den vier Reichen der Natur. (21 Seite 18.) Wobei jedes Reich eine weitere astronomische Sphäre verkörpert. Das Mineralreich ist nur die physische Erde. Das Pflanzenreich verkörpert die lebensspendenden, sauerstoffgefüllten atmosphärischen Aktivitäten, während das Tierreich die empfindsame Bewegung hinzufügt, die wir in den Planeten des Sonnensystems finden, während das Menschenreich die individualisierenden Kräfte der Sterne verkörpert.

Dr. Steiner verwendete diese Resonanzmuster in vielen seiner naturwissenschaftlichen Vorträge. Wir können eine Struktur erkennen, die seit langem von der Astrologie verwendet wird, und RS sprach von der 12-fachen, 7-fachen, 4-fachen, 3-fachen, 2-fachen und Einheitsordnung. Mein Beitrag „Bernie und Glen" trägt zu diesem Thema bei. Wir können uns auch an den Vorschlag von RS am Ende der Vorlesung 5 in Cosmic Workings in Earth and Man erinnern: „Und man muss auch die Astrologie kennen, die Wissenschaft der Sterne, wenn man die Bildung des Kambiums verstehen will."

Meine Beobachtungsmethode (ich kann nicht wirklich sagen, dass sie mit der von RS identisch ist) fordert uns auf, alle verfügbaren wissenschaftlichen Informationen zu einem Thema zu sammeln und diese Informationen dann zu betrachten. Suchen Sie nach Mustern in den wissenschaftlichen Informationen, die Sie vor sich haben, und identifizieren Sie eine dieser Zahlen. Sobald die Zahlendimension für Ihre

Informationsgruppe festgelegt ist, können wir nach einer weiteren Organisation innerhalb dieser Gruppe suchen. In meiner chemischen Untersuchung beobachte ich drei Gruppen von Elementen, die jeweils eine andere Nummer haben. Es gibt 8 Gruppen von Hauptelementen, 10 Gruppen von Übergangselementen und 14 Gruppen von Lanthanoidenelementen. Dies legt nahe, dass die Zahlen 4, 5 und 7 als Ordnungsprinzipien für diese Elemente dienen können. Die Zahl 7 deutet darauf hin, dass die 7 Planeten das Rückgrat bilden und dass es eine innere Polarität zwischen der einen Gruppe mit 7 Elementen und der anderen Gruppe mit 7 Elementen, innerhalb der 14 Lanthanoiden usw. geben kann.

Ich habe dann Schmelzpunkte, Wertigkeiten, Atomgewichte und die Verwendungszwecke der Elemente verwendet, um eine weitere Reihenfolge festzulegen, die mit allen anderen Informationen, die ich bereits über die Zahl 7 habe, innerhalb eines Kreises verknüpft werden kann. (S. 282, 1)

Auf diese Weise können wir Bezugspunkte für die Feststellung möglicher Wahrheiten schaffen, die weiter erforscht werden können. Wir können fragen, wie die innere Ordnung die Informationen belebt und welche Erkenntnisse durch diese Erkundung gewonnen wurden. Versuche verschiedener Art haben gezeigt, dass die Lanthanoidenelemente so wirken, wie es dieser Prozess vorausgesagt hat.

Dieser Prozess hat zu einer großen astrologischen Gleichung geführt, die sich, je nach Kontext, in dem sie sich befindet, bewegt. Der Kontext hat immer eine gewisse Beziehung zu einer astronomischen Basis, also zu einer Basis, die mit der Wahrheit verbunden ist. Das Universum ist jedoch ein großer Ort und es gibt viele Kontextänderungen. Die astronomische Realität im Auge zu behalten, ist der leuchtende Stern in der Nacht. Die astrologischen Regeln, die auf astronomischen Wahrheiten beruhen, bieten einige Grenzen, um unsere Erkenntnisse zu Dingen zu formen, die es wert sind, untersucht zu werden. Astrologische Beobachtungen beruhen auf der Physik der Schöpfung.

Diese neuen Informationen sollte als spekulativ betrachtet werden, aber die Spekulation basiert auf einem bewährten Theorem. Sie hat also ein sehr hohes Potenzial, richtig zu sein, und ist es daher wert, weiter verfolgt zu werden. Wir müssen nach Möglichkeiten suchen, diese Spekulation zu beweisen oder eben nicht. Forschen Sie weiter.

Ich betrachte diese Tätigkeit als Dr. Steiners erste Stufe der Wahrnehmung. Er beschreibt dann ein zweites Stadium, das eintritt, wenn unser intensives Studium und unsere Beobachtungen einen Höhepunkt erreichen, das in meinem Fall gewöhnlich von einer gewissen Frustration begleitet wird. An diesem Punkt lasse ich die Gedankenform los oder gebe sie auf, und in diesen Raum fließen neue mögliche Wege ein, sich dem Thema zu nähern. Oft taucht eine Antwort auf die Frage auf, die vorher nicht beantwortet werden konnte.

Wir können uns diesen Prozess so vorstellen, dass sich unser innerer Geist durch fokussierte Gedanken vergrößert und in die Umgebung hinausdrängt. Unsere „Umgebung" wird durch die reale Energie geschaffen, die von ALLEN Milliarden von Sternen kommt. Dieses energetische holographische Feld wird die Sphäre des Kosmischen Geistes genannt. Innerhalb dieses energetischen Feldes können die Weltaktivitäten der planetar-astralischen und atmosphärisch-ätherischen Einflüsse ihre weitere Organisation durchführen. Wenn wir aktiv denken und uns Gedankenformen vorstellen, drängen wir zumindest in die Weltgeist-Sphäre unseres Sonnensystems hinaus. Wir suchen bewusst nach Inspiration für unsere Fragen und stoßen mit unseren Meditationen zu unserem Thema in das kollektive Unbewusste, das sich im Sonnenfeld befindet. Die meisten Menschen können durch diese Tätigkeit eine gewisse direkte Hilfe erhalten. Wenn wir jedoch unseren Fokus loslassen und nach außen drängen, stoßen der Weltgeist und das kollektive Unbewusste zurück und strömen in den leeren Raum in unserem Bewusstsein, den unsere Gedankenform hinterlassen hat. Die Antwort wird aus der universellen Vernunft geliefert, die auf unsere Gedankenentwicklung reagiert. Der Gedanke ist in der Tat eine formende Kraft, und das Universum reagiert darauf. Alles ist in Bewegung und reagiert auf alles andere.

In der dritten Stufe des RS-Wahrnehmungsprozesses können wir die energetischen Individuen in unserem Umfeld treffen, die diese kosmischen Gedanken auf uns zurückführen. Hier können persönliche

Gespräche mit diesen energetischen Individuen geführt werden. Diese Wesen können unterschiedlichster Natur sein, von toten Menschen bis hin zu Elementar-, Planeten- und Sternenwesen. Mit wem auch immer Sie kommunizieren möchten, diese Wesen sind normalerweise verfügbar. Fragen Sie einfach. Die Schwierigkeit besteht oft darin, das zu empfangen, was sie zu sagen haben.

Dies ist der Prozess des „Allwissens". Jeder Gedanke und jedes Gefühl, das jemals von irgendetwas auf der Erde gedacht und gefühlt wurde, hinterlässt einen Eindruck im Energiefeld der Erde. Wenn wir uns bewusst machen können, wie wir in dieses Feld eingebettet sind, können wir Zugang zu Inspirationen, Imaginationen und Intuitionen erhalten. Fragen Sie und das Feld antwortet.

Wenn dieser Prozess vollständig bewusst wird, ist man „erleuchtet" und befindet sich einen Schritt jenseits von Pluto und in der Sphäre von Persephone, die Dr. Steiner in Vortrag 3 der Okkulten Wissenschaft „Festes Land" nennt. Schöpferische Visualisierung oder gerichtete Absichten, die zur Manifestation führen, wirken in dieser Sphäre fast augenblicklich.

In all diesen Stufen erzeugen wir wirklich gute neue Informationen. Dr. Steiner schlug seinen Anhängern vor, sich zusammenzuschließen und den Erkenntnissen der anderen so „weiträumig" wie möglich zuzuhören. Auf seinem Weg geht es darum, neue Wahrheiten zu entdecken, die mit dem Universum zusammenarbeiten, um ein geordneteres und nachhaltigeres Leben zu schaffen.

Das ist Neuland, und wir haben die Werkzeuge, um dieses bewusst und sicher zu erforschen.

Hugh Lovels Erfahrung

Probleme und Lösungen bei Obstbäumen Hugh Lovel (nach der Advanced Quantum Ag Konferenz 2013)

Liebe K. und H., das alles scheint zunächst rätselhaft.

Sie beide haben Glen Atkinsons meisterhaftes Verständnis für die Kräfte des uns umgebenden Universums und dafür, wie die verschiedenen Arten unser Leben und unsere Umwelt beeinflussen, aufgegriffen. Ich kenne diesen Mann (Glen), der ursprünglich von der Sunshine Coast in Queensland stammt, seit fast 20 Jahren, und ich denke, wir hatten großes Glück, dass er unseren Fortgeschrittenenkurs besuchen und daran teilnehmen konnte. Obwohl ich vor mehr als 40 Jahren im Quantenchemie-Unterricht erkannt habe, dass die Astrologie ein gültiges Mittel ist, um herauszufinden, wie das Universum – im Großen wie im Kleinen – zu unserem Leben beiträgt, bin ich bei weitem nicht so ein Astrologe wie Glen. Hören Sie sich die Macro/Micro-Vorlesungen von Dennis Klocek auf der Diskette mit Ihren Kursunterlagen an. Dennis ist ein weiterer Astrologe/Biodynamiker wie Glen. Vor etwa zehn Jahren betrieb Dennis eine Website für Wettervorhersagen, auf der er die Astrologie zur Vorhersage von Hurrikanen und deren Intensität nutzte. Da ich im Südosten der USA lebe, verfolgte ich manchmal seine Vorhersagen, die weitaus genauer, detaillierter und vorausschauender waren als die des amerikanischen Wetteramtes.

So rätselhaft es auf den ersten Blick auch erscheinen mag, hinter all dem steckt eine Wissenschaft, und wir können sie mit den uns zur Verfügung stehenden Mitteln entschlüsseln. Wenn man bedenkt, dass Glen landwirtschaftliche Produkte vertreibt, deren Wirkstoff Wasser ist, ist es gut, dass er auch versucht, das Verständnis der dynamischen Geometrie (Astrologie), des Periodensystems und der Biodynamik, das er zur Entwicklung seiner Produktlinie verwendet hat, weiterzugeben, denn das Wichtigste ist das Verständnis. Ich respektiere wirklich die ganze Arbeit, die er geleistet hat. Aber wenn wir uns mit dem Gesamtbild befassen, sollten wir unsere Probleme klären und herausfinden, wie wir mit ihnen auf jeder Ebene und auf jede mögliche Weise umgehen können, indem wir die Werkzeuge nutzen, die uns zur Verfügung stehen, wozu auch Glens Erkenntnisse darüber gehören, wie die Präparate mit den verschiedenen Planeten, Konstellationen, Elementen, Äthern und Dimensionen arbeiten.

Glen und ich haben 2001 einen Workshop im Willamette Valley in Oregon gemacht, und damals hatten wir eine riesige private Diskussion darüber, an welche Stellen die verschiedenen Elemente des Periodensystems passen, was er sein gyroskopisches Landwirtschaftsmodell und den „Apfel des Lebens" nennt. An diesem Punkt erkannte ich, dass das, was mir bis dahin ein Rätsel in Bezug auf die Geometrie der Elektronenorbitale war, die ein Jahrhundert Kernphysik (seit Bohr) kartographiert hatte, durch die Mathematik der Dimensionen (Geometrie) gelöst werden kann, wenn Wasserstoff und Helium als eindimensionale Wirbel behandelt werden und jede aufeinanderfolgende Oktave (basierend auf der Lemniskularbewegung) als Hinzufügung einer Dimension zu dem Bild betrachtet wird. Keine Sorge wegen der Mathematik, aber das ist es, was den verschiedenen Elementen des Periodensystems ihre Funktionen in Bezug aufeinander gibt. Das bedeutet, dass Kohlenstoff, ein zweidimensionales Element mit Oberflächen (ein chemisches Element), die Informationen aller möglichen Formen im Universum auf seine Oberflächen geschrieben hat, oder, wenn Sie es vorziehen, auf die Ebenen seiner Teilchenwirbel und ihrer potenziellen Wechselwirkungen geätzt hat. Nun ist Kohlenstoff nur zweidimensional (chemisch), während Silizium dreidimensional ist – was es zu einem physikalischen Element macht. Kalzium ist vierdimensional, was es zu einem ätherischen Element macht. Nach Kalzium folgen die 4D-Übergangsmetalle, die der Schlüssel für alle Enzym-/Hormonprozesse sind, die mit lebenden Organismen verbunden sind – alles vierdimensional.

Wie können wir so etwas nutzen? In der Landwirtschaft hatten wir ein großes Problem damit, die Ursachen von Dingen zu erkennen. Das Ergebnis war eine lange Reihe von Pflastern, die nur die Symptome behandelten und die zugrunde liegenden Ursachen unangetastet ließen. Es sollte nicht verwundern, dass das gute alte 3D-Silizium (zusammen mit Schwefel, ebenfalls ein physikalisches 3D-Element) alle Zellwände und Bindegewebe bildet (zusammen mit Wasserstoff (Geist) und den chemischen Elementen), die die physikalische Struktur für lebende Organismen bilden. Wenn wir wollen, dass diese Struktur stark, widerstandsfähig, dauerhaft, robust usw. ist, müssen wir die Verfügbarkeit von Silizium (in Partnerschaft mit Magnesium und Phosphor) sicherstellen. Die chemischen Elemente Kohlenstoff, Stickstoff und Sauerstoff unterstützen dies mit Bor und Fluor als chemische Kofaktoren, die die Fluidität und Funktionalität von Si, Na, Mg, P, S und Cl sicherstellen. Die chemischen Elemente (Kohlenstoff und seine Verwandten) stehen also hinter der Schaffung der physikalischen Strukturen, die aus Silizium und seinen Verwandten bestehen. (Ich hoffe, ich habe Sie noch nicht verloren.) Wenn wir also ein physisches, strukturelles Problem haben, wie zum Beispiel die Schale einer Nektarine oder einer Kirsche oder die Zweige, die sie am Baum halten, dann muss es Silizium sein. Wir müssen nicht zweimal darüber nachdenken. Strukturelle Probleme sind Siliziumprobleme. Wenn wir hingegen ein internes Problem haben, wie z. B. Geschmack, Ernährung, Wachstum, Größe in der Fruchtentwicklung, alles, was mit dem Stoffwechsel zu tun hat usw., ist es ein Kalziumproblem. Das muss so sein, denn diese 4-dimensionalen Prozesse gehen über die physische Struktur hinaus. Da aber alles, was im Inneren der Zellen abläuft, von dem abhängt, was sie zusammenhält und von außen versorgt, hängt die mangelnde Größe in der frühen Entwicklung der Früchte nicht nur von der Nährstoffversorgung mit Kalzium, Kohlenhydraten und Aminosäuren ab, sondern auch vom Einschluss- und Abgabesystem, das auf Silizium und seine Gegenspieler zurückgeht. Ein Mangel an Bor und/oder Silizium führt also zu einer unzureichenden Größenbildung in der frühen Entwicklung der Früchte (Kalzium) und zu einer unzureichenden Ausfüllung mit Zucker und Aromastoffen (Kalium) in der späteren Entwicklung. Warum haben wir einerseits Pilz- und andererseits Insektenprobleme? Das eine ist eine gestörte ätherische Situation, die mit einem Übermaß an wässrigen Mondkräften zusammenhängt; das andere ist eine gestörte astralische Situation, die mit den trockenen/warmen Sonnenkräften zusammenhängt. Ob diese Probleme oberirdisch oder unterirdisch auftreten, sagt uns auch etwas über die Jahreszeiten und die Bedingungen, unter denen diese Probleme entstanden sind, die dem Zeitraum, in dem sie sich zeigen, weit vorausgehen können. Aber wir haben die Instrumente, um diese Situationen zu erkennen und sie an der Ursache zu beheben, anstatt zu versuchen, sie zu flicken, sobald die Probleme auftauchen.

Dies sollte Kym zum Beispiel zeigen, warum es bei Kirschen zur Spaltung kommt. Es ist nicht so sehr ein Problem der verregneten Ernte. Die Kirschen spalten sich, wenn ihr Bindegewebe und ihre Membranen schwach sind. Dies ist ein Problem des Stresses und des Mangels an Silizium/Bor/Fluorid in der frühen, strukturellen Entwicklung des Bindegewebes der Frucht. Vergessen Sie also, es zu reparieren, sobald Sie es sehen. Das ist nicht der Ort, an dem es aufgetreten ist. Es trat dort auf, wo es eine Trennung zwischen den Wärme/Licht/Silizium-Kräften, die mit Saturn assoziiert sind, und den chemischen/Lebens-/Kalzium-Kräften, die mit dem Mond assoziiert sind. Stellen Sie sich vor, Sie haben zu viele wassergelöste Nitrate im Boden an kühlen, bewölkten Tagen im zeitigen Frühjahr nach dem Fruchtansatz, dann haben Sie ein Problem.

Wie kann man es angehen? In diesem Fall ist es einerseits SEHR wichtig, den Boden im Winter mit Hornkieselsäure zu besprühen, um Wärme, Licht und Kieselsäure im Boden zu erzeugen. Andererseits ist es sehr wichtig, eine gute einjährige Getreide-/Leguminosen-Gründüngung im Obstgarten zu haben, so dass die Getreidepflanzen Nitrate aufsagen und Amonisäuren und Kalk liefern. Das Mähen der ausgereiften Winter-Gründüngung muss nach dem Fruchtansatz erfolgen (und wahrscheinlich das gleichzeitige Aussäen einer Sommer-Gründüngung), damit das Wetter und die Nährstoffflüsse so gesteuert werden, dass der junge Obstbaum optimal ernährt wird. Halten Sie auch einige Kermesbeeren (Phytolacca) und Brennnesselfermente zusammen mit geeigneten BD-Kräuterpräparaten bereit, um diesen Tanz mit dem Wetter fein abzustimmen. Genug für jetzt. Versteht ihr, worauf ich hinaus will? Man kann nicht einmal über diese Dinge nachdenken – sie würden ein Mysterium bleiben – ohne einen Rahmen wie die Astrologie zu haben, um die Wärme- und Lichtaktivitäten/Elemente von Saturn zu verstehen und wie dies mit den Chemie- und

Lebensaktivitäten/Elementen des Mondes funktioniert. Mit Sicherheit weiß ich nicht viel über spezifische Probleme, denn es gibt so viele, und sie sind von Ort zu Ort und von Jahr zu Jahr sehr unterschiedlich. **Ich weiß nur, dass es Möglichkeiten gibt, die Ursachen zu klären und die Situationen an ihren Entstehungspunkten zu verändern.** Manchmal brauche ich eine Weile, um die Dinge zu klären, und eine Diskussion wäre sehr hilfreich. Wenn Sie also Probleme haben, wie wäre es, wenn wir sie in einer Gruppendiskussion lösen würden? Dann würden wir alle etwas lernen. Und wenn Sie ganz oben stehen, werden Sie die Dinge im Gleichgewicht halten und nicht einmal neue Probleme bekommen, die die Branche überrollen. Wie Sie sehen können, habe ich viel Zeit für Sie.

Mit freundlichen Grüßen, Hugh

Die Methode

Im Laufe der Jahre haben sich immer wieder Menschen dafür interessiert, wie ich zu den Informationen gekommen bin, die ich habe. Was ist meine Methode?

Alles beginnt mit dem großen Unbekannten. Was ist das für eine Welt, in der wir leben, und wie können wir in ihr auf eine Weise funktionieren, die mit ihrer Nachhaltigkeit vereinbar ist? Wir brauchen einen Weg, um Informationen über das **Reale** zu sammeln, es zu verstehen und zu ordnen und dann nach möglichen „realen" Maßnahmen zu suchen, die ergriffen werden können.

Unser Thema ist die Schöpfung, und glücklicherweise ist SIE überall um uns herum, und wir können alle zustimmen, dass sie real ist. Die Schöpfung existiert. Eines der zeitlosen Axiome, die die Menschheit auf ihrer Suche nach dem Verständnis der Realität erkannt hat, lautet **„Wie oben, so unten"**. Es besagt, dass wir, wenn wir die Ordnung des Lebens – das Unten – verstehen wollen, auf das Oben schauen können, um den Gesamtplan zu erkennen. Die Geschichte des Oben ist die Astronomie, und es gibt viele anerkannte Wahrheiten, die die Menschheit über das Oben entdeckt hat. Diese Wahrheiten können auf das angewendet werden, was wir vor uns sehen. Dieser Prozess fungiert als **Informationsgenerator**, der mögliche Wege nach vorne aufzeigt. Sobald das Wissen von oben auf das Unten angewendet wird, sind wir Astrologen. Astrologie ist das Studium der Art und Weise, wie das Oben das Unten beeinflusst, und zwar auf ganz unterschiedliche Weise.

Je genauer wir hinschauen, desto mehr erkennen wir, dass es eine Ordnung in der Schöpfung gibt. Die gemeinsame Ordnung, die in der gesamten Astronomie zu sehen ist, ist eine **sich drehende energetische Kreiselkugel** (a), innerhalb derer verschiedene physische Strukturen zu finden sind. Kurz gesagt, wir existieren innerhalb eines energetischen holografischen Feldes, das mit Objekten gleicher Form gefüllt ist.

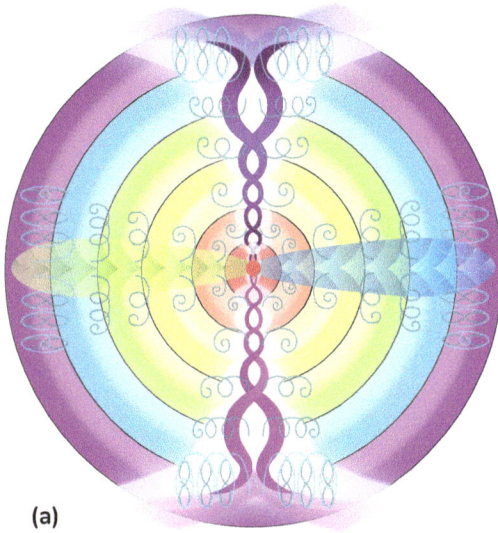

(a)

Ist diese Ordnung einmal gefunden, können sie und die grundlegenden Teile dieser Ordnung genutzt werden, um jede Information über die Schöpfung zu organisieren, über die wir mehr wissen wollen. „Wie oben, so unten" besagt, dass das kleinste Ding die innere Organisation des größten Dings widerspiegelt.

Die Astronomie liefert uns eine Hierarchie von sich drehenden Gyroskopen. Nicht unähnlich den „russischen Puppen". Das Universum ist zwar riesig, besteht aber aus „individuellen" Galaxie-Formationen, die aus vielen einzelnen Sternen bestehen, um die Planeten kreisen und auf denen sich in unserem Fall eine Atmosphäre bildet, die Leben erhalten kann. Das lange Studium der Astrologie hat dies (b) als den Tierkreis mit 12 Sternengruppen erklärt, vor denen sich das Sonnensystem mit 7 sichtbaren Planeten bewegt, in dem die Erde ihre Atmosphäre hat, in der sich die 4 Elemente manifestieren, sodass die dreifachen physischen Körper aus der Dualität eines männlichen und eines weiblichen einer bestimmten Spezies geboren werden können. **Dies IST das Rückgrat des „Plans".** Dies IST das Obige. Dr. Rudolf Steiner (RS) und andere liefern viele funktionelle Beispiele dafür, wie sich die Teile dieses Plans manifestieren. Es ist unsere Aufgabe, diesen Plan in allem zu finden, was wir beobachten.

Wie ich das mache

Meine Methode zum Verstehen der Informationen ist eine Abwandlung der Goetheschen Wahrnehmungsmethode, bei der Informationen beschafft, betrachtet, organisiert und geprüft werden. Der große Unterschied scheint zu sein, dass ich die astrologische Ordnung als DIE strukturelle Grundlage für die Beobachtung und Erforschung verwende. **Ich benutze** also **bekannte „universelle Wahrheiten", um weitere universelle Wahrheiten zu finden**. Sie liegen einfach herum und warten darauf, gesehen zu werden.

In der ersten Phase – „Die Punkte finden" – geht es darum, so viele Informationen über das Thema aus so vielen verschiedenen Quellen wie möglich zu finden. Dazu gehören physikalischwissenschaftliche Erkenntnisse, homöopathische Erfahrungen, alchemistische Gedanken, Steinersche Betrachtungen, alles, was ich finden kann. Das kann Jahre dauern, in denen ich verschiedene Perspektiven sammle. Das Ziel ist es, so viele Bezugspunkte wie möglich zu haben, um das Thema zu beleuchten.

Die zweite Phase ist das „Zusammenfügen der Punkte". Sobald die Informationen zusammengetragen sind, beginnt der Prozess der Mustererkennung. Je nach Thema können Fragen gestellt werden wie: Wie viele Teile sind vorhanden, welche Muster oder Anomalien gibt es bei den physikalischen Eigenschaften, der Härte, den Schmelzpunkten, den Wertigkeiten usw.? Welche industriellen Verwendungszwecke haben die verschiedenen Teile des Gegenstands? Welche „Schöpfungsgesetze" (s. b) können auf all dies angewendet werden? Wie hängen die Verwendungen und physikalischen Eigenschaften mit der Tätigkeit der vier energetischen Aktivitäten zusammen? All diese Fragen, Bilder und Muster werden betrachtet und „schweben" gelassen, bis sich eine inhärente Ordnung und ein Muster abzuzeichnen beginnen. Auch das kann Monate und Jahre dauern, aber auch nur ein paar Minuten.

Sobald das Thema 'organisiert' ist, wird die Prämisse getestet. Da ich mich für die Arbeit mit der Natur interessiere und wir es hier mit Chemie zu tun haben, wird die gewünschte Anwendung das Pflanzenwachstum und die Prüfung der menschlichen Gesundheit umfassen. Sobald ein „Heilmittel" in Frage kommt, werden eine Reihe von Pflanzenwachstumstests durchgeführt. Dabei kann es sich um Weizen- oder Rettichversuche ähnlich wie bei Dr. Kolisko handeln, um Blattmetamorphoseversuche à la Bockenmuhl mit Koriander oder um Kohlpflanzen – oder um eine Pflanze, die von einem bestimmten Schädling oder einer Krankheit befallen ist. Ziel dieser Versuche ist es, festzustellen, ob die Vermutungen über die energetische Aktivität eines Elements tatsächlich zutreffen, wie die Reaktion der Pflanze zeigt. In ähnlicher Weise können auch persönliche „Erprobungen" eines Mittels durchgeführt werden. Ein Mittel wird zwei Tage lang eingenommen, dann abgesetzt und nach ein paar Tagen wieder eingenommen, während man Gedanken, Gefühle, körperliche Vorgänge, z. B. Verdauung, Atmung, Träume usw., und sogar die äußeren Ereignisse des Lebens beobachtet. Der letzte Schritt besteht darin, das Mittel anderen Menschen oder einer Forschungseinrichtung zur Beurteilung zu geben.

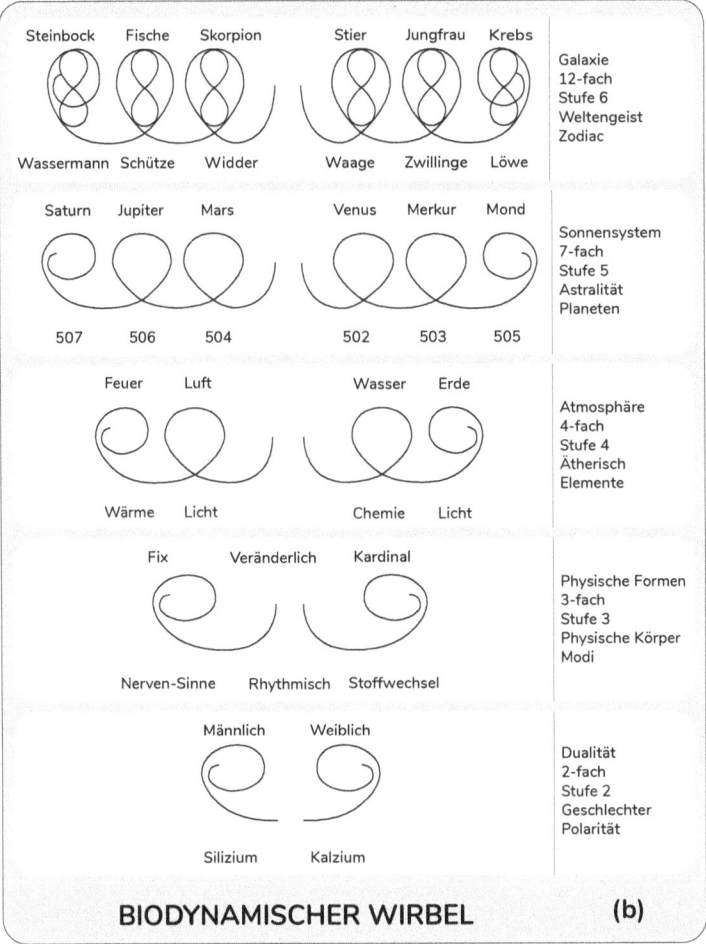

						Galaxie 12-fach Stufe 6 Weltengeist Zodiac
Steinbock	Fische	Skorpion	Stier	Jungfrau	Krebs	
Wassermann	Schütze	Widder	Waage	Zwillinge	Löwe	
Saturn	Jupiter	Mars	Venus	Merkur	Mond	Sonnensystem 7-fach Stufe 5 Astralität Planeten
507	506	504	502	503	505	

Feuer Luft — Wasser Erde

Atmosphäre
4-fach
Stufe 4
Ätherisch
Elemente

Wärme Licht — Chemie Licht

Fix Veränderlich Kardinal

Physische Formen
3-fach
Stufe 3
Physische Körper
Modi

Nerven-Sinne Rhythmisch Stoffwechsel

Männlich Weiblich

Dualität
2-fach
Stufe 2
Geschlechter
Polarität

Silizium Kalzium

BIODYNAMISCHER WIRBEL (b)

Mein Weg

Am Anfang meiner biodynamischen Reise folgte ich dem RS-Vorschlag „Wie oben, so unten" und betrachtete die astronomische Realität um mich herum und wendete diese Formen und Ordnungsmuster auf die Informationen an, die mir vorlagen, was zu „Biodynamics Decoded" führte. In diesem Prozess, der darin bestand, alle möglichen Informationskombinationen mit Diagrammen durchzuspielen, die sich aus der Verbindung von grundlegender Astrologie und Steiners Vorträgen ergaben, gab es eine Menge Versuch und Irrtum. Es dauerte etwa 10 Jahre, bis ich mich durch dieses Muster gearbeitet hatte und schließlich das „Biodynamics Decoded"–Diagramm entstand. Auf dem Weg dorthin gab es einige Inspirationen, aber rückblickend betrachtet habe ich viel mehr Mühe in die Grundlagenarbeit gesteckt als in die Inspirationen, was vor allem daran lag, dass ich meinen Inspirationen nicht wirklich voll vertraute. Ich war mir auch bewusst, dass man sich völlig bewusst sein muss, was und warum man tut, was man tut. Wenn man nur auf der Grundlage von Inspirationen arbeitet, entsteht eine Theorie voller Glauben und mit sehr wenig Begründung, warum etwas so ist, wie es ist. Ich wollte eine solide Basis, auf der ich aufbauen konnte. Mich faszinierte auch der Gedanke, dass es bei der Manifestation ein archetypisches Muster gibt, und dass, wenn wir diesem Muster folgen würden, es wahrhaftige und nützliche Erkenntnisse liefern würde. Ich war mehr daran interessiert, den Eckpfeiler dieser These zu beweisen – dass **es archetypische Formen gibt, die Wahrheit liefern** – als einfach nur die Wahrheiten zu erhalten. Ich glaube, meine gesamte Arbeit hat diese These bewiesen, und insbesondere meine Bemühungen im Bereich der Chemie sind der krönende Beweis dafür, dass dies ein gültiger Weg der Wissensgenerierung ist, wenn auch etwas langsam, wenn ich jetzt zurückblicke.

Als ich anfing, mich mit Chemie zu beschäftigen, folgte ich demselben „Beweis"-Prozess. Zu diesem Zeitpunkt hatte ich den größten Teil der im ersten Abschnitt dieses Buches vorgestellten Arbeit geleistet und mein „Glossar der Landwirtschaft" und die Diagramme zur „Interaktion der energetischen Körper" entwickelt (S. 58). Diese entstanden hauptsächlich dadurch, dass ich die Gedanken verfolgte, die aus „Biodynamics Decoded" hervorgingen. Natürlich gab es immer wieder kreative Schritte, die Teil des Prozesses waren.

Als es um die Chemie ging, legte derselbe Prozess nahe, dass das rechteckige Periodensystem nicht geeignet war, um die Elemente zu betrachten, da jedes Element und der Planet und das Sonnensystem usw., in denen wir leben, kugelförmig sind. Also arbeitete ich zunächst mit einem Kreis und später mit einer kugelförmigen Darstellung der Elemente. Rückblickend waren einige meiner frühen Inspirationen, z. B. wo die acht Arme der Hauptelemente auf dem Kreis platziert werden sollten, in der ersten Woche richtig, aber es dauerte weitere 10 Jahre, um diese Inspiration zu bestätigen. Der Vorteil ist, dass ich heute davon überzeugt bin, dass die Ordnung, die ich jetzt präsentiere, einen großen Wert hat. Die Grundlage meines Wahrnehmungsprozesses liegt also das „astrologische Modell", das in „Biodynamics Decoded" vorgestellt wird, und die Organisationsregeln, die sich daraus ergeben haben. Dies ist die Grundlage, auf der sich Meditation und „Träumen" entwickeln können.

In Bezug auf das „Träumen" skizziert RS in „Anthroposophische Menschenerkenntnis und Medizin" (17. Juli 1924) einen dreistufigen kognitiven Prozess. Hinter der rationalen Herangehensweise an meine Untersuchungen gibt es immer wieder diese „bahnbrechenden Bilder", die die Möglichkeit einer Antwort bieten. Es gibt also diese beiden Wege, die den Weg nach vorne weisen. Da sind zum einen die Informationen, die sich aus dem Prozess der Nutzung archetypischer Informationsmuster ergeben, die immer wieder neue Wege für künftige Forschungen eröffnen, oft durch die „Fehler", die sie liefern. Und zum anderen sind es diese „Aha"-Momente, die sich aus dem ergeben, was RS „verdichtetes Denken" nennt. Dies ist die erste Stufe der Erkenntnis, die sich aus der intensiven Konzentration auf einen einzigen Gedanken über einen bestimmten Zeitraum ergibt. Ich scheine dies ganz natürlich zu tun. Astrologisch gesehen ist dies die Aktivität des Planeten Uranus, doch ein starker Pluto-Einfluss verleiht jedem Prozess einen gewissen Grad an Besessenheit.

Mein astrologischer Indikator für diese Begabung ist ein starker Uranus-Aufgang, aber auch Mond in Jungfrau in Konjunktion zu Pluto, Quintil zu Saturn und Merkur in Konjunktion zu Skorpion. Dies ermöglicht es, sehr schnell „das Wesentliche" zu erkennen, und ist eine wunderbare Begabung bei der Untersuchung von Informationen. Der andere wichtige Teil meines Prozesses ist, dass meine Sonne in Konjunktion zu Neptun und Pallas Athene steht, während sie sich in einer gewissen Spannung zu einer Konjunktion von Jupiter, Uranus und Mars befindet. Dies ist eine Gruppe, die sich wenig um Konventionen schert, aber einen sehr phantasievollen, abenteuerlichen Zugang zu Möglichkeiten und Erfahrungen hat, die zu Verständnis führen. Vor allem Sonne-Neptun ist sehr phantasievoll, und so kann ich träumen und in Bildern umherwandern. Ich glaube, dass dies eine Fähigkeit ist, die es mir ermöglichte, der eher vagen und verwirrenden fischeartigen Symbolik von RS zu folgen, und die sehr hilfreich war, als ich seine Landwirtschaftsvorträge untersuchte, so dass sie zu etwas Zusammenhängendem umgestaltet werden konnten, wie es jetzt in meinem Buch „Energetic Activities" zu finden ist.

Es ist dieser Bereich meines Seins, in dem ich mich mit RSs zweiter Stufe der Erkenntnis identifizieren kann. In „Anthroposophische Menschenerkenntnis und Medizin" beschreibt RS die zweite Stufe so, dass, sobald das „verdichtete Denken" eines Themas erreicht ist, dieses Bild „eliminiert" werden muss. Auf diese Weise „steigt man tiefer in die eigene Seele hinab und betritt Regionen, die sonst nur dem Gefühl zugänglich sind". Dies führt zu einem Zustand der „Leere", die dann „mit einer geistigen Welt gefüllt ist, die uns genauso umgibt wie die gewöhnliche physische Welt das gewöhnliche Bewusstsein".

Meine Beseitigung des Gedankens war nicht so sehr ein bewusster Prozess, sondern vielmehr ein Prozess, der oft aus Frustration und sogar Erschöpfung entstand. Oft hatte ich das Gefühl, in eine Sackgasse geraten zu sein, und „gab gewissermaßen auf" und ließ den Gedanken oder das Bild dann los. Gewöhnlich tauchte kurze Zeit nach dieser Erfahrung „die Antwort" in Form einer Einsicht auf. Im Laufe der Jahre habe ich mich mit diesem Prozess immer wohler gefühlt und bin glücklicher darüber, dass ich „aufgebe".

Vor kurzem bin ich auf die Schriften von und über Paracelsus gestoßen. Er war der Schweizer „Vater der modernen Medizin" aus dem 16. Jahrhundert, obwohl er zu seiner Zeit sehr belächelt wurde, weil er bereit war, seinen eigenen Weg zu gehen und die Unzulänglichkeiten seiner Zeitgenossen mit großem Nachdruck auf sie zurückzuwerfen. Nichtsdestotrotz hat sein Weg der modernen wissenschaftlichen Forschung den Weg gewiesen, auch wenn die Wissenschaft 90 % seines Weltbildes nicht zur Kenntnis genommen hat. Seine Weltanschauung scheint mir die Grundlage zu sein, auf der Goethe und Steiner weitergearbeitet haben.

Sein Weg der Erkenntnis war ein zweifacher: Intuition und Erfahrung. Die Intuition enthüllt bestimmte grundlegende Tatsachen, die dann durch Erfahrung geprüft und bewiesen werden müssen. Das fasst meinen Prozess vollständig zusammen. Er war der Ansicht, dass diese beiden Säulen nicht getrennt werden können, sondern zusammenarbeiten müssen. Manly P. Hall hat einen sehr guten kurzen Überblick über seinen Ansatz mit dem Titel „Paracelsus" verfasst, aus dem ich aufgrund von Urheberrechtsbeschränkungen nicht zitieren kann. Aber es lohnt sich, dieses Buch von Hall zu lesen, um einen tieferen Einblick in die Weltanschauung dieses Genies zu erhalten. Sie ist in vielerlei Hinsicht dem Gesamtbild von RS sehr ähnlich.

Im Wesentlichen sah Paracelsus die gesamte Schöpfung als von Energie erfüllt an, die er Licht nannte. Eine Form des Lichts nehmen wir als physisches Licht wahr, und eine andere Form des Lichts ist mehr für das Gefühl und die Intuition wahrnehmbar. Dieses Licht enthält Informationen über die wesentliche Natur der Dinge, die nur der Intuition zugänglich sind. Er hatte das Prinzip „Wie oben, so unten" gut im Griff und bemerkte, dass „für jeden Stern am Himmel eine Blume auf der Wiese steht", was darauf hindeutet, dass er sich sehr bewusst war, dass die EM-Strahlung der Sterne die „geistige" Gestaltungskraft der vielen Arten auf der Erde begründet. Seine Auffassung von Energie, die sich als Leben manifestiert, ist der von RS sehr ähnlich. So sahen beide Männer das Gehirn als ein Sinnesorgan, das die „kosmischen Kräfte" wahrnehmen kann, wenn sie auf die Erde kommen. Mehr noch, sie wussten, dass aufgrund des elektromagnetischen Feldes der

Erde und des Sonnensystems alles Wissen, alle Gefühle und Erfahrungen, die jemals von jemandem gemacht wurden, in das Feld um uns herum ausgestrahlt werden, und dass unser „Denken und Träumen" einfach nur darin besteht, dass unser Gehirn die resonanten Energien aufnimmt, die bereits in „dem Feld" vorhanden sind. Paracelsus bemerkte, dass, wenn alle Ärzte auf dem Planeten auf einmal sterben würden, das Wissen über Medizin und Heilung nicht aussterben würde. Das Feld würde die bereits vorhandenen Informationen jedem zur Verfügung stellen, der bereit ist, sie zu empfangen. Intuition ist also nicht viel mehr, als dass wir einen klaren Gedanken oder ein klares Bild formulieren und dann offen sind für die Antwort, die uns die „Umwelt" gibt. Es bedarf also keiner formalen Ausbildung, sondern vielmehr eines wissbegierigen Geistes und der Bereitschaft, die Antworten zu empfangen, wenn sie sich ergeben.

Hier erkenne ich einen wichtigen Teil meines Prozesses. Ich habe mich auf der am weitesten von den traditionellen Kultur- und Wissenszentren entfernten Insel der Welt aufgehalten, und zwar in sehr abgelegenen provinziellen Regionen dieser Inseln. Daher waren meine „Einflüsse", vor allem vor dem Internet, sehr gering.

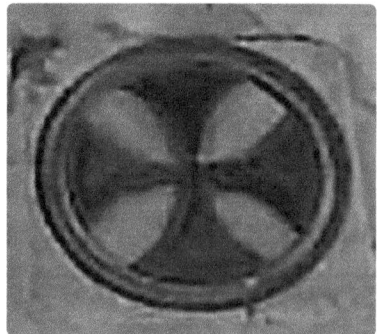

Doch als ich die Mesquita in Córdoba, Spanien, besuchte, befand sich das Bild des Kreisels, das ich aus meinen eigenen Untersuchungen gewonnen hatte und das die Grundlage für meine Diagramme bildet, dieses Buch von Hall zu lesen. Außerdem wird dieses Muster von allen Kulturen verwendet, seit die Chinesen es vor 10.000 Jahren benutzten. Ich brauchte also nicht zu reisen, um die Wahrheit zu finden, sondern die Wahrheit fand mich, weil ich die Fragen stellte und den Antworten zuhörte.

Manly P. Hall spricht auch davon, dass Paracelsus großen Respekt vor allen Arten von „Wesen" hatte, die in den subtilen Sphären existieren, zusammen mit einer Akzeptanz der Rolle der „Verstorbenen", die die Lebenden auf der Erde beeinflussen und ihnen helfen.

RS spricht von der zweiten Stufe seines Erkenntnisprozesses, in der wir „loslassen" müssen, da man sich auch der „geistigen Wesen" um einen herum bewusst wird, während man sich in der dritten Stufe bewusst wird, dass man selbst inmitten dieser Wesen aktiv ist.

Auch hier bin ich mir bewusst, dass es immer „Helfer" auf meinem Weg gab, denn das sabische Symbol meiner Geburtssonnenposition „Ein Mann, der sich spiritueller Kräfte bewusst wird, die ihn umgeben und ihm helfen", wird in einer Version mit „Ein Mann in Finsternis, umgeben von unsichtbaren spirituellen Wesen" übersetzt. Die Finsternis ist hier nicht so sehr meine eigene, sondern die der Zeit, in der ich lebe, die allem Anschein nach tatsächlich ein „dunkles Zeitalter" ist. Das bringt mich zurück zu Neptun und Pallas Athene, die direkt neben meiner Sonne stehen. Ich war mir immer bewusst, dass es Helfer in meinem Leben gibt. Jeder aus der Vergangenheit und sogar aus der Gegenwart kann über die „intuitive Superautobahn" der elektromagnetischen Energie, in der wir alle existieren, kontaktiert werden. Der Schlüssel ist eine klare Absicht, eine klare Frage und dann die Bereitschaft, die Antwort zu empfangen, und hier kommt die „Leere" von RS ins Spiel. Diese Antworten sind oft eine Herausforderung und anfangs nicht leicht zu akzeptieren. Aber je mehr wir mit ihnen leben, desto mehr Sinn ergeben sie. Der intuitive Prozess steht allen Menschen zur Verfügung, denn wir sind in erster Linie intuitive Wesen und erst in zweiter Linie rationale Wesen.

Ein Teil dieses „Gefühls"-Stadiums besteht darin, dass man seinen eigenen inneren „Themen" begegnet. Es besteht ein direkter Zusammenhang zwischen der „Klarheit der Antworten" und der Menge an emotionalem Ballast, den man bewältigen muss, um sie zu hören. Daher ist das Klären des astralischen Gepäcks ein wichtiger Prozess, den man mit dem gleichen Eifer verfolgen sollte wie das Empfangen der Antworten.

Es gibt auch Zeiten, in denen wir mehr für Inspirationen zur Verfügung stehen als zu anderen Zeiten, und ein Studium Ihres Geburtshoroskops wird Ihnen zeigen, was Ihr intuitiver Kanal (und Ihr astralischer Ballast) ist und wann er von einem Planetentransit „Input" erhält, so dass Ihr Empfang klarer und effektiver sein kann oder auch nicht. Ein Beispiel dafür ist meine fortschreitende Astrologie, als der „glenologische Stein von Rosette" in Sicht kam. (s. http:// garudabd.org/2020/06/03/ astrology-of-the-grs/)

Zusammenfassend kann man sagen, dass Paracelsus es klar gesagt hat: Wahrnehmung ist ein Gleichgewicht zwischen Intuition und Erfahrung. Was auch immer durch Studium und Intuition empfangen wird, muss praktisch bearbeitet werden, um einen existenziellen Beweis für seine Realität zu liefern. In der Tat folgten viele der großen wissenschaftlichen Durchbrüche der letzten 300 Jahre diesem Weg. RS hat diesen Prozess ausführlicher beschrieben und viele weitere seiner Konsequenzen skizziert, aber es ist im Wesentlichen derselbe Prozess. **Klare Frage, leer sein, um die Antwort zu erhalten, und losgehen, sie zu beweisen**.

Meine Fragen haben sich fast immer aus den archetypischen Mustern entwickelt, die sich aus der astronomischen und astrologischen „Reise" ergeben, durch RS landwirtschaftliche und medizinische Indikationen. Dieses Muster liefert die Parameter und die Ordnung, die vieles von dem, was wahrscheinlich real ist, festlegt. Dies bietet eine Abkürzung zu den guten Optionen, die zur Verfügung stehen, aber es gibt immer Teile, die nicht passen. Die Einstellung, dass das Universum mehr weiß als ich, hat zu dem Axiom „Es ist alles richtig, nur wo ist es richtig?" geführt. Dies ermöglicht es, dass die Teile, die zunächst nicht passen, als Türöffner für andere Erkundungen genutzt werden können, die in den meisten Fällen andere Aspekte des Ganzen aufzeigen. Hier haben sich „Inspirationen" oft als wertvoll erwiesen.

Ich bin mir bewusst, dass meine Verwendung des von Dr. Steiner verwendeten „archetypischen Theorems" ein Ansatz ist, der von vielen anderen biodynamischen Praktikern nicht verfolgt wird, aber die „bewussten" Ergebnisse, die in diesem Buch gezeigt werden, beweisen seinen Wert. Dieser einfühlsame Prozess ist für jeden zugänglich. Seien Sie nur sicher, dass Sie die Wahrheit Ihrer Inspirationen in der Erfahrung finden, indem Sie sich daran erinnern, dass „eine Person des Glaubens alles glauben kann".

Der Überblick

In seinen naturwissenschaftlichen Vorträgen ermutigt uns Dr. Rudolf Steiner (RS), **auf den Makrokosmos zu schauen und dann die ähnlichen Muster im Mikrokosmos zu finden**, die wir als Lebensformen um uns herum haben, wenn wir die Wirklichkeit sehen wollen.

In meinem Buch „Biodynamics Decoded"[1] zeige ich, wie die grundlegenden Formen, die in den formativen Prozessen der Galaxis sichtbar sind, verwendet werden können, um die formativen Muster der Aktivitäten zu verstehen, die in Steiners „Landwirtschaftlichen Vorträgen" beschrieben werden. Ich verwende ein grundlegenden Muster des Lebens, **den Wirbel,** um ein Gesamtdiagramm der biodynamischen Information als „Biodynamik entschlüsselt" (Biodynamics Decoded) zu präsentieren. Eine detaillierte Farbversion dieses einfachen Diagramms kann kostenlos unter www.garudabd.org heruntergeladen werden. Ich nenne dieses Diagramm auch den **Biodynamischen Wirbel.**

Der Wirbel ist jedoch nur ein Teil der gesamten galaktischen Form, die in Wirklichkeit ein sphärischer Kreisel ist. Heutzutage wird er eher als „Torusianische Individualität" (Torusian Individuality) bezeichnet. Der Wirbel befindet sich ganz offensichtlich auf der vertikalen Achse der Kreiselform. Während es also nützlich war, die biodynamische Weltsicht als einen einzelnen Wirbel darzustellen, ist es richtiger, **dieses Bild auf die Kreiselform auszuweiten.**

---

1   Atkinson, Glen: Biodynamics Decoded. The Garuda Trust, ISBN 0-474-09003-1

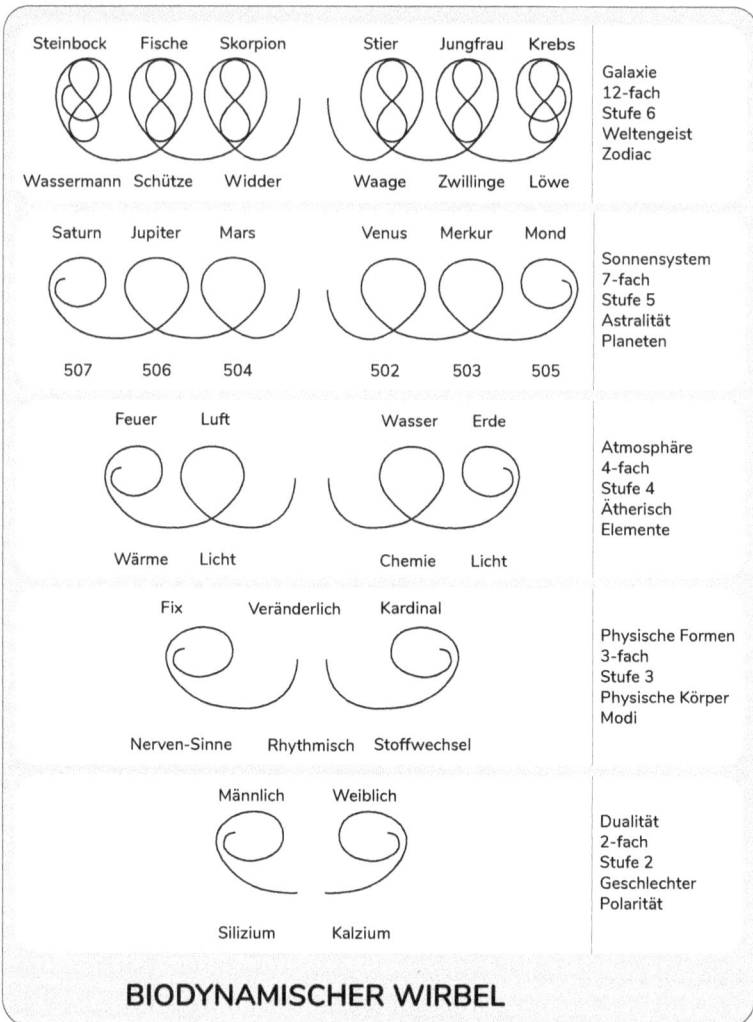

						Galaxie 12-fach Stufe 6 Weltengeist Zodiac
Steinbock	Fische	Skorpion	Stier	Jungfrau	Krebs	
Wassermann	Schütze	Widder	Waage	Zwillinge	Löwe	
Saturn	Jupiter	Mars	Venus	Merkur	Mond	Sonnensystem 7-fach Stufe 5 Astralität Planeten
507	506	504	502	503	505	

BIODYNAMISCHER WIRBEL

Das wesentliche Element des Wirbels sind die Schichten. Die Astrologie und Dr. Steiner bezeichnen diese als 2-, 3-, 4-, 7- und 12-fache Schichten.

Im Diagramm sind die Schichten wie folgt dargestellt: die 12-fache ist die Galaxie (Lila), die 7-fache Schicht sind die Planeten – das Sonnensystem (Blau), die 4-fache sind die Elemente der Atmosphäre (Grün), die 3-fache ist die Struktur der physischen Körper (Gelb), und die 2-fache ist die primär männliche und weibliche Natur der biologischen Organismen (Orange), die 1-fache ist die Erde selbst (Rot). Das nächste Bild erweitert dies von einem Kreis zu einer Kugel. Diese Schichten

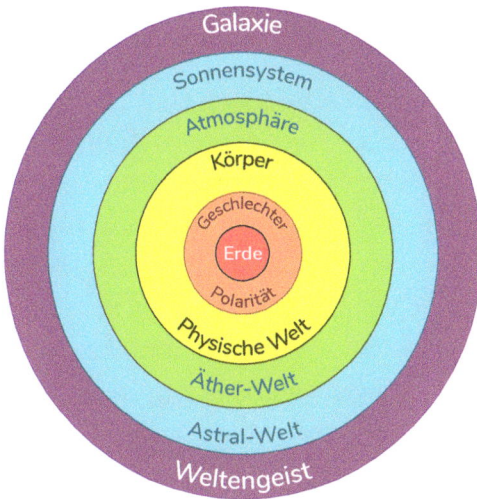

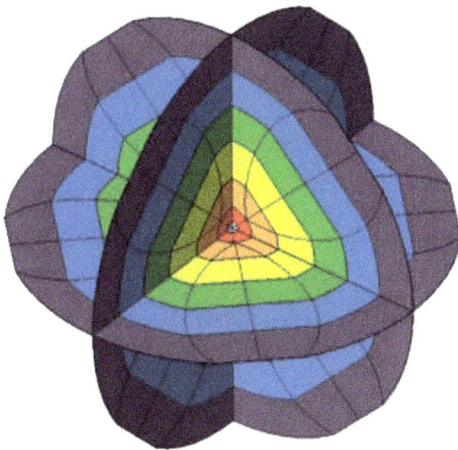

stellen die realen, aber unterschiedlich dimensionierten Schichten unserer Umwelt dar. Das Buch „Biodynamics Decoded" zeigt die meisten Referenzen, die Sie wahrscheinlich in der biodynamischen Literatur finden werden, auf diesem Wirbel platziert. Wenn man den Regeln des Wirbels folgt, werden viele Beziehungen und Aktivitäten zwischen den Teilen aufgedeckt.

Der nächste Schritt besteht nun darin, diese Ansammlungen von Informationen zu nehmen und sie in eine Sphäre einzuordnen. Als erstes stellen wir uns innerhalb des kugelförmigen Kreisels vor, dass von der Erde aus im Zentrum die Schichten wie die Ringe einer Zwiebel erlebt werden. Als Erstes können wir feststellen, dass wir uns innerhalb des sphärischen Gyroskops die Schichten, von der Erde in der Mitte aus betrachtet, wie die Ringe einer Zwiebel vorstellen können. Jede Schicht ist ihre eigene Sphäre innerhalb der anderen Sphären. Dies ist die astronomische „kosmische" Realität, in der wir existieren, und ist das, „**was da ist**". Das ist alles schön und gut, aber man kann diesem Bild noch mehr Organisation hinzufügen.

Die elektronische Organisation der Materie

Sobald eine Bewegung im kosmischen statischen Elektronenfeld auftritt, beginnen sich die polarisierten Elektronen zu drehen und es entsteht ein Magnetfeld, das wiederum eine elektrische Ladung in einem kugelförmigen Feld erzeugt. Dies wird das „**Torusianische Elektronische Wesen**" (Torusian Electronic Being) genannt. Dieses Feld ist das vorherrschende Ordnungsprinzip aller Materie, die sich in dem Feld befindet. Da alles in der Schöpfung dieser Form entspricht, ist es zu unserem Vorteil, wenn wir sie gut kennen. Ich verwende die Formel Cr = Mv + T (Schöpfung = Bewegung + Zeit), um diesen Prozess zu beschreiben. (Ich bin mir bewusst, dass meine Verwendung des Wortes „elektronisch" nicht dem normalen Sprachgebrauch entspricht, aber ich habe kein Wort, das alle Kräfte enthält, die in einem sich drehenden Kreisel aktiv sind, von denen einige, entlang der DiMagnetischen Skala, keine elektromagnetische Aktivität unterstützen.)

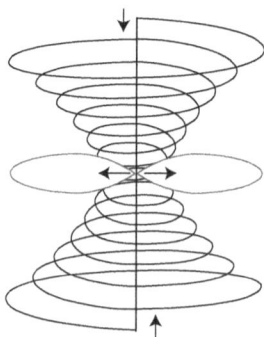

Da ich kein großer Physiker bin, kann ich Ihnen die Mathematik dieses Phänomens nicht erklären, aber die Menschen, von denen ich glaube, dass sie es können, sind Nikola Tesla, Walter Russell, Dan Winter und Nassim Haramein. Mein Ansatz ist eher die Beobachtung der mir zur Verfügung stehenden Phänomene. Also ... **durch die Bewegung des Objekts** erzeugt das resultierende Magnetfeld positive und negative Pole. Diese Pole sind durch die Bildung von Wirbeln gekennzeichnet, die im Magnetfeld der Erde am Nord- und Südpol zu sehen sind. Diese Pole mit ihren sich drehenden Wirbeln verursachen einen Materiestrom, der sich zum Zentrum hin bewegt, und einen Kraftstrom, der sich vom Zentrum nach außen zur Peripherie bewegt.

Die Materie, die sich zum Zentrum hin bewegt, wird im Zentrum verdichtet oder verzehrt (d. h. es handelt sich um einen Planeten oder eine Sonne), bevor sie entlang der horizontalen Achse des Kreisels wieder weggesponnen wird. Diese horizontale Ebene der Aktivität wird manifest und als die Substanz der Milchstraßengalaxie oder der

Planetensphäre unseres Sonnensystems gesehen. Es gibt Hinweise darauf, dass etwas, das den Rand der Kugel erreicht, wieder zum Pol gezogen wird und durch die Mitte zurückkehrt. Auf galaktischer Ebene wird meines Wissens nach angenommen, dass der Stern Arktur (Arcturus) diese Reise gemacht hat. Der Kuipergürtel (Kuiper belt) und die Oort-Wolke der „Felsen" jenseits des Pluto deuten ebenfalls darauf hin, dass Trümmer über die horizontale Ebene aus dem Sonnensystem „ausgeschieden" werden.

Wir dürfen nie vergessen, dass **sich alles sehr schnell bewegt**. Auf der galaktischen Ebene zum Beispiel bewegt sich unsere kumulative Geschwindigkeit auf der Erde mit 189.903 km/Std. (118.000 mph) durch den Raum (Erdrotation + Bewegung um die Sonne + Bewegung um die Galaxie). Unterwegs erzeugen wir starke Magnetfelder.

Die horizontale Ebene weist ein interessantes Merkmal auf, das sich am einfachsten beobachten lässt, wenn ein Stern zur Supernova geworden ist. Eine Supernova ist ein Stern, der eine solche Intensität erreicht, dass sein gesamter innerer Inhalt nach außen explodiert und sich seine „Atmosphäre" mit kosmischem Staub füllt. Dies gibt uns einen Einblick in die Form dieser „Atmosphäre".

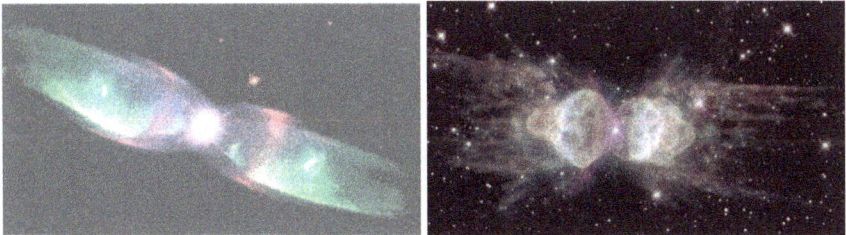

In diesen beiden Beispielen gibt es eine offensichtliche Wirbelform, aber auch etwas, das wie eine Lemniskate aussieht, als ob es ein Pulsieren zwischen den beiden Hälften gäbe. Dieses kosmische Bild hat eine irdisch-menschliche Entsprechung im menschlichen Rhythmussystem, in der Beziehung zwischen dem Herz- und dem Lungensystem, das in einem Verhältnis von 4:1 in der mittleren „horizontalen" Ebene des Menschen pulsiert.

Zusätzlich zum doppelten Wirbelbild der vertikalen Ebene hat die schöpferische Form also eine horizontale Ebene. Mit ihrer wirbelnden

Lemniskate bildet sie die Form des **griechischen Kreuzes**, die in allen Weltreligionen verbreitet ist. Diese Form ist seit über 10.000 Jahren für die Menschheit von zentraler Bedeutung. Sie ist die Grundlage für die vorherrschenden physischen Strukturen der kreiselartigen Kugelform, in der wir leben.

Bei der Betrachtung dieses Bildes haben wir nicht nur die Beschaffenheit der vertikalen und horizontalen Ebenen, sondern wir müssen auch die Qualitäten **der Räume zwischen** diesen vier Grundachsen erahnen. Dabei stoßen wir auf das doppelte Kreuz.

Das doppelte Kreuz

Es braucht nicht viel Beobachtung der kulturellen Bilderwelt, bis man auf eine Vielzahl von Bildern stößt, die auf dem „Doppelkreuz" basieren. Man findet es in ALLEN großen Kulturen, von den Chinesen, den Vendanta-Asiaten, den Indianern Amerikas, den Maya, über die persische/islamische Kultur und in der gesamten christlichen Kultur, sogar der Petersdom und der Petersplatz in Rom sind darauf aufgebaut. Die Chinesen und die amerikanischen Indianer sagen, dass sie dieses Bild seit 10.000 Jahren als zentrale Form verwenden. Es stellt sich die Frage, **was dieses Bild ist** und worauf seine Bedeutung beruhen könnte.

In den meisten Kulturen gibt es zwei Hauptbezüge für die Orientierung. Die erste basiert auf dem magnetischen Norden, und so haben wir Norden, Süden, Osten und Westen, und auf einem Kompass (am Äquator) zeigt Norden entlang der Horizontlinie. Süden liegt also in Richtung des gegenüberliegenden Horizontpunkts, während Osten und Westen auf einer 90-Grad-Achse zu diesem Punkt liegen, aber das gilt nicht für alle Breitengrade.

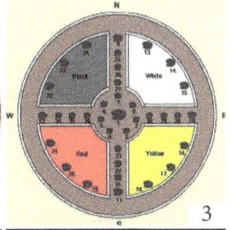

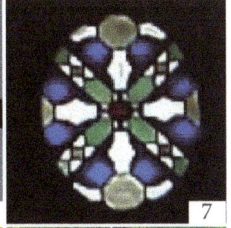
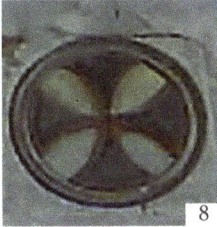
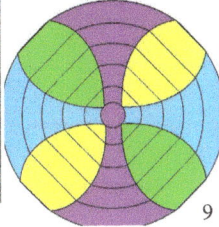

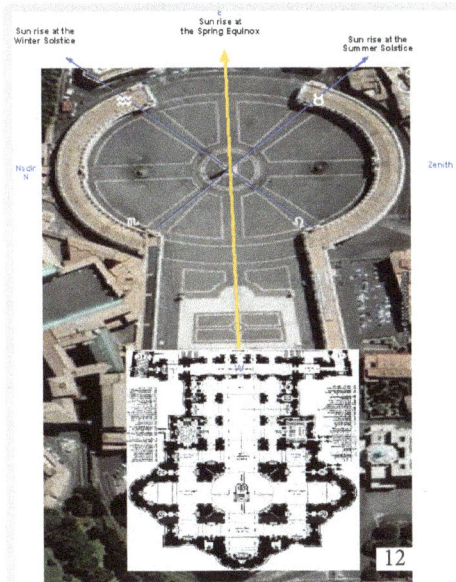

Oben-/Nebenstehende Bilder:

(1) Tibetisches Mandala, (2) Maya-Kalender, (3) Amerikanisch-indianisches Medizinrad, (4 & 5) Kacheln aus dem Boden der Kathedrale von Salisbury, (6) Ein Kreuz aus einer christlichen Kirche, (7) Fenster in der Marquita-Moschee in Cordaba, islamisch, (8) Eine Fliese auf dem Boden der Marquita-Moschee aus dem Jahr 1000 n. Chr., (9) Ein Doppelkreuz, das ich gemacht habe, bevor ich diese anderen Bilder fand, (10 Türmuster im Palast von Toledo, Spanien, (11) islami-scher Brunnen in der Alhambra, Spanien, (12) St. Petersdom mit Platz, Rom, (S. 36) Mein Gyroskopbild

Das zweite Bezugssystem, das wir finden, hängt mit den Jahreszeiten zusammen. Viele antike Monumente sind auf die Sonnenwenden und Tagundnachtgleichen ausgerichtet, wie sie von ihrer Hemisphäre aus gesehen werden. Die Tagundnachtgleichen sind am Horizont dort markiert, wo die Sonne am 21. März und am 21. September aufgeht, während die Sonnenwenden dort liegen, wo die Sonne zur Sommer- und Wintermitte am Horizont aufgeht. Ein gutes Beispiel dafür ist auf dem Petersplatz in Rom zu sehen (S. 35, 12). **Diese Ausrichtung orientiert sich also an der Sonne und nicht an der magnetischen Ausrichtung der Erde**.

Beide Bezugssysteme scheinen sich jedoch (in unserem täglichen Leben) auf die Horizontlinie zu beziehen, und daher ist es sehr einfach, sie als ähnlich anzusehen, bis wir sie innerhalb der sphärischen Realität betrachten, in der sie tatsächlich existieren.

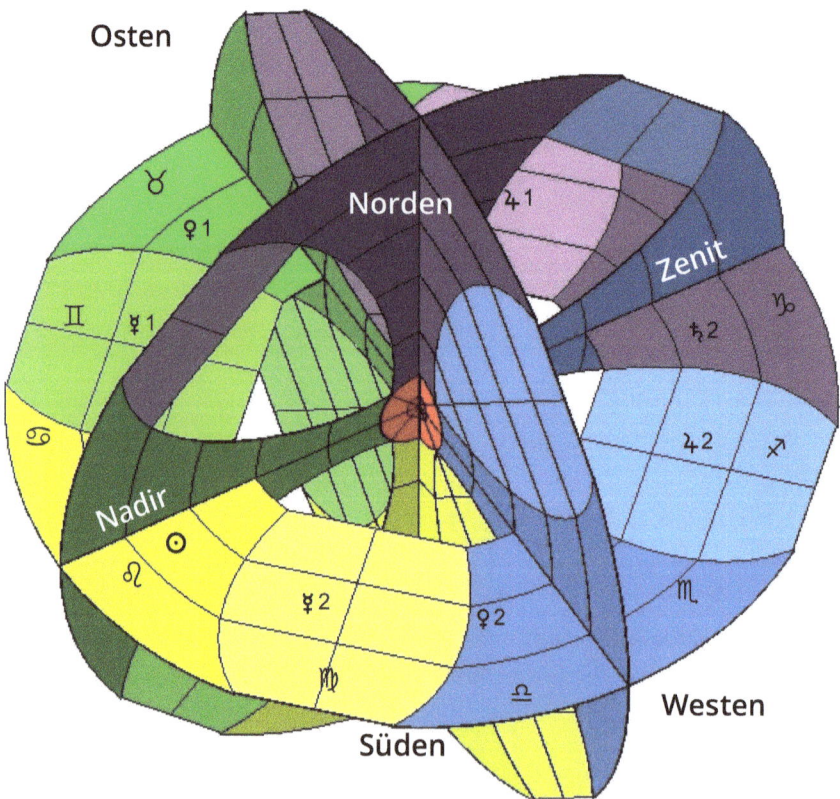

In der gyroskopischen EM-Form (S. 36) basiert die Nord-Süd-Achse auf den Primärpolen des „Magneten" mit ihren Wirbeln oben und unten. Die Wirbel auf der Erde ermöglichen die Entstehung der Polarlichter, wenn der Sonnenwind an ihnen vorbeizieht.

Von hier aus haben wir dann Ost und West in einem 90-Grad-Winkel, je nachdem, wo die Sonne auf- und untergeht. Daraus ergeben sich zwei Achsen der Kugel. Die Hauptachse (N/S) und dann die horizontale Ebene, die durch die Position von Ost und West am Horizont markiert wird. Es gibt jedoch noch eine weitere Achse, die benötigt wird, um eine Kugel zu bilden. Es handelt sich um die zweite vertikale Achse, die ebenfalls durch den Norden und die horizontale Ebene verläuft, allerdings in einem anderen Winkel von 90 Grad zur Hauptebene.

Diese vertikale Achse hätte vielleicht keine große Bedeutung, wenn nicht alle Planeten (und damit auch die Sonne) entlang der horizontalen Ebene angeordnet wären. Je nachdem, wo man sich auf der Erde befindet, macht die horizontale Ebene einen Bogen über den Himmel, in unterschiedlichen Abständen vom Horizont. Der Punkt, an dem die Sonne ihren höchsten Punkt am Himmel erreicht, ist der Punkt, an dem die zweite vertikale Achse die horizontale Ebene kreuzt, und dieser Punkt wird Zenit genannt.

Dieses Diagramm (S. 36) ist so, als ob Sie in der Nähe des Nordpols auf der Nordhalbkugel leben würden, sodass der magnetische Norden direkt über Ihnen liegt und die Sonne, die sich entlang der horizontalen Ebene bewegt, knapp über dem Horizont vorbeizieht, wenn Sie nach Süden schauen. Wenn sich die horizontale Ebene dreht und die Sonne ihren höchsten Punkt der täglichen Reise erlangt, erreicht sie ihren Zenit, bevor sie wieder in Richtung des Horizonts sinkt. Wenn Sie sich über den Planeten in Richtung Süden bewegen, verschiebt sich der Nordpol nach links und der Zenitpunkt steigt am Himmel an, bis sich der Nordpunkt am Äquator am Horizont befindet und der Zenit direkt über Ihnen ist. Wenn Sie sich weiter nach Süden bewegen, sinkt der Nordpol unter den Horizont, und die Sonnenbahn beginnt sich wieder abzusenken, aber sie verläuft jetzt über den „nördlichen" Teil des Himmels. Die Punkte der Zenitachse hängen also sehr stark davon ab, wo man sich auf dem Planeten befindet und zu welcher Jahreszeit man sie betrachtet. Vor allem in mittleren bis hohen Breitengraden ändern sich die Winkel zwischen der Zenitachse und der Ost-West-Achse im Laufe des Jahres, da die Erde im Verhältnis zur Ekliptik der Sonne um 23 Grad geneigt ist.

Aufgrund unserer „kulturellen" Ausrichtung auf die Sonne haben aus Sicht der Nordhalbkugel die horizontale Ebene und die Zenitachse in unserem Bewusstsein eine dominante Rolle gegenüber der Nord-Süd-Achse eingenommen. Auch wenn wir in der südlichen Hemisphäre dazu neigen, sie als dasselbe zu sehen.

Der Hauptunterschied, den ich hier hervorheben möchte, ist, dass die **N-, S-, O-, W-Achse eine völlig andere „Realität" darstellt als die Kreuzaktivitäten der horizontalen Ebene**. N, S, O, W stehen immer in der gleichen Beziehung zueinander, während der Zenit-Nadir-Ost-West eine subjektive Erfahrung ist, die davon abhängt, wo man sich auf dem Planeten befindet. Aber, was noch wichtiger ist, es ist ein Phänomen, das sich in erster Linie auf die horizontale Ebene bezieht. Wir haben also **einen objektiven und einen subjektiven Bezug**, was mich dazu veranlasst hat, das primäre „magnetische" Kreuz das **„kosmische Kreuz"** und das sekundäre „Zenitkreuz" das **„irdische Kreuz"** zu nennen. Diese Dualität zwischen dem Kosmischen und dem Irdischen, dem Objektiven und dem Subjektiven, dem Äußeren und dem Inneren ist ein Thema, das immer wieder auftaucht und das ich in „Biodynamic Questions, Astrological Answers" (S. 282, 10) näher untersuche.

Die „Doppelkreuz"-Diagramme (S. 35) sind alle zweidimensionale Darstellungen dieser dreidimensionalen Aktivitäten. **Das kosmische Kreuz ist das, was real ist.** Es ist eine Manifestation realer sich drehender Körper, während **die sekundären irdischen Kreuzbereiche auf die Bewegungen reagieren**, die diese primären Kreuzarme machen, in der gleichen Weise, wie irdische Dinge auf die vielen kosmischen Aktivitäten reagieren. Daher können wir **innerhalb des 2D-Doppelkreuzes das Zusammenspiel zwischen** den kosmischen und irdischen Aktivitäten

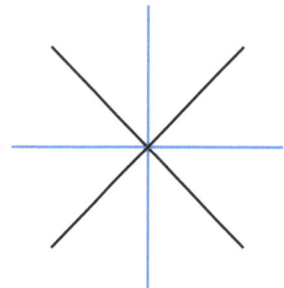

oder **der äußeren Welt und den verinnerlichten Aktivitäten erwarten.**

Gespräche, die ich mit amerikanischen Indianern geführt habe, deuten darauf hin, dass ihr Medizinrad die Natur der vier „Winde" der primären Achse anerkennt und auch Bilder von den Aktivitäten in den Zwischenräumen liefert. Sie gelten als sehr unruhige Räume und als Orte, an denen man nicht viel Zeit verbringen sollte. Sie richten ihre Räder nach der Sonne aus. Norden ist also kalt und erdig. Im Diagramm 1A (S. 35) sind es weiße Blütenblattformen.

Makrokosmos (Außen) und Mikrokosmos (Innen)

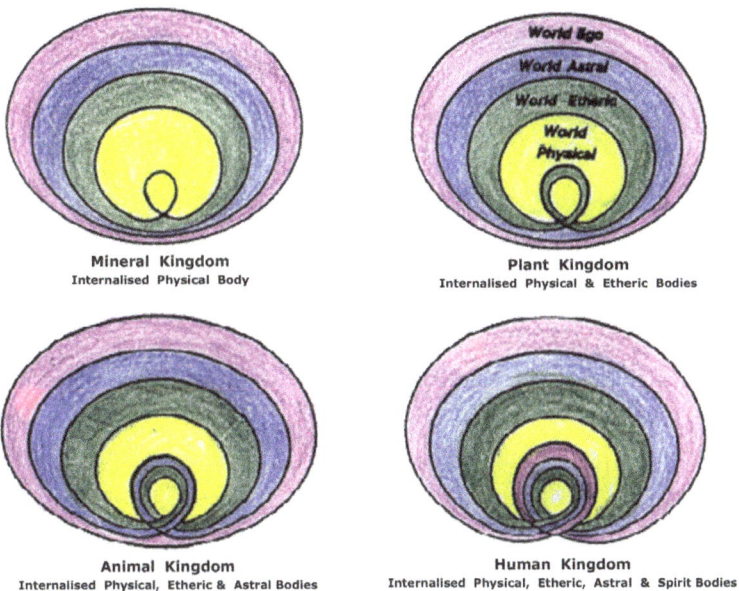

Mineral Kingdom
Internalised Physical Body

Plant Kingdom
Internalised Physical & Etheric Bodies

World Ego
World Astral
World Etheric
World Physical

Animal Kingdom
Internalised Physical, Etheric & Astral Bodies

Human Kingdom
Internalised Physical, Etheric, Astral & Spirit Bodies

Dr. Rudolf Steiner (RS) und vor ihm Paracelsus schlugen vor, dass wir uns immer auf den Makrokosmos beziehen und nach der harmonischen Resonanz suchen, die das Große mit dem Kleinen verbindet. Sie betonten, dass das Leben eine Manifestation ist, die durch die Verinnerlichung der Aktivitäten der äußeren Sphären erreicht wird, und dass die verschiedenen Reiche der Natur aufgrund der unterschiedlichen Grade dieses Verinnerlichungsprozesses entstehen.

RS musste den elektromagnetisch-energetischen Aktivitäten, die in diesen vier großen astronomischen Sphären zu finden sind, Namen geben, und er entschied sich für die Namen, die ihnen seit hinduistischen Zeiten gegeben wurden. Die galaktischen Aktivitäten nannte er „Geist" oder „Weltengeist", da es sich um die ständigen und prägenden Impulse handelt, die aus allen Richtungen auf uns einströmen. Die Energien des Sonnensystems bezeichnete er als „astralisch" oder auch „Astralität", die atmosphärischen Energien der Erde als „ätherisch" oder auch „Äther" und die Erde selbst als „physisch" oder auch „Physis". In den medizinischen Vorlesungen von 1923 bemerkte er, dass „wir sie irgendwie nennen müssen".

Das Mineralreich ist leblose Materie, während das Pflanzenreich die energetische Natur der Erdatmosphäre verinnerlicht hat, die als ätherisch bezeichnet wird. Das Tierreich fügt die astralischen Energien des Sonnensystems hinzu, um eiweißhaltiges Fleisch und Organe zu entwickeln. Das Menschenreich hingegen verinnerlicht die energetischen Aktivitäten der Sterne der Galaxis, die die Individualität und das rationale Denken des Menschen hervorbringt. Das Leben ist also in der Tat ein mikrokosmisches Abbild unserer makrokosmischen Umwelt. Diese Diagramme sind eine visuelle Darstellung dieses Entfaltungsprozesses.

Viele RS-Anhänger glauben, dass diese astronomischen Energien mehr sind als nur Elektromagnetismus (EM). Es gibt zwar eine EM-Komponente, aber es gibt auch eine begleitende „ätherische" Aktivität, die Lebensprozesse über die dimagnetische Aktivität stimuliert. Später erörtere ich (S. 107), wie das Nicht-EM, Dielektrische/Skalare/Ätherische im Kreisel sitzt. **Es gibt kein Entkommen aus der EM-Realität der Schöpfung**.

Für mich ist alles in der Schöpfung elektronisch und ein Ergebnis von Bewegung und Ordnung, verbunden mit den elektronischen Wesen in der Schöpfung. Es ist nichts Unheimliches daran, dass die Kräfte der Sterne über die EM-Felder der Planeten und der Erde die physische Erde erreichen, die dann wiederum Energie in den Kosmos zurückstrahlt. Dies alles ist eine anerkannte Tatsache. Wir brauchen keinen religiösen Glauben, damit diese Weltanschauung einen perfekten

Sinn ergibt. „**Ein gläubiger Mensch kann jedoch alles glauben.**" Ist die Glaubensschranke erst einmal überschritten, gibt es kein Ende der extremen Glaubensrichtungen, die man pflegen könnte.

Wenn wir uns also mit der Realität befassen, sind wir aufgefordert, herauszufinden, wie sich **die von der Erde ausgehende Strahlung in Lebensformen manifestiert,** während sie direkt mit dem interagiert, was aus dem Kosmos nach innen kommt. Diese Überlegungen können wir dann als Grundlage für den Anbau von Pflanzen und die Haltung von Tieren nehmen.

Es hilft, sich der eigenen Verbundenheit mit den äußeren kosmischen Aktivitäten bewusst zu werden. Auch wenn dies eine schwierige Aufgabe zu sein scheint, lässt sie sich leicht lösen, wenn man sich sein Geburtshoroskop (die Planetenpositionen bei der Geburt) von einem erfahrenen Astrologen zurückspiegeln lässt. Durch diese Erfahrung kann man in seiner eigenen Persönlichkeit die Verbindungen zu den Planeten und damit zu seinem Astralkörper erkennen. Man stellt sich dann die Frage: „Wie kann jemand, der vorher nichts von Ihnen wusste, in der Lage sein, sehr private Erlebnisse Ihres Innenlebens so detailliert zu beschreiben?"

Ich empfehle Ihnen, erforschen Sie die Ereignisse Ihres Lebens und wie sich diese in den Bewegungen der Planeten zu den jeweiligen Zeiten widerspiegelten, gefolgt von Vorhersagen über Ihre Zukunft mit bestimmten Daten und möglichen spezifischen Ergebnissen. Bei dieser Erfahrung bilden Sie bewusst die Verbindungen zwischen der Planetensphäre und Ihren verinnerlichten Astralkörperbewegungen ab. **Hier können Sie erfahren, wie eng Sie mit dem Makrokosmos verbunden sind**.

Die Verbindung des Ätherkörpers mit dem, was von oben kommt, lässt sich ohne ein Studium der Schwankungen des elektromagnetischen Felds der Erde, die sich als störend für die menschliche Gesundheit erweisen, schwerer bewusst machen. Ich habe das nicht getan, aber die Korrelation der Schumann-Resonanz unserer Atmosphäre (7,8 Hz) mit unserer energetischen Resonanz zeigt unsere „Vereinigung" mit der Atmosphäre.

Das Erleben Ihres inneren Ätherkörpers ist so einfach wie das Beobachten des Unterschieds zwischen Ihrer Erfahrung, müde zu sein, und wie Sie sich fühlen, wenn Sie aufwachen. In der Zeit in der wir schlafen, laden wir unseren Ätherkörper auf. Wir sollten uns danach „erfrischt" fühlen.

Der Geist wird als „der Kontrolleur" erlebt. Das ist der Teil von Ihnen, der, wenn er richtig inkarniert ist, Ihnen das Gefühl gibt, die Kontrolle über Ihr Leben zu haben, mit der Fähigkeit, die Optionen, die vor Ihnen liegen, klar zu definieren und eine gute Wahl zu treffen. Wenn er nicht richtig inkarniert ist, können die Dinge chaotisch erscheinen und Sie können sich vom Leben herumgestoßen fühlen.

All diese Aktivitäten manifestieren sich auch im Boden, in den Pflanzen und den Tieren. Die Biodynamik ist das Studium und die Praxis dieser Aktivitäten.

Die praktische Herausforderung besteht nun darin, **die Beziehungen zwischen der inneren Natur der Pflanzen oder Tiere und ihrer äußeren Umgebung zu finden**. Gelehrte der Biodynamik haben diese Zusammenhänge ausführlich untersucht (s. Bibliographie).

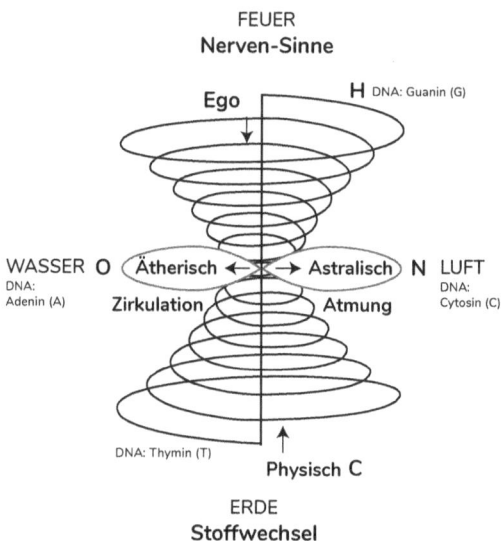

FEUER
Nerven-Sinne

Ego

H DNA: Guanin (G)

WASSER O (Ätherisch ←→ Astralisch) N LUFT
DNA:
Adenin (A)   Zirkulation   Atmung   DNA:
Cytosin (C)

DNA: Thymin (T)
Physisch C

ERDE
Stoffwechsel

Die Manifestation ist das, was zwischen den kosmischen und irdischen Aktivitäten geschieht. Beim Pflanzenanbau regiert die äußere Realität. Die Beschaffenheit des Bodens, Feuchtigkeit, Licht und Wärme sind DIE dominierenden Faktoren, die das Pflanzenwachstum beeinflussen. Ohne diese Faktoren gibt es nichts. Die verinnerlichte Aktivität der Pflanze wird durch den Zustand der äußeren Umgebung, in der sie sich befindet, bestimmt. Sie ist hin- und hergerissen zwischen den unterschiedlichen Aktivitäten des primären äußeren Kreuzes und ihren eigenen inneren Prozessen, die aus diesen äußeren Quellen entstanden sind.

Dr. Steiner beschreibt sehr wichtige Details dazu, wie diese „Kreuzachsen" in lebenden Systemen zusammenwirken, und zwar am deutlichsten, wenn er in seinen medizinischen Vorträgen, insbesondere in denen vom Oktober 1922 (S. 283, 17), von den menschlichen Systemen spricht.

Die Art und Weise, wie die Aktivitäten nach außen und nach innen wirken, ist jedoch etwas unterschiedlich (S. 58). In den oben skizzierten **äußeren Beziehungen der Körper** haben wir **bei der Pflanze** das irdische Element der Physis/Erde und des Äthers/Wassers, die von unten nach oben polarisierend wirken in Bezug auf die Astralität und den Geist, die von oben nach unten wirken. Praktisch zeigt sich dies darin, dass die Elemente Erde und Wasser unten wohnen, während die Elemente Licht und Wärme von oben kommen.

Bei **der inneren Arbeit der Körper** findet eine stärkere Polarisierung statt. Leben entsteht aus Bewegung, und wo es Bewegung gibt, finden wir zuerst die Spirale und dann das Gyroskop. Im Kreisel finden wir die **Polarisierung von Gegensätzen**, wie den Nord- und Südpol des EM-Feldes. In den Lebewesen wird die vertikale Achse durch eine dynamische polare Beziehung zwischen den Aktivitäten des Geistes und der physischen Erde aufrechterhalten (zweifache Form). Sobald diese eine bestimmte Intensität der Interaktion erreichen, bildet sich das Zentrum, das eine 3-fache Form schafft. Das Zentrum teilt sich dann in eine polare Beziehung zwischen den ätherischen und astralen Aktivitäten (4-fach) auf der horizontalen Ebene, und die gyroskopischen Lebensformen werden selbsttragend. Wie bei meiner Verwendung des Bildes des „biodynamischen Wirbels" ist dieses Kreiselbild archetypisch, da es auf dem galaktischen Entstehungsprozess basiert. Das Bild zeigt sowohl die äußeren als auch die inneren zwei Kreuzmuster in einem einzigen Diagramm. Es bietet eine einfache Möglichkeit, die Beziehungen zwischen den verschiedenen Teilen des Lebens darzustellen.

Das Basiskreuz kann vergrößert werden, indem man alle Hinweise, die RS für die verschiedenen physischen Prozesse gegeben hat, einfügt (S. 42). Dieses grundlegende Kreiselmuster zeigt die Elemente der Atmosphäre, Feuer und Erde usw., die spirituellen Körper, Ego/Geist physisch usw., die Elemente der Proteinchemie, die DNS und die physischen Systeme eines physischen Körpers, alle entsprechend der energetischen Aktivität, von der sie eine Manifestation sind.

Das Kreuz der Jahreszeiten und die inneren Arme

Der nächste Schritt in der Entwicklung dieses Diagramms besteht darin, die inneren Arme genau zuzuordnen. Wir wissen bereits, dass sich die inneren Manifestationen in den „Zwischenräumen" des primären Kreuzes befinden werden, aber welcher Körper sollte sich in welchem Raum befinden? Es scheint vernünftig, dass die inneren

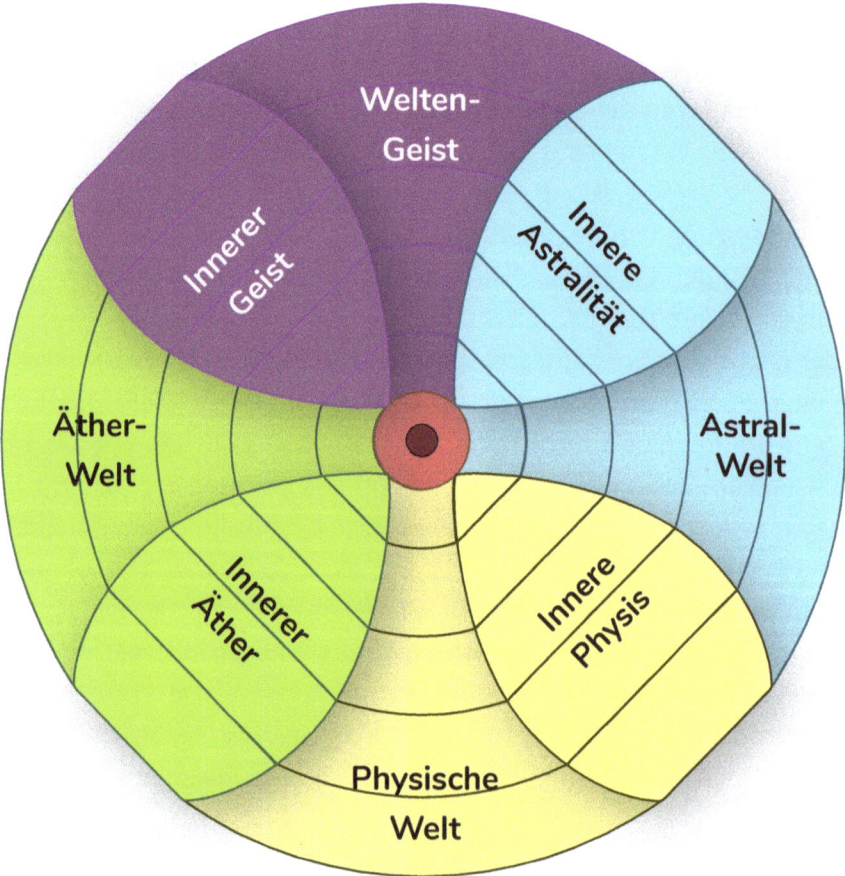

Arme in direktem Zusammenhang mit den äußeren Armen stehen, wobei das astralische Licht und die geistige Wärme oberhalb des Horizonts liegen, während die physische Erde und das ätherische Wasser darunter liegen. Die nächste Frage war, in welche Richtung man die Arme drehen sollte, um die „richtigen" Beziehungen herzustellen. Eine Drehung, eine Stufe gegen den Uhrzeigersinn, sorgt für eine offensichtliche Symmetrie. Dadurch wirken die verinnerlichten Körper – Geist und Astralität – von oben auf der horizontalen Achse und die Äther- und physischen Körper von unten auf der horizontalen Achse, was ein Bild ihrer äußeren archetypischen Positionen in der Natur ist.

Die energetischen Körper in der Natur

Es gibt zwei Hauptorganisationen der Art und Weise, wie sich die energetischen Aktivitäten darstellen. Die erste - das Bild der Ringe - ist die Art und Weise, wie sich die Energien im Kosmos befinden, und deshalb nenne ich sie „kosmische" Aktivitäten - streng genommen umfassen die „kosmischen Aktivitäten" auch alle Aktivitäten jenseits unserer Galaxie. Die zweite Organisation ist die, wie sich die energetischen Aktivitäten selbst organisieren, wenn sie sich bewegen und in lebendigen Prozessen aktiv werden. Dies ist das gyroskopische Diagramm mit den Welt- und Innenaktivitäten auf der vorherigen Seite.

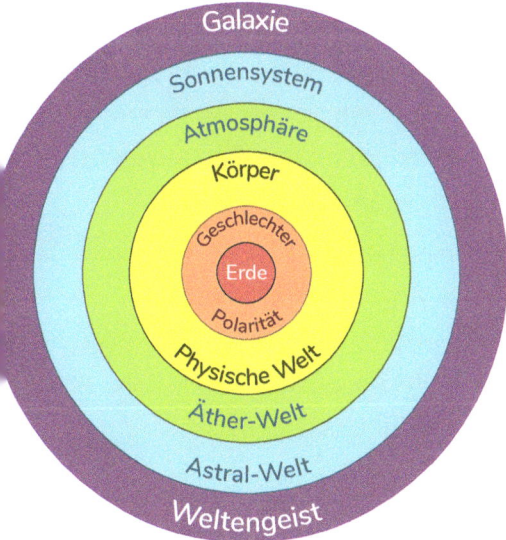

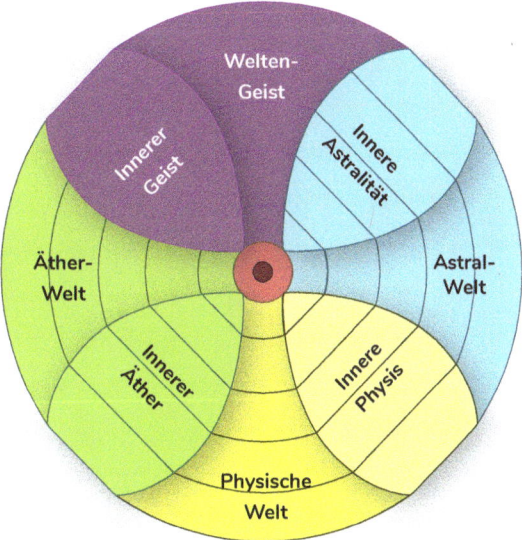

Es ist sehr schwierig, die klare Unterscheidung dieser beiden Geschichten in den RS-Wörtern zu finden. Eines der Probleme des Landwirtschaftlichen Kurses war, dass RS diese beiden Geschichten gleichzeitig erzählte und dazu neigte, sie während des gesamten Kurses miteinander zu verweben. Diese Verflechtung hat den nachfolgenden Generationen endlose Probleme bereitet, sodass heute allgemein anerkannt ist, dass dieser Kurs unverständlich ist. Deshalb wurden große Teile davon – die wichtigsten theologischen Traktate – „offiziell" beiseite gelegt. An ihrer Stelle wurden die Geschichten über die Äther und Elementale aus den Vorlesungen „Der Mensch als Symphonie" und andere, oft christlich begründete Theologien dargelegt. Da die moderne biodynamische Weltanschauung nicht wirklich auf dem Landwirtschaftlichen Kurs basiert, hat sie keine gemeinsame Theologie in der ganzen Welt, da es den Individuen freisteht, sich die Geschichte zurechtzulegen, die sie wollen. Sie wird oft als ein chaotisches System quasi religiöser Überzeugungen angesehen, das für die moderne wissenschaftliche Menschheit wenig Relevanz hat. Wenn man auf dem Planeten umherreist, führt diese grundlegende Anarchie dazu, dass eine Gruppe das eine sagt und eine andere das genaue Gegenteil. In Anbetracht des „sozialen Zustands" der herrschenden Organisation, in der die religiöse anthroposophische Strömung die Oberhand hat, kann ich nicht erkennen, dass sich an diesem Umstand in absehbarer Zeit etwas ändern wird.

Nichtsdestotrotz ist der Kurs für alle nachlesbar, und wenn man ihn im Zusammenhang mit den medizinischen Vorträgen sieht, die RS zwischen 1920 und 1924 hielt, kann man eine sehr kohärente Geschichte finden. Sie mag auf den ersten Blick komplex erscheinen, aber im Vergleich zu anderen Weltanschauungen ist sie relativ einfach (S. 283, 16).

Ein Teil ihrer Einfachheit besteht darin, **dass es nur vier Energien gibt, die aus unserem astronomischen Hintergrund stammen**, und sie sind die einzigen Akteure in jeder Situation, denen wir im Leben begegnen. Achten Sie also auf sie und darauf, wie RS sie in verschiedenen Teilen der Manifestation benennt und beschreibt.

Die beiden Diskussionen, die man sehen kann, sind a) eine Diskussion darüber, wie die energetischen Aktivitäten **AUFEINANDER** einwirken, was die Geschichte der Ringe ist, und b) wie sie **INEINANDER** einwirken, was die Geschichte der Arme ist, sobald die Dinge in Bewegung geraten.

RS bietet ein „Spiel des Lebens" an, in dem sich die vier Aktivitäten in drei interaktiven „Dimensionen" manifestieren, wenn alles in die Manifestation kommt. Die Dimensionen sind die **kosmischen** Aktivitäten, die aus dem Ringe-Diagramm kommen, und die **Welt und die inneren** Sphären, die im Arme-Diagramm aktiv sind. Die kosmischen Aktivitäten bilden ein Hintergrundfeld, in dem sich die weltlichen Aktivitäten ausdrücken, und wir „verinnerlichten Lebensformen" reagieren mit unseren verinnerlichten Körpern, so gut wir können. Jede dieser Dimensionen manifestiert sich durch einen Bewegungsprozess über einen langen Zeitraum hinweg, den wir als drei verschiedene Stadien mit drei verschiedenen Regelwerken sehen können. Jede Phase ist ein eigenes Spiel, das jedoch im gleichen Raum und in der gleichen Zeit abläuft wie die beiden anderen.

Da wir innerhalb mehrerer Schichten von sich drehenden Sphären existieren, wird so ziemlich alles, was wir erleben, von deren Aktivität herrühren. In der Praxis können also die kosmischen Aktivitäten und alles, was wir von oben, von außen erhalten, als Weltaktivitäten betrachtet werden. **Die Wirklichkeit wird zum Zusammenspiel von Kraftaktivitäten von oben, die mit unseren inneren „Aktivitätskörpern" zusammenspielen.** Dr. Steiners Naturwissenschaft ist das Studium dieses sehr realen Phänomens.

Der erste Schritt besteht jedoch darin, die beiden Gespräche des Kurses auseinanderzuziehen. Dies ist in meinem Buch „The Energetic Activities" nachzulesen (S. 283, 16).

Das erste Thema – Aufeinander einwirken

In der ersten Geschichte geht es darum, wie die Aktivitäten gemäß der Aktivität der kosmischen Ringe funktionieren. Hier schieben und ziehen sie sich gegenseitig an, in einem dynamischen Zusammenspiel der vier primären Energiekörper.

Ein Bild, das RS von diesen Aktivitäten gab, ist in seinen Vorträgen vom September 1924 mit dem Titel „Pastoral-Medizinischer Kurs" zu finden. In dieser Vortragsreihe spricht er darüber, was mit den eigenen inneren Erfahrungen geschieht, wenn einer der Körper nicht im richtigen Verhältnis zu den anderen steht. Er sprach sowohl mit Priestern als auch mit Ärzten, und so sind dies wunderbare Geschichten, die zeigen, wie die eine oder andere dieser Disziplinen das gleiche energetische Ungleichgewicht beobachten konnten.

Hierbei ist das weiße Quadrat der physische Körper, während das gelbe Quadrat daneben der Ätherkörper ist. Der Ätherkörper reicht ein kleines Stück über den physischen Körper hinaus und fungiert als „wässriges Kissen", das den Astralkörper – eine wellenförmige weiße Linie, die Bewegung anzeigt – und den Geist, der durch den roten Kreis angezeigt wird, abhält.

Der Astralkörper hat diese geschwungene Form, da RS einen sich dynamisch bewegenden Prozess abbildet. Wo immer im Organismus eine Aktivierung erforderlich ist, muss sie vom Astralkörper ausgehen. Die Aktivität des Geistes wird zwar als kontraktiver Prozess erlebt, zeigt sich aber eher als ordnender und lenkender Einfluss.

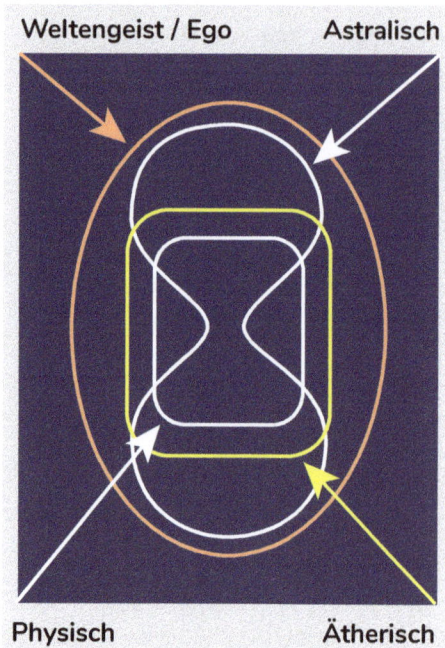

Eine Analogie für die Tätigkeit dieser Körper kann am Bau eines Hauses aufgezeigt werden. Der Geist ist der Architekt, der den Gesamtplan hat und die Richtung des Prozesses vorgibt, die zu befolgen ist, damit das Gesamtprojekt ein Erfolg wird. Diese Pläne müssen jedoch dem Baumeister übergeben werden, der die Astralität ist. Er sorgt für die Motivation und die notwendigen Erfahrungen und Fähigkeiten, um die Pläne in die Tat umzusetzen. Der Ätherleib stellt alle Lebenskräfte und die Energie der Arbeiter zur Verfügung, die die Arbeit ausführen und die Substanzen des physischen Leibes, wie Holz und Nägel, verwenden, um die Arbeit zu vollenden. Ohne den Architekten wird der Baumeister seine Energien in einer unstrukturierten und chaotischen Weise lenken, so dass das Gebäude nicht die Integrität hat, die es braucht, um „innerhalb des Gesetzes" des Lebens zu sein. Wenn der Geist nicht präsent ist, verlieren die anderen Aktivitäten ihren Fokus und tun nicht das, was sie tun müssen. Wenn die astralischen Einflüsse schwach sind, dann gibt es nicht genug Grundkraft, um die ätherischen Arbeiter zum Handeln anzuregen.

Wenn wir auf die astronomische Realität zurückblicken, aus der diese „Körper" stammen, sind die Planeten im Wesentlichen der einzige bewegliche Teil des Spiels. Die Sterne werden Fixsterne genannt, weil sie sich aus unserer Perspektive nicht bewegen. Wir wissen, dass sie sich bewegen, aber innerhalb unserer Lebenszeit, ja sogar innerhalb von 1.000 Jahren, bewegen sie sich aus unserer Perspektive nur eine sehr geringe Strecke. Was die Erdatmosphäre und den Ätherträger Wasser betrifft, so können wir sagen, dass die Erdatmosphäre ohne die Bewegung der anderen Planeten und deren Veränderung des EM-Feldes des Sonnensystems stabil wäre. Ähnlich verhält es sich mit dem Wasser: Wenn es sich selbst überlassen bleibt, wird es ruhig und schließlich stagnieren. Wasser erhält seine lebensspendende Qualität nur, wenn ihm durch äußere Bewegung Sauerstoff zugeführt wird.

Daher sind die Planeten und ihre Manifestation als Astralität der einzige sich bewegende Teil unserer Realität, und wir brauchen sie, die Astralität, um für alle anderen Prozesse aktiv zu sein, um die Motivation zu haben, die sie brauchen, um ihre Aufgaben zu erfüllen.

Jede „Veränderung" in den Beziehungen eines dieser Körper stört die Arbeit der anderen. Wenn der Geist zu stark ist, manifestiert sich zwanghaftes Verhalten, wenn er zu schwach ist, wird man spontan, zerstreut und oft ängstlich. Wenn die Astralität zu stark ist, verdrängt sie den Spirit und verzehrt das Ätherische. So kommt es zu manisch-depressivem Verhalten. Zunächst aufgrund der unkontrolliert herumspringenden Astralität, und dann, wenn der Ätherleib verbraucht ist, dringt die Astralität zu stark in den physischen Körper ein, und die Neurosen bleiben „stecken" und schließlich bricht das Individuum physisch zusammen. Es kann den negativen Eindrücken der Astralität nicht entkommen, da es im Physischen „eingesperrt" ist. Ein weniger dramatischer Ausdruck davon sind künstlerische Inspirationen und mystische Erfahrungen, die sich jedoch nur schwer festhalten oder praktisch umsetzen lassen.

Ist das Ätherische schwach, dann entstehen Krankheiten vielerlei Art, durch ein gehemmtes Immunsystem. Ein schwaches Ätherisches erlaubt es dem Astralischen, sich zu stark zu inkarnieren, was zu erhöhtem psychischen Stress und Müdigkeit führt, wie oben erwähnt. Wenn das Ätherische zu stark ist, werden Geist und Astralität abgedrängt. Das können wir am Beispiel einer schwangeren Frau nachvollziehen, die natürlicherweise Gewicht zunimmt einhergehend mit einer angenehmen Zerstreutheit. Wenn der physische Körper zu stark wird, treten eine Reihe von sklerotischen Krankheiten auf. Wenn die anderen Körper sich nicht mit dem physischen Körper verbinden, kommt man in einen Betäubungszustand, in die Bewusstlosigkeit oder in ein Koma.

Dieses Zusammenspiel der Körper schafft eine Makroumgebung, in der das zweite Thema Platz findet. Dieser Ansatz ist dem alten System der „vier Körpersäfte" sehr ähnlich, und viele Krankheitszustände können gelöst werden, indem diese vier Aktivitäten wieder auf ihren „natürlichen" Zustand ausgerichtet werden. Die biodynamischen Präparate arbeiten hauptsächlich an diesen Beziehungen.

Das zweite Thema – Ineinander einwirken

Das zweite Hauptthema des Kurses befasst sich damit, was geschieht, wenn diese primären Aktivitäten alle tiefer in die physische Sphäre hineinwirken, um die physischen Gestaltungskräfte zu schaffen. Diese Geschichte lässt sich am besten in dem Bild darstellen, das in der achten Vorlesung von RS gegeben wird.

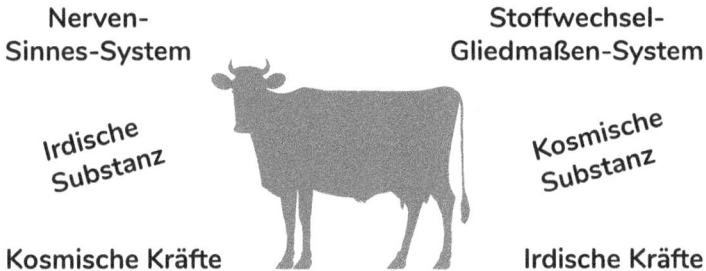

**Nerven-
Sinnes-System**

**Stoffwechsel-
Gliedmaßen-System**

*Irdische
Substanz*

*Kosmische
Substanz*

Kosmische Kräfte

Irdische Kräfte

Die RS-Terminologie hat hier vielen Menschen große Schwierigkeiten bereitet, sodass dieses ganze Thema eines von denen ist, die „beiseite gelegt" wurden. Wenn man bedenkt, dass etwa 25 % des Textes sich auf dieses Bild beziehen, scheint es ein großer Schritt in die falsche Richtung zu sein, es NICHT zu verstehen und damit zu arbeiten. Die geistige Aktivität wird zu den kosmischen Kräften, das Astralische zur kosmischen Substanz, das Ätherische zu den irdischen Kräften und das Physische zur irdischen Substanz. Dies sind Aktivitäten, die genau zwischen dem physischen Körper und dem Ätherkörper stehen.

Um diese Aktivitäten jedoch richtig zu behandeln, müssen wir die gesamte Realität der Körper erforschen, die in die Sphären der anderen hineinwirken, und dann auf diesen speziellen Teil der Geschichte zurückkommen. Wir brauchen also einen Bezugsrahmen, um alle Möglichkeiten des Zusammenwirkens aller Körper anzusprechen. RS ging im Landwirtschaftlichen Kurs nicht direkt auf diese Frage ein, aber er verwendete verschiedene Worte für die verschiedenen Ebenen der Aktivität. Leider hat er kein Glossar erstellt, um zu zeigen, wie sie alle miteinander zusammenhängen.

Die Suche nach einem Glossar der Begriffe

In der Schöpfung und in den Lebensformen wirkt der Geist in die astralen, ätherischen und physischen Sphären hinein. Ebenso wirkt der Astralbereich in die ätherische und physische Sphäre hinein, und so weiter. Glücklicherweise hinterlassen diese Aktivitäten einige Fußabdrücke, und das ist die Organisationsnummer ihrer Aktivität. Wenn die Astralität in das Ätherische hineinwirkt, hinterlässt sie ein Muster von sieben, wenn es der Geist ist, hinterlässt er einen Fußabdruck von 12 Teilen (s. RSs Vorträge über die Sieben Lebensprozesse und die 12 Sinne).

Die Weltsicht von RS ist also vielschichtig und interaktiv mit einer Vielzahl von Zusammenhängen, die es zu berücksichtigen gilt. Mein Buch „Biodynamics Decoded" war mein erster Versuch, die verschiedenen Teile über die Wirbelform einzuordnen, aber es definiert die feineren Details nicht sehr gut. Um diese komplexeren Beziehungen darzustellen, bin ich dazu übergegangen, das gyroskopische Diagramm zu betrachten, das aus den beiden Bezugssystemen – dem Ringdiagramm und dem Armdiagramm – besteht.

Das erste Diagramm ist ein Querschnitt durch das Ringe-Muster der äußeren Kreiselwesen, in dem wir leben. Dieses archetypische Muster wiederholt sich in der Schöpfung viele Male, wenn sich das Zentrum ändert. Hier ist es die Erde, denn hier befinden wir uns, und die Ringe sind „wie" unser EM-Feld, denn die Erde ist das Zentrum UNSERES Universums. Wir können aber auch die Sonne dorthin setzen, und die Ringe sind die der Planetensphären oder das Zentrum der Galaxie, sogar der Kern eines Atoms mit seinen Elektronen. In jedem Fall gibt es Sphären der Aktivität um das Zentrum herum. Dies ist ein Bild aller wichtigen Sphären unserer Erfahrung und wird „Kosmische Sphären" genannt.

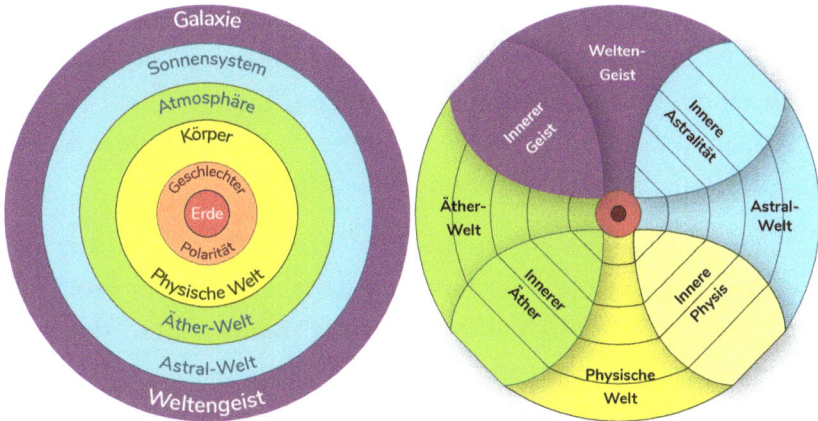

Das zweite Bezugssystem entsteht, wenn die Dinge in Bewegung geraten und eine Polarisierung eintritt, die zu einer gyroskopischen Form führt. Dieses Diagramm bietet zwei interne Referenzen. Erstens zeigt es die Arme des „Primärkreuzes", die inneren Einflüsse der Weltsphären. Dies ist eine andere Beziehung zwischen den äußeren Körpern als die im Ringe-Diagramm gezeigte, bei der es sich um eine schiebende und ziehende Wechselwirkung zwischen den beiden handelt. Dieses Diagramm zeigt, wie die äußeren Sphären aus einer inkarnierten Perspektive durch ihre Polaritätsbeziehungen aufeinander einwirken. Die zweite Beziehung, die in diesem Diagramm gezeigt wird, sind die Arme des „diagonalen Kreuzes", die die Zonen der verinnerlichten Energiekörper darstellen, die spezifische Bereiche für die Beziehungen bieten, die wir innerhalb der Lebensformen finden. Beide Armgruppen stehen in Wechselwirkung zueinander.

Die Geschichten von RS und seine eigentümliche Sprache versuchen die Beziehungen zwischen all diesen Aktivitäten zu vermitteln. So versucht er uns in jedem Fall zu sagen, wo die geistigen, astralischen, ätherischen oder physischen Aktivitäten auf oder in die verschiedenen Schichten oder Dimensionen des manifesten Lebens, mit denen wir konfrontiert sind, einwirken. Es stellt sich also die Frage, wie dies in einem Diagramm ausgedrückt werden kann'?

Wenn wir **die Diagramme „die Ringe" und „die Arme" nehmen, die beide eine Art von energetischer Aktivitätsorganisation beschreiben, und sie übereinander legen**, ergibt sich ein Bild der Aktivitäten, die ineinander wirken. Nehmen Sie sich ein paar Augenblicke Zeit, um diese Bilder zusammenzusetzen.

Ich habe mein Bestes gegeben, indem ich die Aktivitäten der beiden Diagramme farblich gekennzeichnet habe, aber ein wenig Vorstellungskraft ist dennoch erforderlich. Die „Blütenblätter" des inneren Körpers habe ich als ganze Farben belassen, während ich bei den äußeren Armen die äußeren Ringe dargestellt habe. In einer idealen Welt würden diese Ringe auch in den inneren Körperzonen gezeigt werden, aber dann würde die Deutlichkeit der Anzeige für die inneren Körper verloren gehen. Die geraden Linien werden verwendet, um diese Ringe in den Blütenblättern darzustellen.

Dieser vergrößerte Ausschnitt aus dem endgültigen Diagramm (S. 55) zeigt die komplexen Beziehungen, die durch diese Wechselwirkung angezeigt werden. Auf der horizontalen weltätherischen Achse haben wir den violetten Bereich, der den kosmischen (und Welt-) Geist darstellt, der in den weltätherischen Arm hineinwirkt, der blaue Bereich ist die kosmische Astralität, die in das Weltätherische hineinwirkt, der grüne Bereich hat zwei ätherische Bezüge und ist somit das Weltätherische selbst, während der gelbe Bereich den Bereich darstellt, in dem das kosmische Physische in das Weltätherische hineinwirkt.

Der orange Bereich ist dort, wo das Weltätherische die Bereiche der veräußerlichten Dualität unterstützt, eine Sphäre, die ich die irdischen Substanzen nenne. Dies sind die Grundsubstanzen, aus denen alles entsteht.

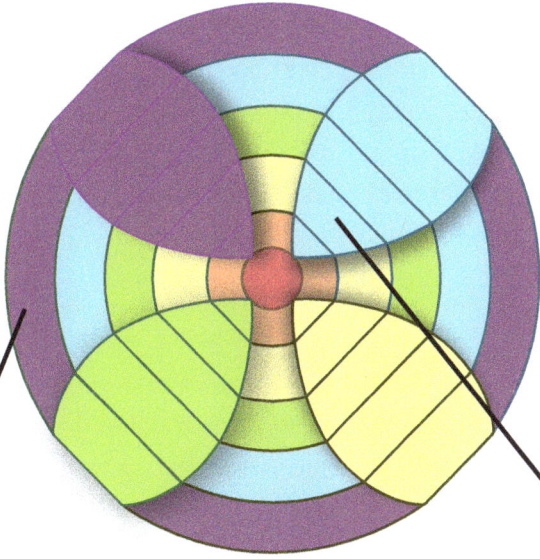

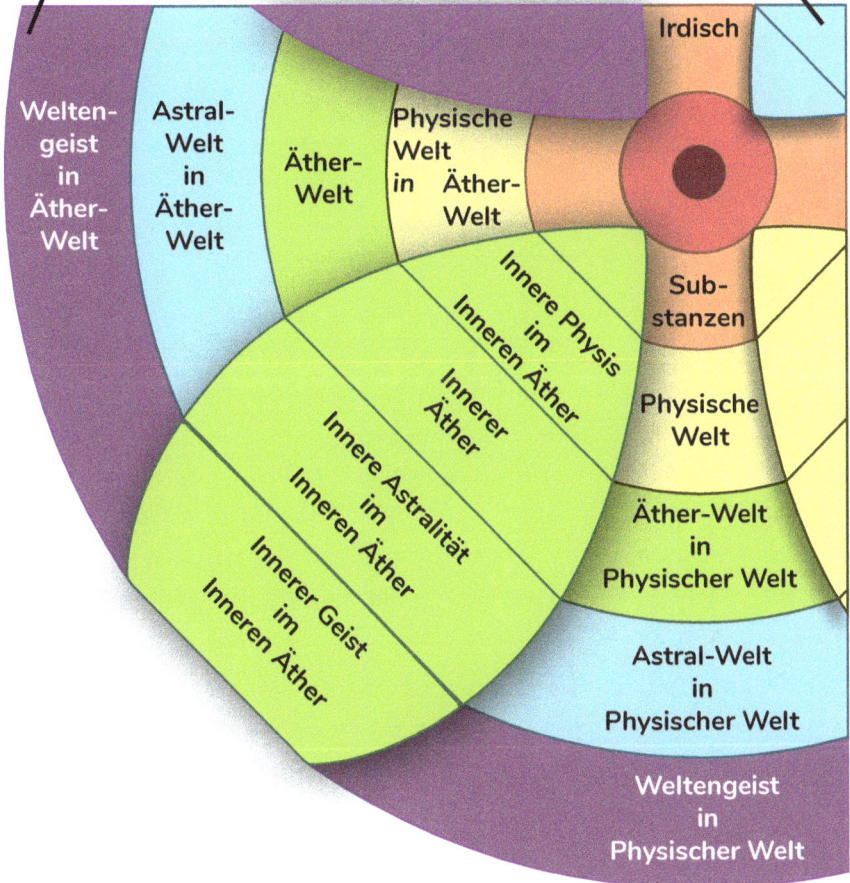

Irdisch

Welten-
geist
in
Äther-
Welt

Astral-
Welt
in
Äther-
Welt

Äther-
Welt

Physische
Welt
in   Äther-
Welt

Innere Physis
im
Inneren Äther

Innerer
Äther

Innere Astralität
im
Inneren Äther

Innerer Geist
im
Inneren Äther

Sub-
stanzen

Physische
Welt

Äther-Welt
in
Physischer Welt

Astral-Welt
in
Physischer Welt

Weltengeist
in
Physischer Welt

Im grünen Blütenblatt wird derselbe Prozess angedeutet. Der äußere Ring könnte violett sein und zeigt an, wie der kosmische Geist den verinnerlichten Geist anregt, in das verinnerlichte Ätherische zu wirken und so weiter. Das vollständige Diagramm der energetischen Beziehungen befindet sich auf der übernächsten Seite.

Im Wesentlichen bietet dieses Diagramm eine Grundlage für ein **Glossar der** von RS verwendeten **Begriffe**, aber was vielleicht noch wichtiger ist, es liefert auch eine energetische Interpretation all der „Doppelkreuz"-Denkmäler, die auf dem Planeten verstreut sind. In vielen Fällen, wenn man sich die komplexeren Versionen, wie die tibetischen Mandalas und die vielen persischen und christlichen Ornamente, genau ansieht, sind neben dem Doppelkreuz sechs Schichten von Formen zu erkennen. Darüber hinaus sind in vielen persischen Mustern diese Ringe entsprechend dem Goldenen Schnitt zueinander zu finden.

Obwohl diese Organisation also aus einem rein goetheanischen „künstlerischen" Prozess entstanden ist, habe ich erkannt, dass sie einen hohen Grad an „Wahrheit" besitzt. Eine meiner Grundprämissen war immer, dass, wenn wir der Doktrin „Wie oben, so unten" folgen, die durch die Jahrhunderte hindurch präsentiert wurde, und uns an das halten, was wirklich ist, als Modell für die unternommenen Schritte, dann sollte das, was auf dem Weg erscheint, eine „Wahrheit" enthalten, die es zumindest wert ist, untersucht zu werden. Dies war sicherlich der Fall auf meiner 10-jährigen Reise mit „Biodynamics Decoded". Ich kann sagen, dass diese gyroskopische Form zwar sehr nützlich ist, um die RS-Sprache zu verstehen, aber – wie wir gleich sehen werden – sie war auch sehr genau bei der Definition der Aktivität der chemischen Elemente und der Aktivität, die man in den verschiedenen Teilen der Bauwerke auf der Erde findet, die ich besucht habe. In der Tat habe ich festgestellt, dass diese Organisation eine wirksame Form der Heilung durch die Neuausrichtung der Beziehungen zwischen den Körpern eröffnet hat, indem man sich einfach um das Achteck herum bewegt. Dieser „Gedanke" ist nicht neu, wie die Bewegung in einem Labyrinth beweisen kann. Das Labyrinth der Kathedrale von Chartres wurde erstmals um 1300 von den Tempelrittern als metaphorische

Reise in Anlehnung an die Reise der Kreuzzüge angelegt. Viele Menschen erleben starke innere Herausforderungen, wenn sie das Labyrinth durchschreiten, aber es gab bis jetzt keine feste Interpretation dieser Reise (s. Kapitel „Das Labyrinth von Chartres").

Um die Nützlichkeit dieser Anordnung zu erfahren, muss man ein Gefühl dafür bekommen, was die Energiekörper sind und wie sie sich anfühlen, wenn man sie im Verhältnis zueinander bewegt. Diese Erfahrung kann man machen, indem man einfach Zeit mit diesem Diagramm und einem Achteck verbringt. In einem relativ kurzen Zeitraum werden die einzelnen Körper zu greifbaren Aktivitäten. Wir bestehen aus ihnen, und sie werden sich im Achteck bewegen, so dass es nur eine Frage der Zeit und der Wahrnehmungssensibilität ist, bis sie so real werden wie das Gefühl, mit dem Fuß auf einen Stein zu treten.

Das Bild des Glossars

Wenn wir schon dabei sind, die energetischen Körper zu bewegen, ein sehr wichtiges Werkzeug in meinem „Erwachen zu den Körpern" war die Verwendung meiner **menschlichen Essenzen**, insbesondere meiner Willness, Astral Coolers und Etherics. Diese homöopathischen biodynamischen Präparate wirken direkt auf die Interaktion der Energiekörper, genau wie RS es gesagt hat. Das Willness-Präparat zieht den Geist an, um ein Gefühl der persönlichen Kontrolle und Richtung zu stimulieren, vor allem durch die Eindämmung einer übermäßig aktiven Astralität. Das Astral Cooler-Präparat beruhigt die zügellose Astralität, die die Ursache für viele verschiedene Beschwerden ist, von Schmerzen über emotionale und psychologische Störungen bis hin zu verschiedenen Formen körperlicher Krankheiten. Das Etherics-Präparat stimuliert den ätherischen lebensspendenden Körper, der im Allgemeinen durch übermäßig aktives astralisches und geistiges Treiben und die schlechten Lebensgewohnheiten, die sie mit sich bringen, erschöpft ist.

Chemisch ausgedrückt wird der ätherische Sauerstoff durch den astralischen Stickstoff und den Wasserstoff des Geistes gebunden, wodurch das ätherische Polster erschöpft wird, so dass der Astral- und der Geistkörper stärker in den physischen Organismus eindringen und durch Krankheit, Psychose und zwanghafte Verhaltensweisen ihr Unheil anrichten können. CH ist Methan, CN ist Cyanid, mehr muss ich nicht sagen. Wenn man also das Ätherische und den Sauerstoff aufpumpen und abstoßen kann, während man gleichzeitig die Astralität abzieht und, wenn nötig, den Spirit anzieht, um die wuchernde Astralität zu organisieren, dann können sich die meisten Krankheiten sehr schnell auflösen.

Die Nebeneffekte dieser Prozesse sind, dass man die Bewegung der Körper in Beziehung zueinander erfährt. Leider sind die Essenzen nicht stark genug, so dass in den frühen Stadien der Behandlung eine Dosis keine dauerhafte Lösung bewirkt. Positiv ist, dass man die Erfahrung machen kann, dass sich die Körper wieder zurückbewegen, wenn man aufhört, die homöopathischen Tropfen zu nehmen. Das wiederum ermöglicht eine weitere Erfahrung, dass sich die Körper wieder bewegen, wenn die Tropfen erneut eingenommen werden. Auf diese

Weise werden die Körper zu realen Erfahrungen, und schon bald ist es möglich zu wissen, welche besonderen Gefühle und Erfahrungen durch welche Körperbeziehung verursacht werden. An diesem Punkt können die Essenzen nur noch einmal eingenommen werden, um die gewünschte Veränderung zu bewirken. Es hat mir sehr geholfen, diese Erfahrungen zu machen, bevor ich anfing, durch die Achtecke zu wandern.

Natürlich behaupte ich, **dass diese direkte Erfahrung der Körper** für jeden, der ernsthaft mit biodynamischer Landwirtschaft oder menschlicher Gesundheit arbeiten will, **wesentlich ist**, da sie einen aus dem Kopf und der Theorie in die praktische Realität und realistische Anwendungen dessen bringt, worüber RS gesprochen hat. **Es geht alles um die energetischen Körper ...**

Das untere Diagramm (S. 58) ist das Ergebnis, wenn man alle Teile der Schöpfung, über die Dr. Steiner in seinem „Landwirtschaftlichen Kurs" sprach, auf die äußere und innere Querachse legt. Die entsprechenden Verweise und Namen, die er in dem Kurs verwendet hat, sind in ihrer entsprechenden energetischen Position platziert. Jeder der Bereiche im Diagramm ist der Träger einer bestimmten energetischen Aktivität in einer bestimmten Zone. Der grüne äußere Ring hat z. B. Plätze für die „freien" oder äußeren atmosphärischen Elemente (und ihre begleitenden Äther) für Wasser, Erde, Luft und Wärme, während die verinnerlichten Bereiche auf demselben Kreis die Position der „gebundenen" oder verinnerlichten chemischen, Lebens-, Licht- und Wärme-Äther und -Elemente darstellen.

Die „Freie Erde" befindet sich auf dem ätherischen Ring des äußeren physischen Arms. Dies ist der Ort, an dem der kosmische Äther in die physische Weltsphäre hineinwirkt. Dies könnte sich als Wasser manifestieren, das durch den Boden fließt, und als Aktivierung der Bodenbeschaffenheit, die andere Lebensprozesse ausnutzen können.

Das „Freie Wasser" ist der kosmisch-ätherische Ring des weltätherischen Arms, also der reinste ätherische Aspekt des Kreisels, der sich am besten als das Wasser auf dem Planeten und die dadurch ermöglichten Lebensprozesse ausdrückt. Der Gebundene Chemische Äther befindet sich im Bereich des Kosmischen Äthers und wirkt auf das verinnerlichte Ätherische. Dies wäre eine Position, die die Lebens- und Wachstumsprozesse in jedem Lebewesen stark unterstützt. Es wäre ein wichtiger Punkt für die Basis einer sehr guten Gesundheit.

Und so weiter. Jede Position auf dem Gyroskop kann auf diese Weise identifiziert werden.

Dieses Diagramm liefert zwei wichtige Informationen, die miteinander abgeglichen werden können. Das obere Bild zeigt die Wechselwirkungen der Energiekörper, und das untere Bild ist Steiners These (S. 58), wie diese energetischen Aktivitäten in den Naturreichen zusammenwirken. Die Kombination dieser beiden Systeme ist aufschlussreich und für die Imagination hilfreich, um Dr. Steiners Schema sowie seine praktischen Vorschläge zu verstehen. Dies liefert tatsächlich das fehlende Glossar für den Landwirtschaftlichen Kurs.

Vor allem aber kann dieser Informationskomplex auch als Grundlage für weitere Querverweise auf alles, was in dieses Schema passt, verwendet werden. Der letzte Teil dieses Buches befasst sich mit der Neuordnung des Periodensystems der chemischen Elemente nach diesem Muster.

Der Landwirtschaftliche Kurs

Um einige der Anwendungen der Chemie im Leben zu verstehen, müssen wir das zweite Thema im Landwirtschaftlichen Kurs vertiefen, um einen nützlichen praktischen Rahmen zu erhalten.

Dies ist das beste Originaldiagramm für dieses Thema. Leider erscheint es nur in der letzten Vorlesung und nicht in Vorlesung 2.

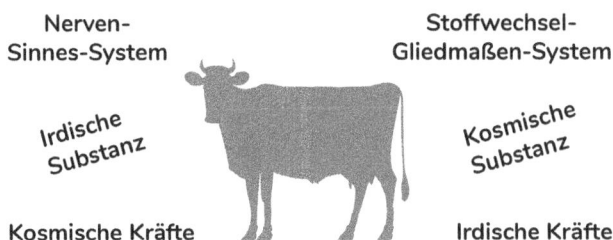

Nerven-
Sinnes-System

Stoffwechsel-
Gliedmaßen-System

Irdische
Substanz

Kosmische
Substanz

Kosmische Kräfte

Irdische Kräfte

Darin gibt es zwei Referenzschemata. In der obersten Zeile haben wir den Organismus in den Bereich Nerven-Sinne/Kopf und den Bereich Stoffwechsel-Gliedmaßen-System unterteilt. Auf den ersten Seiten der zweiten Vorlesung beschreibt RS, wie diese beiden polaren Aktivitäten aufeinander zuarbeiten und eine zentrale veränderliche Zone bilden, die sich als unser rhythmisches System mit seinen Lungen- und Herzprozessen zeigt. Diese dreifache Ordnung ist die Grundstruktur, die in den physischen Körpern der meisten höheren Lebensformen zu finden ist.

Dieser Teil der Geschichte wird von den meisten biodynamischen Geschichtenerzählern im Allgemeinen „geschätzt", aber „das Problem" entsteht, wenn sie dort aufhören und versuchen, den Rest der RS-Geschichte nur von dieser Ebene aus zu verstehen.

Unterhalb dieser dreifachen Ebene ist jeder der Pole in zwei Aktivitäten unterteilt, mit den unbekannten Namen kosmische Kräfte und irdische Substanz und irdische Kräfte und kosmische Substanz.

RS sagt uns hier, dass **diese vier Prozesse innerhalb des dreifachen physischen Organismus ablaufen**, und wenn wir wirklich das Wachstum von irgendetwas kontrollieren wollen, müssen wir mit diesen Prozessen arbeiten. Was sind also diese Prozesse und wie hängen sie mit den vier primären energetischen Aktivitäten zusammen?

Der Schlüssel zu dieser Frage findet sich in einer Passage in Vortrag 6 von „Der Heilungsprozess", gehalten am 16.11.23: „Obwohl die drei Hauptsysteme ineinander greifen, sind sie deutlich voneinander verschieden. Die physische, die ätherische, die astralische und die Ich-Organisation wirken z.B. in unserem sensorischen Nervensystem ganz anders als in unserem Rhythmus- oder Stoffwechsel-Gliedmaßen-System. Alle vier Glieder der menschlichen Konstitution – physische, ätherische, astralische und Ich-Organisation – sind in jedem der drei räumlich etwas voneinander getrennten Systeme vorhanden, wirken aber auf sehr unterschiedliche Weise auf diese ein." Die vier „kosmischen und irdischen" Begriffe, die im Landwirtschaftlichen Kurs verwendet werden, sind also ein Hinweis darauf, wie sich die vier energetischen Aktivitäten auf dieser physischen Ebene manifestieren, die sich „räumlich" als ein dreifach strukturierter Körper manifestiert. Wenn wir dies weiter vertiefen, konzentriert RS sich nicht auf die vier Aktivitäten in jedem Sektor, sondern auf die zwei Hauptakteure in jedem Sektor.

Die physischen Entstehungsprozesse

Aber was ist mit den physischen Prozessen? Aus dem unteren Diagramm (S. 58) können wir ersehen, dass die fraglichen Begriffe alle zum kosmisch-physikalischen Ring gehören. Die kosmischen Kräfte befinden sich auf dem inneren geistigen Arm, die kosmische Substanz auf dem inneren astralischen Arm, die irdischen Kräfte auf dem inneren ätherischen Arm und die irdische Substanz auf dem inneren physischen Arm. Dies sind also die dominierenden Quellen der Prozesse, die RS mit diesen Worten beschreibt. Wann immer man das Wort „Kosmische Substanz" sieht, sollte man sich denken, dass der Astralleib in den physischen Leib hineinwirkt. In ähnlicher Weise sollte man, wenn man „Lichtäther" sieht, denken, dass der Astralleib in den Ätherleib hineinwirkt, und so weiter.

In den medizinischen Vorträgen von Dr. Steiner wird dies noch ein wenig deutlicher. Seine Beschreibungen dort deuten darauf hin, dass er mit den Worten „Kosmische Substanz" in Wirklichkeit das Wirken sowohl der Astralität als auch des Geistes im Stoffwechselsystem andeutet, wobei jedoch die Astralität der dominierende Akteur ist und der Geist eine untergeordnete Rolle spielt. In ähnlicher Weise bedeutet „Kosmische Kräfte" in Wirklichkeit die Aktivität von Geist und Astralität im Nerven-Sinnes-System, wobei jedoch der Geist der dominierende Einfluss ist, während die Astralität der sekundäre Akteur in diesem System ist. Das Gleiche gilt für die irdischen Prozesse. Das Physische dominiert das Ätherische im Nerven-Sinnes-System, während das Ätherische das Physische im Stoffwechselsystem dominiert.

In der Geschichte des physischen Entstehungsprozesses finden wir also die Teile als Polaritäten, die in den physischen Zonen arbeiten. Die geistigen und physischen Aktivitäten der vertikalen Achse des Kreisels polarisieren und arbeiten vorwiegend zusammen im Nerven-

Sinnes-System, während die ätherischen und astralischen Aktivitäten der horizontalen Ebene ebenfalls als vorherrschende schöpferische Polarität im Stoffwechselsystem arbeiten. Diese beiden gemeinsamen Aktivitäten wirken aufeinander zu, was zur Erschaffung und Aufrechterhaltung des Rhythmischen Systems führt, das aus Lunge und Herz besteht. Der Lungenprozess ist eine Manifestation des Kopfes, der in der mittleren Zone arbeitet, während das Herz und der Kreislauf eine Manifestation der Stoffwechselprozesse sind, die nach oben arbeiten. Gesundheit ist dort, wo diese beiden Hauptaktivitäten in ihrer richtigen Weise funktionieren.

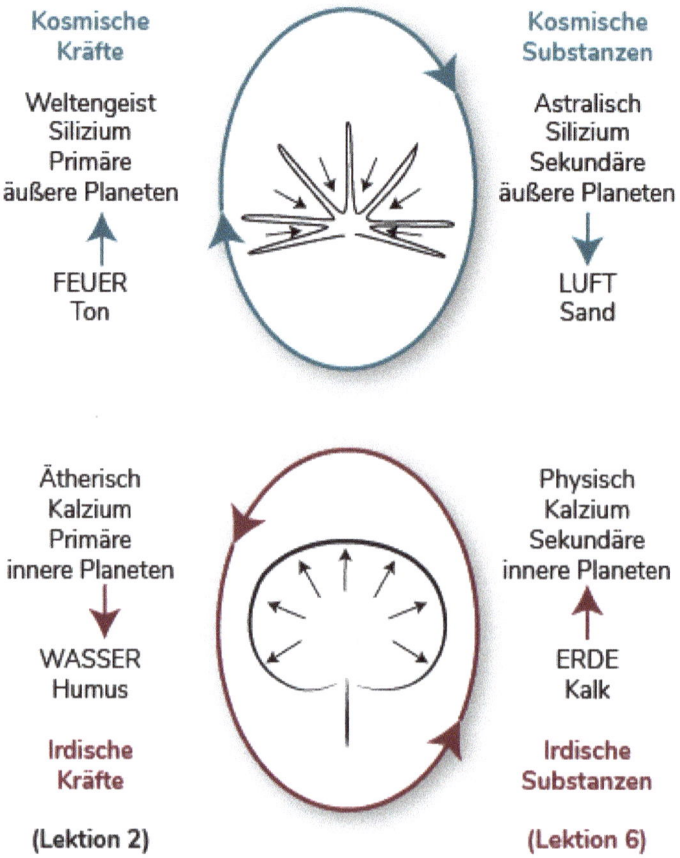

Kosmische Kräfte	Kosmische Substanzen
Weltengeist Silizium Primäre äußere Planeten	Astralisch Silizium Sekundäre äußere Planeten
FEUER Ton	LUFT Sand

Ätherisch Kalzium Primäre innere Planeten	Physisch Kalzium Sekundäre innere Planeten
WASSER Humus	ERDE Kalk
Irdische Kräfte	Irdische Substanzen
(Lektion 2)	(Lektion 6)

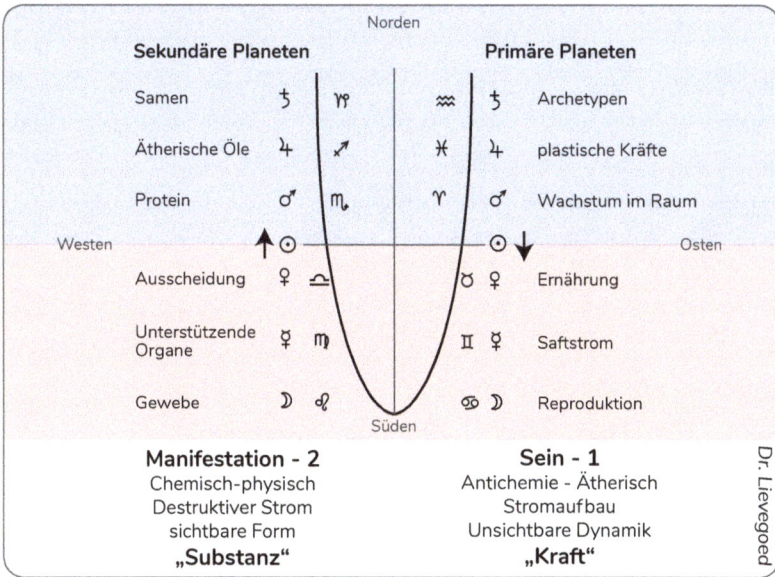

Diagramm unten zeigt ein Bild der RS-Geschichte. Es enthält auch die Anordnung der Aktivitäten in der äußeren Umgebung sowie die internen Aktivitäten, die RS im Diagramm der Vorlesung 8 gezeigt hat. Die externen Aktivitäten müssen ebenfalls berücksichtigt werden, wenn wir die Geschichte in Ordnung halten wollen. Äußerlich kommen die geistigen und astralischen Aktivitäten von oben und wirken auf die Kopfregion des Tieres, während die physischen und ätherischen Prozesse von der Erde „nach oben" kommen (Vortrag 1). RS spricht von diesen Aktivitäten auch in Vortrag 4 des Kurses, allerdings sind sie nicht klar von den inneren Prozessen abgegrenzt, die polarisieren. Die internen Aktivitäten werden später in der gleichen Vorlesung besprochen, wenn er davon spricht, wie das Ätherische und Astralische im Stoffwechsel zusammenarbeiten, um Dünger zu erzeugen.

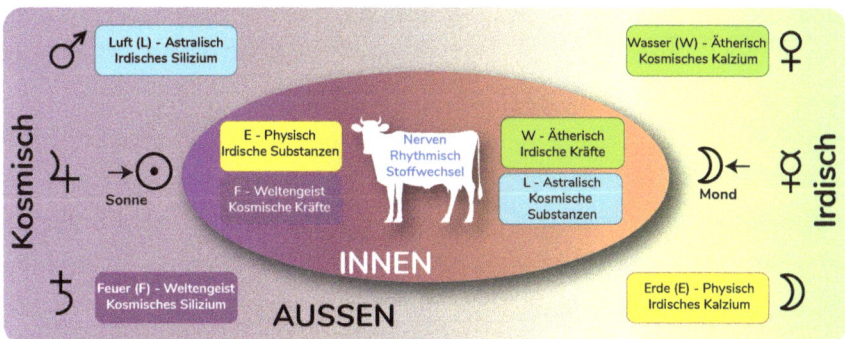

Die ovale Form ist die innere Organisation der Aktivitäten, die sich innerhalb der äußeren Organisation befindet. Die Pflanze hat eine leicht veränderte Anordnung, da die innere Organisation der Pflanze in Bezug auf die äußere Umgebung umgekehrt ist wie die des Menschen und der Tiere. Der Wurzelbereich ist der Nervenbereich der Pflanze, während der Stoffwechselbereich, in dem sich alle Fortpflanzungsorgane befinden, der Blüten- und Samenbereich ist. Das macht die Sache ein wenig komplizierter (S. 283, 16).

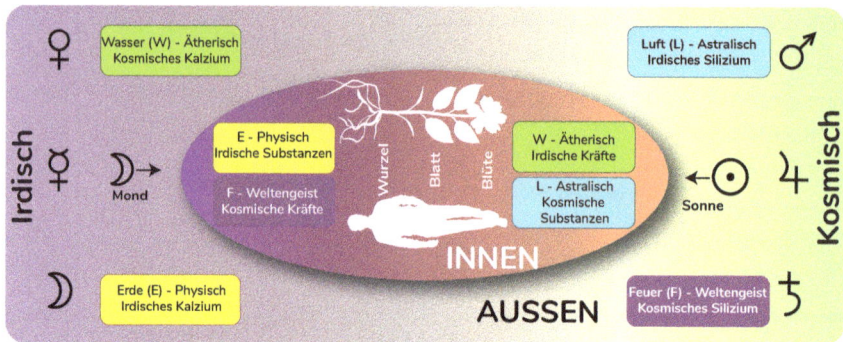

RS ist sehr genau mit den Details, die er zur Verfügung stellt, wie und wo jeder dieser Pole arbeitet und interagiert. Dies alles ist in den medizinischen Vorträgen von 1920 und 1921 enthalten, die im Internet unter http://www.rsarchive.org/Medicine/ kostenlos erhältlich sind. So gerne ich auch endlose Passagen aus diesen Werken zitieren würde, ist diese Veröffentlichung nicht der richtige Ort dafür. Wenn Sie sich ernsthaft mit diesen Inhalten befassen wollen, ist es ratsam diese Vorträge zu lesen. Sie sind kostenlos verfügbar, also können Sie auch gleich an die Quelle gehen.

Die Geschichte von RS beginnt mit den beiden entgegengesetzten Wirbeln, der linken Spirale von oben und der rechten Spirale von unten, die aufeinander zuarbeiten. In der zweiten Vorlesung von 1920 sagt er: *„Die Polarität im Menschen ist nur verständlich, wenn wir wissen, dass seine Struktur eine duale ist und dass der obere Teil den unteren wahrnimmt. Man muss auch folgendes bedenken: Die unteren Funktionen – ein Pol des ganzen Menschen – werden durch das Studium der Ernährung und der Verdauung im weitesten Sinne betrachtet, bis zu ihrer Wechselwirkung mit der Atmung. Das Zusammenspiel vollzieht sich in einer rhyth-*

mischen Tätigkeit; auf die Bedeutung unseres rhythmischen Systems werden wir später noch eingehen. Mit der Atmungstätigkeit verbunden und ihr zugehörig ist aber auch die Sinnes- und Nerventätigkeit, die alles umfasst, was zur äußeren Wahrnehmung und deren Fortsetzung und Verarbeitung in der Nerventätigkeit gehört. Atmung und Sinnes- und Nerventätigkeit bilden also einen Pol des menschlichen Organismus. Ernährung, Verdauung und Stoffwechsel im üblichen Sinne bilden den anderen Pol unserer Organisation. Das Herz ist in erster Linie jenes Organ, dessen wahrnehmbare Bewegung das Gleichgewicht zwischen den oberen und unteren Prozessen zum Ausdruck bringt; in Bezug auf die Seele (oder vielleicht besser gesagt im Unterbewusstsein) ist es das Wahrnehmungsorgan, das zwischen diesen beiden Polen der gesamten menschlichen Organisation vermittelt. Anatomie, Physiologie, Biologie können alle im Lichte dieses Prinzips studiert werden; und so wird Licht, und nur so, auf die menschliche Organisation geworfen. Solange man nicht zwischen diesen beiden Polen, dem oberen und dem unteren, und ihrem Vermittler, dem Herzen, unterscheidet, wird man den Menschen nicht verstehen können, denn es besteht ein grundlegender Unterschied zwischen den beiden Gruppen der funktionellen Tätigkeit im Menschen, je nachdem, ob sie dem oberen oder dem unteren Pol angehören.*

Der Unterschied besteht darin, dass alle Prozesse der unteren Sphäre sozusagen ihr „Negativ", ihr negatives Gegenbild in der oberen haben. Der wichtige Punkt ist jedoch, dass es keine materielle Verbindung zwischen diesen oberen und unteren Sphären gibt, sondern eine Korrespondenz. Diese Korrespondenz muss richtig verstanden werden, ohne nach einer direkten materiellen Verbindung zu suchen oder darauf zu bestehen."

Diese beiden Sphären haben ihren eigenen Charakter und ihre eigene Wirkungsweise, die RS in Vortrag 7 (S. 105, 1920) so beschrieb: *„So wird der Mensch auf die verschiedenartigste Weise von tellurischen Kräften (irdische Substanz / Physikalisches) - nennen Sie sie terrestrisch, wenn Sie wollen - und von außertellurischen Kräften (kosmische Kräfte/Geist) beeinflusst. Wenn wir diese Kräfte studieren wollen, müssen wir das Ergebnis ihres Zusammenwirkens in der gesamten menschlichen Einheit betrachten. Sie können in keinem isolierten Teil des Menschen aufgespürt werden, und am wenigsten in der Zelle – wohlgemerkt, am wenigsten in*

der Zelle. Denn was ist die Zelle? Sie ist das Element, das hartnäckig an sei-
ner getrennten Existenz, seinem eigenen getrennten (ätherisch dominier-
ten) Leben und Wachstum festhält, im Gegensatz zum gesamten mensch-
lichen Leben und Wachstum. Stellen Sie sich einerseits den Menschen vor,
der in seinem ganzen Gefüge von den tellurischen und außertellurischen
Kräften aufgebaut wird, und andererseits die Zelle als das Element, das
in das Wirken dieser Kräfte eingreift, ihren Grundplan und ihre Konzep-
tion durcheinanderbringt und sogar ihr Wirken zerstört, indem es seinen
eigenen Drang zum selbständigen Leben entwickelt. Tatsächlich führen wir
in unserem Organismus einen unaufhörlichen Krieg gegen das Leben der
Zelle. Und die unmöglichste aller Auffassungen ist gerade in jener Zellular-
pathologie und Zellularphysiologie entstanden, die die Zelle als Ursprung
und Grundlage von allem ansehen und den menschlichen Organismus als
ein Aggregat von Zellen betrachten. In Wahrheit aber ist der Mensch ein
Ganzes, das in Beziehung zum Kosmos steht und einen ständigen Krieg
gegen das unabhängige Leben und Wachstum der Zellen führen muss.

In der Tat ist die Zelle der unaufhörlich irritierende und störende Faktor in
unserem Organismus, nicht die Einheit der Konstruktion. Und wenn solche
grundlegenden Irrtümer in die allgemeine wissenschaftliche Betrachtungs-
weise einfließen, muss man sich nicht wundern, wenn daraus die fal-
schesten Schlüsse über die Natur des Menschen in all ihren Verästelungen
gezogen werden.

So kann man sagen, dass der kontraktive Entstehungsprozess des Men-
schen und der expansive Prozess der Zellbildung gleichsam zwei gegen-
sätzliche Kräfteverhältnisse darstellen. Die einzelnen Organe befinden sich
inmitten des Wirkens dieser Kräfte; sie werden zur Leber oder zum Herzen
und so weiter, je nachdem, ob die eine oder die andere Gruppe von Kräften
überwiegt. Sie stellen ein ständiges Gleichgewicht zwischen zwei Polen dar.
Einige der Organe tendieren zum zellulären Prinzip, und die kosmischen
Faktoren müssen dieser Tendenz entgegenwirken. In anderen Organen
wiederum – auf die wir gleich noch zu sprechen kommen werden – über-
wiegt die kosmische Wirkung das zelluläre Prinzip. Im Lichte dieser Erkennt-
nisse ist es besonders interessant, alle organischen Gruppen zu betrachten,
die zwischen dem Genitaltrakt und den Ausscheidungsorganen einerseits
und dem Herzen andererseits liegen. Diese Organe ähneln mehr als alle

anderen dem tatsächlichen Zustand, zu dem sich das zelluläre Leben hin entwickelt. Diese Ähnlichkeit ist im Vergleich zu allen anderen Organen des Menschen auffällig. Und wir müssen folgende Schlussfolgerung hinsichtlich des Wesens der Zelle ziehen. Die Zelle entwickelt – übertreiben wir etwas, aber bewusst und um unseren Standpunkt zu verdeutlichen – ein eigensinniges und antagonistisches Leben, ein Leben der Selbstbehauptung. Dieses eigensinnige Leben, das in einem Punkt zentriert ist, trifft auf den Widerstand einer anderen, äußeren Kraft. Und dieses äußere Element, das dem zellulären Prozess entgegenwirkt, entzieht seinen formenden Kräften die Vitalität. Es lässt die kugelförmige Gestalt eines Flüssigkeitstropfens unangetastet, saugt ihm aber gleichsam das Leben aus.

Das sollte eine elementare Erkenntnis sein, die jeder kennt: Alles, was auf unserer Erde kugelförmig ist, ob innerhalb oder außerhalb des menschlichen Körpers, ist das Ergebnis des Zusammenspiels zweier Kräfte, von denen die eine zum Leben drängt und die andere ihm das Leben entzieht.

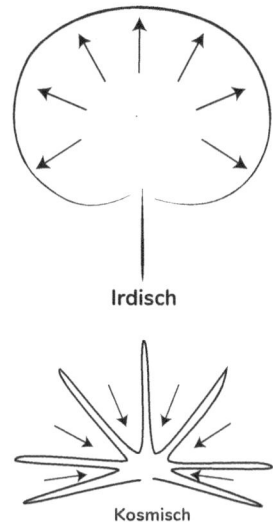

Irdisch

Wenn wir den Begriff des Quecksilbers (mittlerer Prozess) in der antiken Medizin untersuchen, erfahren wir, dass man davon ausging, dass das Quecksilber des Lebens beraubt wurde, aber die Kugelform beibehält. Das bedeutet, dass man sich das quecksilberne Element so

Kosmisch

vorstellen muss, dass es hartnäckig zum Zustand eines lebendigen Tropfens, d. h. zu einer Zelle, tendiert, aber durch die planetarische Wirkung des Merkurs daran gehindert wird, mehr zu sein als ein Zellkörper – also die typische Quecksilberkugel."

In dieser Passage werden uns Bilder des zellulären Prozesses als ein expansiver Prozess und des kosmischen Prozesses als ein kontraktiver, einschließender Prozess gegeben. In der Landwirtschaft ist dies das gleiche Thema, wie das zwischen den beiden Prozessen, wobei das irdische Kalzium der expansive Einfluss ist, während die beiden kosmischen Siliziumprozesse die kontraktiven sind.

Diese Prozesse interagieren nicht nur miteinander – wie bei Push und Pull –, sondern sie wirken direkt in die Sphären der Aktivität des jeweils anderen hinein. Der Geist und die Astralität sind zwar in der Kopfregion zentriert, wirken aber direkt durch und in die Stoffwechselregion hinein. In ähnlicher Weise wirken die physischen und ätherischen Prozesse, obwohl sie in der Stoffwechselregion zentriert sind, durch den Organismus hindurch und hinauf in die Kopfzone. In einem Vortrag, der nur wenige Wochen nach dem Landwirtschaftlichen Kurs gehalten wurde, sagt RS: *„Wenn wir also die wunderbare innere Struktur des menschlichen Organismus erforschen, entdecken wir nicht nur einen generativen und regenerativen Prozess in jedem einzelnen Organ, eine Aktivität, die dem Wachstum und der fortgesetzten Entwicklung des Organs dient, sondern auch einen degenerativen Prozess, der die physische Entwicklung umkehrt, aber es dem seelisch-geistigen Element ermöglicht, seinen Platz im Menschen zu finden. Ich habe letztes Mal gesagt, dass das spezifische Gleichgewicht zwischen Regeneration und Degeneration in jedem menschlichen Organ gestört werden kann. Wenn die Regeneration überhand nimmt, kommt es zu Entzündungskrankheiten."* (S. 117, Heilungsprozess 21.7.1924)

In diesen beiden Regionen, dem Kopf und dem Stoffwechsel, findet also ein „Kampf" zwischen einem expansiven Prozess, der aus dem Bauch kommt, und einem kontraktiven Prozess, der aus dem Kopf kommt, statt. Die Kopfprozesse haben eine verhärtende, devitalisierende Wirkung, während die Bauchprozesse eine erweichende oder übervitalisierende Wirkung

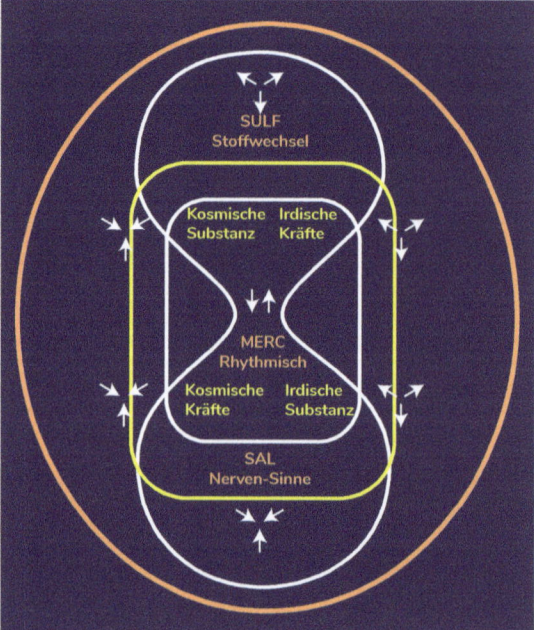

ANABOLISCH - aufbauend - expandierend

SULF
Stoffwechsel

Kosmische   Irdische
Substanz   Kräfte

MERC
Rhythmisch

Kosmische   Irdische
Kräfte   Substanz

SAL
Nerven-Sinne

CATABOLISCH - abbauend - zusammenziehend

zeigen. Krankheit ist in den Augen von RS dort, wo der eine oder andere dieser Prozesse in einem bestimmten Bereich entweder zu stark oder zu schwach wird.

In der Sprache von RS wirkt die Kopfregion mit ihrer Beziehung zur Kieselsäure in erster Linie durch kosmische Prozesse, hat aber auch einen sekundären irdischen Prozess, der vom Stoffwechsel kommt. Die Bauchregion und ihre Beziehung zu Kalzium arbeitet in erster Linie durch irdische Prozesse, jedoch mit einem sekundären kosmischen Prozess, der aus dem Nervensystem kommt.

Im Kopf müssen wir sowohl mit einer kontraktiven als auch mit einer expansiven Aktivität arbeiten, die dort vorhanden ist. Das Gleiche gilt für den Bauch. Diese grundlegende 4-fache Aktivität wurde von den Chinesen vor vielen Jahren als das Yin-Yang-Symbol dargestellt.

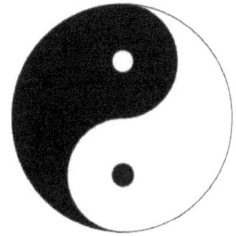

Zwischen diesen extremen Polaritäten stehen „mittlere" Prozesse, die aus der Interaktion dieser beiden Pole entstehen. Daher können wir auch nach den „Quecksilber"-Prozessen zwischen den Polaritäten „Salz" und „Schwefel" suchen (S. 195).

Um die kosmischen und irdischen Aktivitäten weiter zu verdeutlichen, können wir uns auf die Vorlesung 2 der „Landwirtschaft" beziehen, in der RS darüber spricht, wie die energetischen Aktivitäten die Kalzium- und Silizium-Prozesse nutzen, um ihre Aufgaben im physischen Organismus zu erfüllen. Er sprach davon, dass die Silizium-Prozesse zweiseitig wirken. Die eine Wirkung kommt von oben und wird zunächst von der Erde „absorbiert", bevor diese Aktivität dann durch das Pflanzenwachstum und andere Lebensformen wieder nach außen abgestrahlt wird.

Der kosmische Prozess der Kieselsäure „beginnt" damit, dass die reifenden Nährstoffaktivitäten des Lichts, das die Aktivität der astralischen „kosmischen Substanz" trägt, und der Wärme, die die Aktivität der geistigen „kosmischen Kräfte" trägt, im Herbst in den Boden gezogen werden. Der Lichtprozess wird durch den Quarzsand im

Boden festgehalten, und im Frühjahr wird die auf Wärme basierende kosmische Kraft mit Hilfe von Lehm durch die Pflanze wieder nach oben gedrückt. Diese trägt den Impuls, lebensfähige Samen für die nächste Generation zu setzen. Damit sich Früchte und Samen richtig entwickeln können, muss ein aktives Zusammenspiel zwischen der Aktivität der kosmischen Substanz und der aufsteigenden Aktivität der kosmischen Kraft, die von unten kommt, vorhanden sein. Wenn dieser Kontakt nicht richtig hergestellt wird, wird die Pflanze blühen, aber Pilzbefall wird die Blüten und Früchte zerstören, weil die aufsteigende Kraft nicht ausreicht, um die Pflanze bis zur Samenreife zu treiben. In diesem Fall kommentiert RS im 6. Vortrag, dass es die irdischen Prozesse sind, die die kosmischen Kräfte beherrschen, und Pilzbefall die Folge ist. Wenn der Prozess der kosmischen Substanz zu stark ist, dann ist ein Insektenbefall sehr wahrscheinlich, da die erweichenden irdischen Prozesse mit diesem nach innen gerichteten Schub der Astralität nicht Schritt halten können.

Die „irdischen" Kalzium-/Physikalischen Prozesse lassen sich am besten vom Boden aus betrachten, wo Wasser und Mineralien in die Pflanze gezogen werden und beginnen, sich durch die Kanäle und Adern der Pflanze nach oben zu winden. Diese Aktivität ist von zentraler Bedeutung für die Qualität der Gewebebildung. Die Adern werden immer kleiner, was dazu beiträgt, dass die Mineralien dem Wasser entzogen werden. Schließlich wird das durch die vielen Spiralen stark potenzierte Wasser als Transpiration in die Atmosphäre entlassen. Dieses „sensible Wasser" wird zu der Feuchtigkeit in der Atmosphäre, die RS als „atmosphärisches Kalzium" bezeichnet, und zu den irdischen Kräften. Man könnte auch sagen, es ist das Weltätherische, das in den physischen Körper hineinwirkt. Diese verfeinerte Feuchtigkeit wird entweder in die Pflanze zurückgezogen oder fällt als Tau auf die Erde. RS bemerkte, dass der Humus im Boden wie eine attraktive „Falle" für diese lebendige Aktivität aus der Atmosphäre wirkt. Der Kalziumprozess in der Erde hilft bei der Keimung der Pflanze und der Qualität ihrer Gewebebildung, was der Pflanzengesundheit und der Haltbarkeit zugute kommt und als Erdsubstanz bezeichnet wird. Das atmosphärische Kalzium, das die Fruchtbarkeit und die Bestäubung unterstützt und gleichzeitig zur Vergrößerung der Pflanzenteile beiträgt, trägt die ätherische Aktivität und wird Erdkräfte (Earthly Forces) genannt.

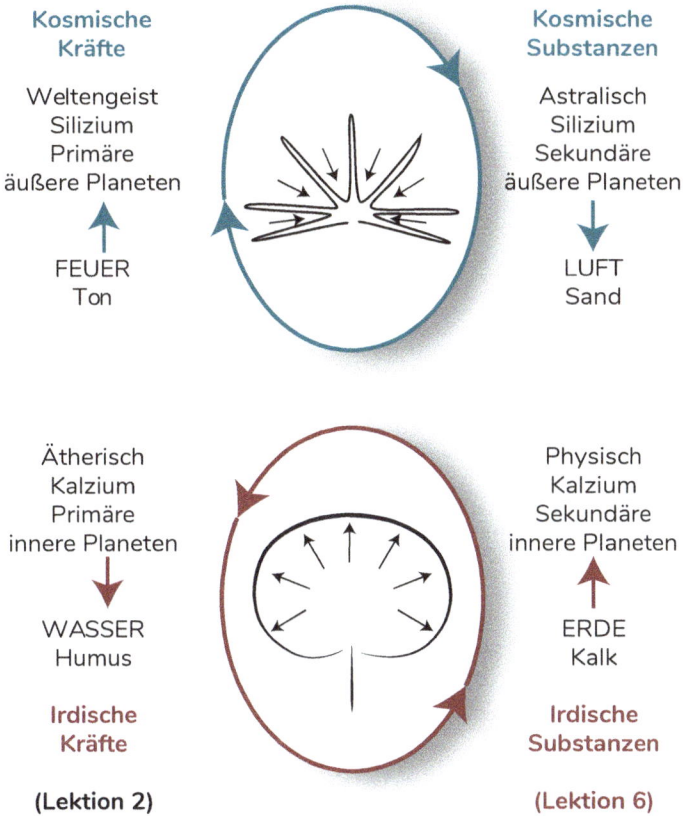

Kosmische Kräfte	Kosmische Substanzen
Weltengeist Silizium Primäre äußere Planeten	Astralisch Silizium Sekundäre äußere Planeten
FEUER Ton	LUFT Sand

Ätherisch Kalzium Primäre innere Planeten	Physisch Kalzium Sekundäre innere Planeten
WASSER Humus	ERDE Kalk
Irdische Kräfte	Irdische Substanzen
(Lektion 2)	(Lektion 6)

Die Botschaft daraus ist, dass die inneren kosmischen und irdischen Prozesse, die RS beschreibt, keine zweifache Polarität sind, wie sie äußerlich erscheinen, sondern eine vierfache Interaktion. NUR wenn man dieses Phänomen versteht, ist ein Großteil des Landwirtschaftlichen Kurses verständlich.

Eine weitere Betrachtung der kosmischen und irdischen Frage ist, wie sich diese vier Substanzen Lehm, Sand, Humus und Kationen zu den Substanzen Kalzium und Siliziumdioxid verhalten. RS hat in der zweiten Vorlesung sehr klare Aussagen über diese vier Substanzen gemacht, aber am Ende der dritten Vorlesung finden wir eine sehr vage Bemerkung, dass „Ton eine vermittelnde Substanz zwischen Kalzium und Kieselsäure ist, obwohl er der Kieselsäure näher steht".

Diese Bemerkung hat die Fanatiker der Dreifachheit auf die Idee gebracht, dass Lehm DIE vermittelnde Substanz zwischen den beiden ist, was bedeutet, dass sie die zwei Kommentare aus Vorlesung drei, dass „Lehm den aufwärts gerichteten Siliziumdioxid-Prozess stärkt", vollständig leugnen. Die Lösung für dieses „Problem" scheint zu sein, dass RS hätte sagen sollen, dass die vier Substanzen und mehr noch ihre Prozesse, die in Vortrag 2 erwähnt werden, alles „mittlere" Prozesse sind, die innerhalb der äußeren Kalzium-/irdischen und Siliziumdioxid-/kosmischen Prozesse stattfinden, die er in Vortrag 1 skizziert. (Die Planeten folgen natürlich diesem Muster.)

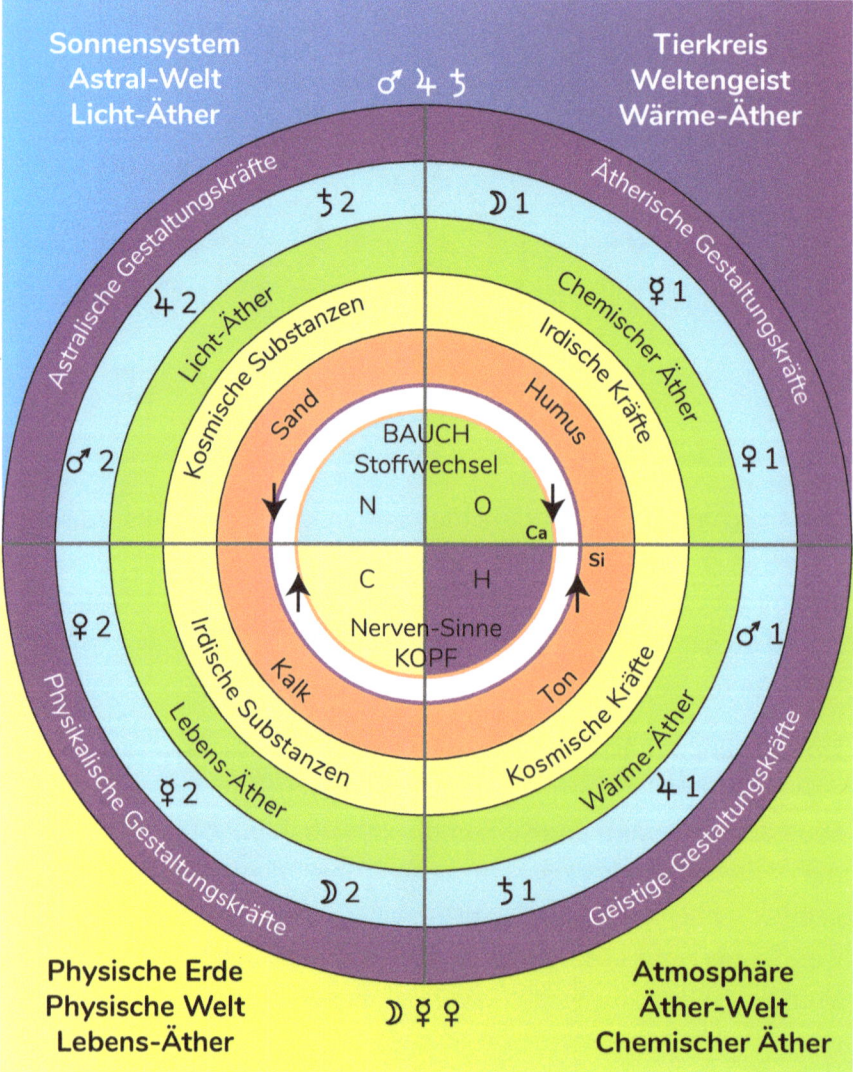

Interessanterweise wird in Vorlesung 2 der medizinischen Vorlesungen von 1921 beschrieben, wie der Ätherkörper und seine Teile, die verschiedenen Äther, wirken, um sich als Krankheit zu manifestieren. In dieser Geschichte kommt die Polarisierung, die wir in den physischen Prozessen finden, nicht vor. Die Wärme/Geist und das Licht/Astral wirken vom Kopf abwärts, während die Lebens- und chemischen Äther vom Bauch aufwärts wirken, und Krankheit wird durch ihr Ungleichgewicht verursacht, wie es in der Drücken-Ziehen-Referenz für die Primärkörper beschrieben wird. Dieser Unterschied zwischen der Art und Weise, wie die ätherischen Gestaltungskräfte zusammenwirken, und der Art und Weise, wie die physischen Gestaltungskräfte zusammenwirken, wird von denjenigen nicht verstanden, die nur die Äther als DIE primären Gestaltungskräfte anerkennen, und daher ergibt ein Großteil des Landwirtschaftlichen Kurses für sie keinen Sinn. Dieser fundamentale Unterschied, dass die Äther als primäre Polaritäten wirken und die Physikalischen Formkräfte (PFK) als sekundäre Polaritäten – s. „Biodynamic Decoded" – muss ins klare Bewusstsein gebracht werden. In den Landwirtschaftsvorträgen wurde sehr wenig über die Funktion der Äther gesagt, während die PFK in etwa 30% des Textes beschrieben werden. Dies ist der Kontext für vieles von dem, was dort gesagt wird. Die PFK stehen in direkter Beziehung zu den Aktivitäten der Energiekörper in lebenden Formen, und die Arbeit mit ihnen ermöglicht es, die Biodynamik mit den medizinischen Vorträgen zu verknüpfen, und es ergeben sich riesige Möglichkeiten des Verständnisses und der neuen Erforschung.

Das gyroskopische Periodensystem

Das gyroskopische Periodensystem ist eine natürliche Entwicklung, die sich aus dem Studium der Bodenkunde, RSs Landwirtschafts- und Medizinkursen, Astronomie und Astrologie ergeben hat. Ich hatte keine formale Chemie-Ausbildung und gebe nicht vor, ein umfassendes Wissen darüber zu haben. Ich biete die beigefügten Diagramme und Erklärungen als Beginn einer, wie ich hoffe, fortlaufenden Diskussion an.

Der Prozess, der zu diesem Diagramm (S. 78) führte, lässt sich am besten als künstlerische Interpretation der wissenschaftlichen Erkenntnisse beschreiben, auf die ich zurückgreifen konnte. Was hier skizziert wird, ist das Ergebnis des Prozesses, den ich zuerst in meinem Buch „Biodynamics Decoded" skizziert habe. Ein Hauptaspekt dieser Arbeit war die Identifizierung eines archetypischen Musters, das hinter dem Leben auf der Erde und der Schöpfung im Allgemeinen steht. Diese These, die ich inzwischen die „Atkinson Conjecture" nenne (s. Anhang 1), besagt, dass wir, wenn wir die Lebensprozesse gemäß den Gesetzen betrachten, die sich aus dem astrologisch-biodynamischen Kreisel ergeben, „Wahrheiten" aufdecken, die zumindest als Ausgangspunkt für Fragen und praktische Versuche dienen können, um uns zu zeigen, wie sich die Schöpfung manifestiert. Die These besagt, dass die Qualität der Fragestellungen so sein wird, dass sie in den meisten Fällen tatsächliche Wahrheiten offenbaren, mit denen man praktisch arbeiten kann. Da wir auf der Suche nach der „archetypischen Wahrheit" sind, wäre zu erwarten, dass diese Muster überall zu finden sind.

Die praktische Anwendung dieser These beschränkte sich bisher auf die Verwendung der biodynamischen Präparate als deren funktionale Werkzeuge. Mit den Erläuterungen der These zu den Vorschlägen von RS hat sie viele reale und einzigartige Einflüsse auf das Pflanzenwachstum und die Tierkontrolle geliefert. Drei dieser Anwendungen, ThermoMax (Frostschutz), BirdScare (Vogelbekämpfung) und PhotoMax (Verbesserung der Photosynthese), wurden von dritter Seite wissenschaftlich bestätigt (HortResearch, NZ) und können auf der BdMax-Website eingesehen werden. Die erfolgreiche Vermarktung dieser Produkte ist ein weiterer Beweis für den Nutzen, die Wirksamkeit und die praktische Realität der „Atkinson-Vermutung". Es stellte sich jedoch die Frage, wie diese Präparate in ihrer Wirkung verstärkt werden könnten. Die chemischen Elemente waren eine naheliegende Möglichkeit.

Die folgenden Seiten bieten eine Studie der chemischen Elemente, welche die Wissenschaft als Grundlage der materiellen Manifestation akzeptiert. Wir betrachten sie aber durch das Wurmloch des Gyroskops. **Da die chemischen Elemente eine natürliche Manifestation unserer Umwelt sind, liegt es auf der Hand, dass sie sich nach denselben gyroskopischen Prinzipien organisieren müssen wie alles andere auch.** In dem hier beschriebenen Prozess kommen viele neue Erkenntnisse über die chemischen Elemente zum Vorschein, während die „alten" Informationen auf neue Weise organisiert und mit allem verglichen werden, was wir bereits über das archetypische Gyroskop wissen.

Zumindest sind meine Organisationsdiagramme ein praktischer Ansatz, um RSs Ideen in einer bildlichen Form zu objektivieren, was es hoffentlich leichter macht, den von ihm vorgeschlagenen ganzheitlichen Ansatz zu verstehen. So wie ich feststellte, dass RSs Weltbild die gleiche Grundlage wie die Astrologie hat, so hat auch das Periodensystem die gleiche strukturelle Grundlage wie das Weltbild der Gyroskopischen Glenopathie, das sich aus „Biodynamics Decoded" ergibt. Es schien ein natürlicher nächster Schritt zu sein, sie alle miteinander zu verbinden. Ein Akt, der es erlaubt, die **energetische Aktivität eines jeden Elements zu „erahnen"**.

Ich bin bisher auf kein Werk gestoßen, das die spirituelle Aktivität aller Elemente des Periodensystems beschreibt. Die Informationen, die dieses Diagramm liefert, müssen also zunächst als Anhaltspunkte betrachtet werden. Es ist eine herausfordernde Frage, die das Universum stellt, und es liefert Vorschläge, wie ein bestimmtes Element wirken könnte. Meine bisherigen Erkundungen haben mich von der Nützlichkeit des Diagramms überzeugt, so dass ich glaube, dass es sich lohnt, es anderen zur Verfügung zu stellen, die **den chemischen Bereich als Einfluss auf die Interaktion mit dem Energiekörper** erforschen möchten.

Einer dieser Menschen, mit denen ich mich über „meine Chemie" aus-
tauschen konnte, war Hugh Lovel, mit dem ich seit 2001 bis zu seinem
kürzlichen Tod in Kontakt war. Er schickte mir die folgenden Kommentare:

*„Sie haben meine Zustimmung, wenn es darum geht, das Periodensystem
zu verstehen. Ich verfolge Ihre intellektuellen Erkenntnisse immer weiter
und bestätige sie. Ich ziehe den Hut vor Ihnen, mein Freund. Ich bin Ihnen
zutiefst dankbar für mein immer tieferes Verständnis der Biodynamik und
darüber hinaus ...*

Vielen Dank, vielen Dank, vielen Dank.
Mit freundlichen Grüßen, Hugh Lovel"

Ich zitiere dies hier von „jemandem, der sich die Mühe gemacht hat,
genau hinzuschauen". In der Hoffnung, dass es Sie weiter ermutigt,
diesen Ansatz wirklich zu untersuchen.

Es gibt 120 Elemente in drei Gruppen. **Die Aufgabe besteht darin,
die Aktivität eines jeden Elements zu identifizieren** und diese
dann auf die Natur anzuwenden, als eine sichere und klare Methode.

Für die erste Gruppe, die Hauptelemente, gebe ich ein kurzes,
schnelles Beispiel dafür, wie das Bezugssystem funktioniert. Für
die Übergangselemente, die zweite Gruppe, beschreibe ich jedoch
tiefergehende Beispiele für den Referenzierungsprozess, der verwendet werden kann, um die mögliche energetische Aktivität eines
Elements zu identifizieren. Derselbe Prozess der Wissenssammlung
und Reflexion, den ich dort zeige, kann auch für die Hauptelemente
und die Seltenen Erden durchgeführt werden. Im Kapitel über die Seltenen Erden, das 2017 erweitert wurde, wende ich einen ähnlichen
Prozess der Informationssammlung an, allerdings sind meine Interpretationen der Lanthanoiden, der dritten Gruppe durch meine direkten „Nachweise" der Elemente sowie durch die „Systemanalyse" der
anerkannten Informationen über diese Elemente geprägt.

Der beschriebene Lemniskaten-Prozess zur Identifizierung der Übergangselemente ist ein gutes Beispiel für einen „unkonventionellen

Ruf", der sich aus der Befolgung der mit der „Atkinson-These" identifizierten Prozesse und der Erkenntnisse von Dr. Hauschka ergibt.

Im Geiste der Erforschung und mit dem Wunsch, dass der Wert dieser Arbeit vertieft und geschätzt oder als wertlos entlarvt wird, stelle ich sie allen, die an ihrer Enthüllung teilnehmen möchten, frei zur Verfügung.

Die folgenden Seiten sind ein Anfang, und es ist zu erwarten, dass im Laufe der Forschungsreise weitere Einzelheiten hinzukommen werden. Bitte teilen Sie mir Ihre Erkenntnisse und Fragen mit, gerne direkt über Email unter garuda@xtra.co.nz. Die früheren englischen Bücher dieser Reihe, von denen dieses Buch eine Erweiterung ist, finden Sie auf der Webseite: www.garudabd.org.

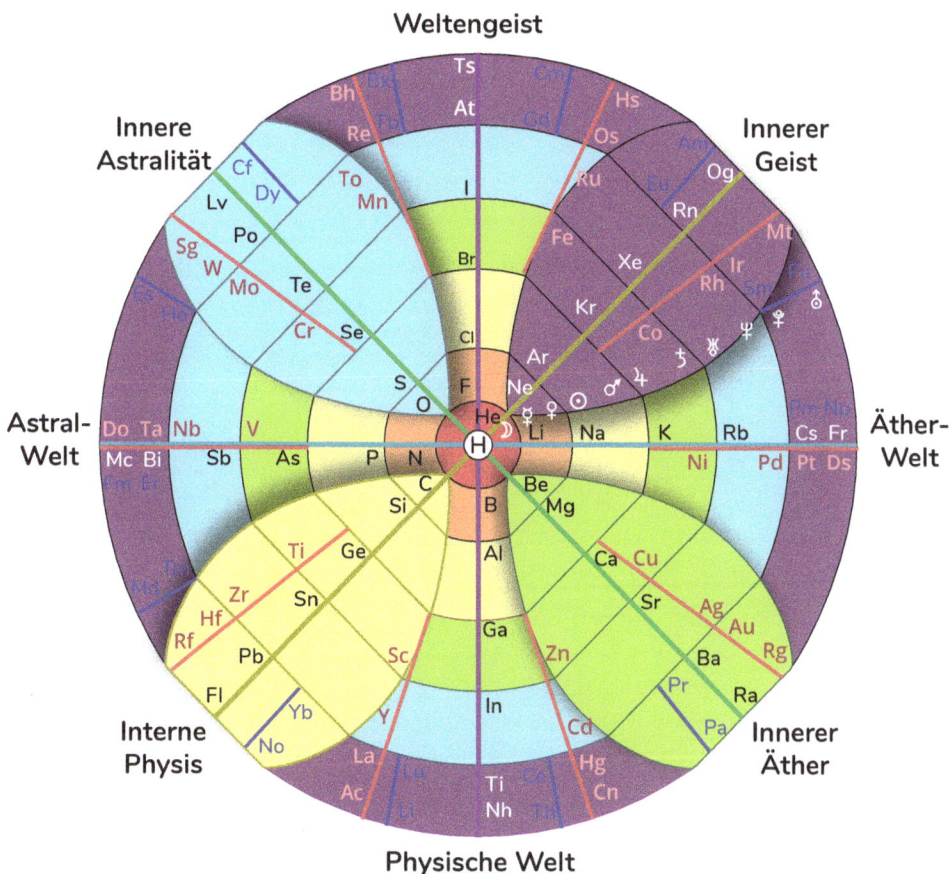

Weltengeist

Innere Astralität

Innerer Geist

Astral-Welt

Äther-Welt

Interne Physis

Innerer Äther

Physische Welt

Das Periodensystem

1	2											3	4	5	6	7	8
1	2	3	4	5	6	7	8	9	10	11	12	13	14	15	16	17	18
1 H																	2 He
3 Li	4 Be											5 B	6 C	7 N	8 O	9 F	10 Ne
11 Na	12 Mg											13 Al	14 Si	15 P	16 S	17 Cl	18 Ar
19 K	20 Ca	21 Sc	22 Ti	23 V	24 Cr	25 Mn	26 Fe	27 Co	28 Ni	29 Cu	30 Zn	31 Ga	32 Ge	33 As	34 Se	35 Br	36 Kr
37 Rb	38 Sr	39 Y	40 Zr	41 Nb	42 Mo	43 Tc	44 Ru	45 Rh	46 Pd	47 Ag	48 Cd	49 In	50 Sn	51 Sb	52 Te	53 I	54 Xe
55 Cs	56 Ba	57 La	72 Hf	73 Ta	74 W	75 Re	76 Os	77 Ir	78 Pt	79 Au	80 Hg	81 Ti	82 Pb	83 Bi	84 Po	85 At	86 Rn
87 Fr	88 Ra	89 Ac	104 Rf	105 Db	106 Sg	107 Bh	108 Hs	109 Mt	110 Ds	111 Rg	112 Cn	113 Nh	114 Fl	115 Mc	116 Lv	117 Ts	118 Og

58 Ce	59 Pr	60 Nd	61 Pm	62 Sm	63 Eu	64 Gd	65 Tb	66 Dy	67 Ho	68 Er	69 Tm	70 Yb	71 Lu
90 Th	91 Pa	92 U	93 Np	94 Pu	95 Am	96 Cm	97 Bk	98 Cf	99 Es	100 Fm	101 Md	102 No	103 Lr

Dieses rechteckige Periodensystem der Elemente ist die von der Wissenschaft akzeptierte Form, mit der die Natur der chemischen Elemente beschrieben wird. Diese Elemente bilden die Grundlage aller materiellen Formen, sowohl der lebenden als auch der toten.

Die Grundlage dieser Tabelle ist eine Reihe von Spalten, die entlang der Oberseite aufgelistet sind, heutzutage mit den Nummern 1 bis 18. Im ursprünglichen Periodensystem, das von Dimitri Mendelejew entwickelt wurde, waren die chemischen Elemente in acht Hauptgruppen eingeteilt, später wurden die 10 Gruppen der Übergangsmetalle zwischen Gruppe 2 und Gruppe 3 eingeteilt, und später kamen noch die 14 Gruppen der Seltenen Erden hinzu.

Jede der Hauptgruppen hat sieben Schichten. Es gibt also acht primäre Gruppen oder Arme von Hauptelementen. Zwei davon haben jeweils sieben Mitglieder, während die anderen sechs jeweils sechs Mitglieder haben. Die Übergangselemente haben 10 Spalten, aber nur vier Schichten von Elementen, während die Seltenen Erden 14 Spalten, aber nur zwei Zeilen von Elementen haben.

Bei der Verwendung dieser Tabelle sollen wir uns für die tatsächliche Struktur eines jeden Elements einen Kern vorstellen, der aus einer Reihe von Protonen und Neutronen besteht und von Ringen oder kugelförmigen Schalen von Elektronen umgeben ist. Dies ist das gleiche Bild wie das Bild des Sonnensystems, das Kopernikus entworfen hat. Jede neue Schicht der obigen Tabelle zeigt an, dass die Elemente in dieser Schicht eine weitere Elektronenschale haben, die zu der der vorherigen Schicht hinzukommt. Wenn wir also in der Tabelle nach oben gehen, haben wir, beginnend mit Wasserstoff, einen positiv geladenen Protonenkern mit einem negativ geladenen Elektron in der ersten Schale. Bei Helium, dem nächsten Element, haben wir ein zusätzliches Proton und 2 Neutronen mit einem weiteren Elektron in der ersten Schale. Jedes weitere Element hat ein zusätzliches Proton und Neutron im Kern und ein weiteres Elektron in der ersten Schale. Die nächste Schale beginnt mit dem 3. Element Lithium. Sobald diese Schale ihre acht Elektronen bei Neon hat, beginnen die Elektronen, die nächste Schale mit Natrium zu füllen. Und so geht es weiter durch die Tabelle.

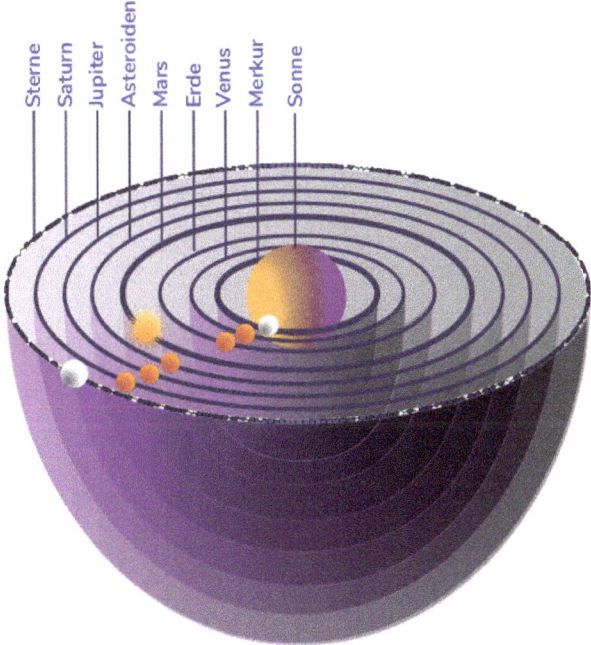

Das Interessante am Standard-Periodensystem ist, dass es zwar als Rechteck dargestellt wird, wir aber immer wieder aufgefordert werden, es uns als einen kugelförmigen Kern vorzustellen, der von Sphären aus Elektronen umgeben ist.

Dieser Vorstellungsprozess wurde zu einer meiner ersten Hürden, als ich begann, mit der Bodenkunde und dem Periodensystem zu arbeiten. Meine erste Frage war also, **warum ich das Periodensystem nicht als Kreis zeichnen sollte**, und sei es nur, um mir die Realität der Elemente besser vorstellen zu können.

Da das Periodensystem acht Hauptgruppen von Elementen umfasst, ist es einfach, die Arme um den Kreis herum anzuordnen. Wenn das Periodensystem kreisförmig ist, dann können alle Regeln, die wir für Kreise haben, insbesondere diejenigen, die aus der Astrologie und dem biodynamischen Kreisel stammen, auf den Kreis angewendet werden, und sei es nur, um einen „künstlerischen" Querverweis herzustellen.

Die wichtigsten Überlegungen, die sich daraus ergeben, sind: **Der Kreis teilt sich entsprechend der Kreiselform, mit einer vertikalen und einer horizontalen Achse**. In der Astrologie werden diese Hauptachsen als Mittelhimmel (vertikal) und Aszendent (horizontal) bezeichnet, die die Kardinalwinkel bilden, nach denen die „Häuser" oder Bereiche der irdischen Manifestation angeordnet sind. Der Aszendent, der zum Zeitpunkt der Geburt den östlichen Punkt darstellt, ist der Beginn des Häuserkreises. Dies ist das „neue Individuum", das seine Reise durch das Leben beginnt. Wir haben also **einen Anfangspunkt**. Daraus können wir die Vermutung ableiten, dass der Arm der ersten Gruppe, die eigentlich mit Lithium beginnt (da Wasserstoff das mittlere Element ist), hier platziert werden würde.

Obwohl diese Annahme gemacht werden kann, war ich nicht damit zufrieden, also habe ich einige Jahre damit verbracht, alle Arme zu untersuchen, um zu sehen, wo sie hingehören, und bin aus anderen Gründen trotzdem auf Lithium im Aszendenten gekommen. Dr. Hauschkas Geschichten (S. 283, 18) über die Elemente waren bei diesem Prozess hilfreich.

Weltengeist

Physisch

Ätherisch

Astralisch

In der Astrologie werden polare Beziehungen zwischen entgegengesetzten Punkten festgestellt. Wenn zum Beispiel der Einfluss der Waage in einem Horoskop vorherrscht, dann muss auch der entgegengesetzte Einfluss des Widders berücksichtigt werden. Lievegoed zeigte die polare Interaktion der Planeten, die bei der Manifestation von Pflanzenprozessen zusammenwirken, und vieles mehr.

Im Fall des Periodensystems sehen wir also eine Reihe von Beziehungen zwischen den Armen und den Elementen dieser Arme, die in der rechteckigen Tabelle nicht sofort ersichtlich sind. Magnesium und Schwefel (Bittersalz) zum Beispiel sind polare Elemente, ebenso wie Kalzium und Selen; beide Elemente sind für die Erhaltung einer guten Gesundheit notwendig. In der Bodenkunde wird die Beziehung zwischen Kaliumaktivität und Phosphor von den Landwirten wahrgenommen, aber ihre direkte Beziehung zueinander wird nur wenig erforscht.

In der Bodenkunde ist allgemein bekannt, dass „verwandte" Elemente gegeneinander wirken. Wenn zum Beispiel die Konzentration von Kalzium im Boden sehr hoch ist, werden sowohl Magnesium als auch Kalium in ihrer Aktivität „geschwächt". Es stellt sich die Frage, wie es sich mit der Wirkung des polarisierenden Elements verhält. Was geschieht mit Selen, wenn der Kalziumgehalt hoch ist? Was geschieht mit Kalium, wenn entweder zu viel Stickstoff oder Phosphor zugeführt werden?

Während sich einfache Oppositionsbeziehungen unabhängig davon zeigen, wo die Arme auf dem kreisförmigen Bild angeordnet sind, lautet die nächste Frage im kreisförmigen Periodensystems, **wo die Arme in Bezug auf das biodynamische Gyroskop platziert werden sollten**. Man könnte meinen, dass dies nicht von Belang ist, aber aufgrund der immensen organisatorischen Ähnlichkeiten zwischen dem Periodensystem und allen Informationen, die wir bisher vom biodynamischen Gyroskop gesammelt haben, scheint es eine vernünftige Frage zu sein, die man stellen sollte, damit weitere Querverweise hergestellt werden können.

Die Positionierung der Elemente, die ich in diesem Diagramm gewählt habe, basiert auf vielen Überlegungen. Je mehr ich damit arbeite – und je mehr ich über die Elemente lerne - desto mehr bin ich mit dieser Wahl zufrieden. Abgesehen von der offensichtlichen Assoziation des ersten Arms der Elemente, der Alkalien, mit dem Beginn der Häuser – auf dem Aszendenten – waren ein paar andere wichtige Überlegungen, dass die Halogenelemente – Fluor, Chlor, Brom usw. – sehr reaktiv, korrosiv und giftig sind. RS charakterisierte die Halogene so, dass sie Prozesse zum Stillstand bringen. Das ist es, was der Geist tut, wenn er übermäßig aktiv ist. Er tötet Dinge ab. Er verbrennt und verdampft die Lebensprozesse, die er berührt. Der Arm links von den vertikalen Halogenen ist der der inerten Gase, die ihren Charakter nicht verändern und mit nichts in ihrer Umgebung reagieren. Sie bewahren vor allem ihre Individualität, was auch der Geist tun kann, wenn er stark in einer Persönlichkeit wirkt. In der Tat habe ich festgestellt, dass dies der Arm des Autismus ist, bei dem die Individuen sehr in sich verschlossen sind und die Welt im Grunde nicht brauchen.

Andere Arme, wie der mit Kalzium und Magnesium, zwei Elemente, die Dinge größer machen, werden zu Trägern der verinnerlichten Wachstumsprozesse, die mit dem inneren Äther gesehen werden. Während der Kohlenstoff-Kieselsäure-Arm der Träger der verinnerlichten physischen Prozesse ist. So sind die großen Arme angeordnet.

Nun, da wir alle Teile dieses „Puzzles" an ihrem Platz haben, gibt es mehrere Ebenen von Querverweisen, die auf die chemischen Elemente angewandt werden können.

Die Querverweise für das Periodensystem lassen sich wie folgt umreißen:

A) Das chemische Verständnis der allgemeinen Chemie
B) Die Beziehung der Elemente zu RSs Landwirtschaftlichem Kurs
C) Die Beziehung der Elemente zu den energetischen Körperaktivitäten, die durch das biodynamische Gyroskop angezeigt werden
D) Die Polaritätsbeziehungen, die sich aus dem kreisförmigen Periodensystem ergeben

Es ist zu hoffen, dass diese Querverweise zusammen ein Bild der energetischen Aktivität der chemischen Elemente ergeben, das eher auf archetypischen Gesetzen als auf zufälligen Experimenten beruht. Diese „Hinweise" darauf, was diese Elemente sein könnten, können dann weiter untersucht werden. Meine bisherigen Untersuchungen haben gezeigt, dass dies ein lohnendes Unterfangen ist.

Jan Scholten

Uns stehen auch die Informationen zur Verfügung, die von der homöopathischen Gemeinschaft und insbesondere von Jan Scholten erstellt wurden. Sein Buch „Homöopathie und die Elemente" (und andere) sind wertvolle Referenzen. Die Homöopathie „beweist" die Wirkungen der chemischen Elemente seit etwa 200 Jahren. Scholtens Ansatz basiert darauf, die Elemente als eine sich entwickelnde Spirale zu sehen. Er beginnt mit Wasserstoff in der Mitte und bewegt sich mit dem atomaren Gewicht nach außen. Daraus ergeben sich sieben Schichten innerhalb der Spirale. Er bewegt die Schichten durch ein psychologisches Entwicklungsmodell vom Säugling über die familiären, gesellschaftlichen und dann die humanitären Entwicklungsstufen.

Innerhalb jeder Schicht durchlaufen die Elemente einen Prozess der Ausdehnung und dann der Kontraktion, der die „Lektion" der jeweiligen Schicht zum Ausdruck bringt. Ich stimme mit diesem grundlegenden Modell überein.

Die Homöopathie ist eine Wissenschaft, die sich aus den Spuren der Beobachtung von Symptomen bei Überdosierung eines bestimmten Elements entwickelt hat. Diese werden nach körperlichen, emotionalen und psychologischen Symptomen unterschieden. Sie sprechen selten von einer Substanz, sondern vielmehr von einer energetischen Körperinteraktion, so dass ihre ausgezeichneten Beobachtungen weiter übersetzt werden können, um zu sehen, wie das, was sie sagen, als Ausdruck einer energetischen Aktivität beschrieben werden kann.

Ich stimme mit seinen grundlegenden Vorschlägen dieser Sequenzen für die Hauptelemente und die radioaktiven Elemente überein, weiche aber bei den Übergangselementen deutlich von Scholten ab. Wie, möchte ich auf später verschieben, um die Überraschung nicht zu verderben. Eine zweite Abweichung besteht darin, dass die Glenopathy das Periodensystem als eine 3D-toroidale Kugel betrachtet. Anstatt einer kontinuierlichen Spirale bilden die drei Gruppen von Elementen jeweils eine Ebene innerhalb dieser 3DKugel. Dadurch erhält jedes Element eine eindeutige „innere Reise". Scholten fasst die Übergangselemente als Teil der Erfahrung der Hauptelemente zusammen, gibt ihnen aber mit den radioaktiven Elementen eine eigene innere Gruppenerfahrung.

Die Macht der Formen

Als jemand, der intensiv mit „archetypischen Formen" arbeitet, bin ich mir der Möglichkeit bewusst, an der „Doktrin der Form" festzuhalten und mich so über die wirkliche Erfahrung des Elements hinwegzu-täuschen. Die Quantenphysik sagt, sie habe bewiesen, dass sich die Schöpfung nach den Wünschen des Beobachters manifestiert. Daher müssen alle „subjektiven Beweiser" und energetischen Forscher ihren Willen und ihre Wünsche so gut es geht zurückhalten, damit das Ele-ment seine eigene Stimme erheben kann. Das ist knifflig, und wer bin ich, zu sagen, wie gut ich darin bin. Ich weiß, dass dies ein sehr reales Phänomen ist.

Das ist eine Frage, die ich auch an Scholten und seine Anhänger habe. Sie engagieren sich sehr stark für „die Form", und man fragt sich, wie sehr sie die Manifestationen der Elemente, die sie erleben, „wollen". Eine Art von kollektiver Absicht, die sie in eine Richtung sehen lässt, aber nicht in die anderen drei.

Wenn ich von ihrem Weg abweiche, heißt das nicht, dass einer von uns beiden richtig oder falsch liegt, sondern dass wir unterschiedliche Harmonien dieser speziellen Frequenz gefunden haben. Die Astro-logie ist eine Wissenschaft, in der verschiedene Techniken auf ein und dieselbe Sache, auf einen astronomischen Moment, angewandt werden und verschiedene Teile der gleichen Geschichte ergeben. Oft sind es sehr ähnliche Teile der gleichen Geschichte. In der Regel sind alle Informationen im jeweiligen Kontext korrekt. Mein Kontext ist die Arbeit mit grundlegenden Wachstumsprozessen der Natur, während die Homöopathie meist auf der menschlichen Psychologie und den körperlichen Symptomen basiert.

Die Schichten

Das Periodensystem hat sieben Schichten für jeden seiner primären Arme. Der biodynamische Wirbel hat sechs Schichten. In meinen Diagrammen des Wirbels, der sechsten Schicht des Tierkreises, gibt es jedoch zwei definierte Schichten. Im Gyroskop-Diagramm selbst ist diese 12-fache Tierkreisschicht der violette Ring ganz außen. Wenn ein Vortex nach oben kommt, krümmt er sich in alle Richtungen, um dann die sphärische Außenhaut der Kreiselkugel zu bilden. Das bedeutet, dass der vertikale Abstand dieses violetten Bereichs zwar derselbe ist wie der der anderen Schichten, aber dass der horizontale Abstand größer ist. In diesem erweiterten Bereich ist die Zweiteilung innerhalb der Geist-Sphäre möglich. Das bedeutet, dass die Schichten 6 und 7 des Periodensystems beide in der 12-fachen Geist-Sphäre des biodynamischen Wirbels enthalten sind.

Die Schichten weisen auf eine wachsende Komplexität in der Entwicklung der chemischen Elemente hin. Dies kann man sich als die Entwicklung vom Einzeller bis zur Komplexität des Kosmos vorstellen. Beim biodynamischen Vortex und bei Scholten bewegt sich diese Komplexität vom Persönlichen hin zum Globalen und Kosmischen. Die Elemente selbst bewegen sich von den leichtesten, beginnend mit Wasserstoff, bis hin zu den sehr schweren.

In meinen Bildern gibt es sechs primäre Ringe (S. 45), aber jeder dieser Ringe ist von dualer Natur, was ein Bild des Kreisels mit zwölf Schichten ergibt. Der Hinweis auf das Labyrinth von Chartres mit seinen 12 Kreisen ist hier hilfreich (S. 256).

Schicht 1 - Der Kern

H 1 · He 2

Die erste Schicht wird in allen meinen Diagrammen als rote Schicht dargestellt und umfasst im Periodensystem die Elemente Wasserstoff und Helium. Ich stelle mir das so vor, dass der Wasserstoff in der Mitte und das Helium auf dem zweiten Ring der ersten Hauptschicht liegt.

Dies ist der primäre Kern aller Wesenheiten. Wenn wir das Leben auf der Erde betrachten, dann repräsentiert es die Erde. Für das Sonnensystem ist es die Sonne, für das Atom der Kern, für die Galaxie das galaktische Zentrum.

Scholten beschreibt diese Ebene als „Die Wasserstoffreihe", deren Hauptanliegen das „Sein oder Nichtsein" ist. Soll man sich inkarnieren oder nicht? In anderen homöopathischen Texten wird Wasserstoff, das vorherrschende Element im Raum, als ein sehr spirituelles Element beschrieben, das eine universelle Verbindung oder Trennung mit allen Dingen herstellt. In Scholtens Schichtenfolge entspricht dies der Empfängnis- und Fötusphase der menschlichen Entwicklung.

Nach RSs Ausführungen ist Wasserstoff der Träger der geistigen Impulse, sowohl in das Leben hinein als auch aus dem Leben heraus. Dies bedeutet, dass er der Träger des grundlegenden archetypischen „Wortes" von den Sternen ist, auf dem dann das Leben aufgebaut wird. Wenn wir Lebensformen als Ausdruck von „fraktalem Magnetismus" sehen - um Dan Winters Worte zu verwenden - dann ist Wasserstoff der Träger der Grundformel des Fraktals. In allen Lebensformen ist dies das Fraktal, das sich aus dem Verhältnis des „Goldenen Schnitts" ableitet. Wasserstoff ist der Träger des „Saatgedankens" eines jeden Individuums.

Schicht 2 - Polarität, irdische Substanzen

Li 3 · Be 4 · B 5 · C 6 · N 7 · O 8 · F 9 · Ne 10

Dies ist die orangefarbene Schicht in meinen Diagrammen und wird im **Biodynamischen Wirbel** als die zweifache Schicht der Dualität charakterisiert, die außerhalb aller Lebensformen steht. Leben manifestiert sich durch das Zusammenspiel von Gegensätzen. Sobald irgendeine Substanz in Bewegung gerät, entwickeln sich polar entgegengesetzte elektrische Ladungen, die dann die Interaktion dieser Teilchen mit allen anderen Substanzen bestimmen. Zellen pulsieren und teilen sich in zwei, bevor sie sich in vier teilen. Viele Tiere bringen nur durch die Interaktion der beiden Geschlechter ihrer Art weitere physische Körper zur Welt. Diese Polarität wird in diesen Fällen nicht verinnerlicht und bleibt daher eine äußere Realität, die „vor" dem Leben existiert.

Die Elemente dieser Schicht – Lithium, Beryllium, Bor, Kohlenstoff, Stickstoff, Sauerstoff und Fluor – gelten als einige der grundlegendsten Elemente für die Struktur des Lebens und sind im Universum am häufigsten vorhanden. Strukturell bestehen diese Elemente aus einem Kern und einem Elektronenring. Dadurch ist die Ladung des Kerns stark und sie verbinden sich leicht mit den meisten anderen Elementen. Es wird angenommen, dass diese Elemente Elektronen leicht abgeben und aufnehmen können, was ihre hohe Reaktivität ermöglicht.

Zusammen mit Wasserstoff, ihrer fraktalen Basis, bilden Kohlenstoff, Sauerstoff und Stickstoff die Grundlage der gesamten organischen Chemie. Alle Kohlenhydrate, Zucker, Fette und Proteine werden hauptsächlich aus diesen vier Elementen gebildet. Diese vier Elemente, so zeigte RS, sind die grundlegenden Träger der vier Körper, die zusammenkommen, um lebende Wesen zu bilden. Wasserstoff ist der Träger des Geistes, Kohlenstoff ist die Grundlage der physischen Körper, Stickstoff ist der Träger des Astralleibes und Sauerstoff ist der Träger des Ätherleibes in all seinen Erscheinungsformen. Dies sind also die irdischen Substanzen, aus denen alles andere hervorgeht.

Die Elemente Lithium, Beryllium und Bor werden nicht in einem Stern hergestellt. Sie gehen vielmehr aus einem Prozess hervor, der **Cosmic Ray Spallation** genannt wird. Dabei spalten kosmische Strahlen Sauerstoff- und Stickstoffatome im Weltraum, in der Atmosphäre und in der Erde und zerlegen diese beiden Elemente in kleinere Elemente. Dieses Phänomen deutet darauf hin, dass dieser Ring von Elementen ganz anders sein kann als die anderen Ringe.

Scholten bezeichnet diese Schicht als die Kohlenstofffreihe und schlägt vor, dass dies die Phase ist, in der sich das Individuum seiner selbst und der anderen bewusst wird. Wer bin ich und wo stehe ich mit dem anderen, sind die Fragen dieser Schicht. Es ist das Stadium des Kleinkindes und die frühe Formung des Körpers.

Schicht 3 - Der physische Körper

Na 11 • Mg 12 • Al 13 • Si 14 • P 15 • S 16 • Cl 17 • Ar 18

Die gelbe Schicht des Biodynamischen Wirbels ist die dreifache Schicht, die sich am stärksten in der Ausrichtung und Bildung der physischen Körper der lebenden Organismen auf unserem Planeten manifestiert. Dieser dreifache Prozess ist das Prinzip, das in philosophischer Hinsicht als These, Antithese und Synthese charakterisiert wird und sich als primäre Dualität zwischen dem Kopf, dem Nerven-Sinnen-System, und dem metabolischen Verdauungssystem manifestiert, die ihre Harmonie im rhythmischen System von Brustkorb, Atmung und Kreislauf finden. Diese mittlere Zone ist das Ergebnis des Wechselspiels zwischen den Polaritäten der Schicht 2. Hier bilden sich die physischen Körper.

Alle chemischen Elemente dieser Periodengruppe sind wesentliche Bausteine der Lebensformen, die wir um uns herum haben, und von jedem Element kann gesagt werden, dass es als bedeutendes Leitprinzip in den verschiedenen Teilen unseres Lebenssystems wirkt. Siliciumdioxid z. B. trägt die Strukturbilder, um die herum sich andere Aktivitäten bilden. Natrium und Phosphat sind Schlüsselelemente des Nervensystems. Magnesium und Schwefel sind Schlüsselelemente des Meerwassers und eines gesunden Immunsystems. Hauschka sagt über Magnesium, dass es das Leben in eine feste irdische Form presst. Bei Schwefel brauchen wir nur an seine wesentliche Katalysatorrolle bei der Eiweißbildung zu denken, um zu sehen, dass sich ohne Schwefel wenig manifestieren würde. Aluminium spielt eine wesentliche Rolle bei der Harmonisierung des Zusammenspiels von Kalzium und Silizium, den beiden wesentlichen Elementen und Prozessen aller Lebensformen (s. Alchemistische Chemie, S. 186).

Scholten bezeichnet dies als die Silizium-Reihe und als Bild für die Teenager-Phase der menschlichen Entwicklung. In dieser Phase findet das Individuum seine Beziehung zu seiner unmittelbaren Gemeinschaft. Zunächst zu seinem Zuhause und dann zu seinem Freundeskreis. Dies wäre im Allgemeinen das Alter von 7 bis 15 Jahren.

Schicht 4 - Der Ätherleib

K 19 • Ca 20 • Ga 31 • Ge 32 • As 33 • Se 34 • Br 35 • Kr 36
Sc 21 • Ti 22 • V 23 • Cr 24 • Mn 25 • Fe 26 • Co 27 • Ni 28
Cu 29 • Zn 30

Schicht vier ist die Schicht des Ätherleibs. Hier wirkt das vierfache Gesetz am stärksten und ermöglicht es der physischen Substanz, zu Lebensformen zu werden. Auf Ebene vier haben wir nachhaltiges Leben. Hier haben wir pflanzliches Leben, das in Form kommt. Es sind physische, ätherische Wesen, deren astrale und geistige Aktivitäten noch außerhalb ihrer selbst liegen. Der Ätherleib ist die Grundlage des Immun-Drüsensystems und für eine gute Gesundheit unerlässlich.

Die oberste Schicht der Elemente, die hier angegeben sind, sind alles Elemente, die den Ätherleib entweder stark unterstützen oder schwächen. Auf der positiven Seite sind Kalium, Kalzium, Germanium und Selen allgemein gesundheitsfördernd. Arsen und vor allem Bromid sind für ihre giftige Wirkung bekannt; beide verursachen starke Müdigkeits-und Erschöpfungssymptome, ein Bild für eine schwache ätherische Aktivität. In geringer Dosierung wird Arsen an Hühner verfüttert, um die Gewichtszunahme zu fördern.

Die zweite Zeile sind die Übergangs- oder „Spurenelemente", die alle als spezifische Katalysatoren in den Prozessen des Lebens wirken. Sie werden oft als die „Brüder des Eisens" bezeichnet, da sie mit diesem wichtigsten aller Elemente für eine gute Blutbildung und Gesundheit verbunden sind. Es ist bezeichnend, dass die Elemente, die mit der Stimulierung spezifischer Lebensprozesse verbunden sind, auf der ätherischen Ebene in Erscheinung treten.

Scholten nennt dies die Ferrum-Reihe und identifiziert diese Periode als die Zeit des jungen Erwachsenen. Von 14 bis 21 Jahren, wenn ein

Individuum eine Fähigkeit erlernt und ein produktives Mitglied seiner Gesellschaft wird. Kurz gesagt, man gibt die Energie, die das Leben hervorbringt, verantwortungsbewusst an seine Umwelt zurück. Das ist immer noch auf der Ebene eines Dorfes oder einer Kleinstadt, wo alle Menschen in der Umgebung einander kennen und ihr Platz in der Gesellschaft durch ihre Fähigkeiten und ihre Nützlichkeit bestimmt wird.

Schicht 5 - Der Astralleib

Rb37 • Sr38 • In49 • Sn50 • Sb51 • Te52 • I 53 • Xe54
Y 39 • Zr 40 • Nb41 • Mo42 • Tc43 • Ru44 • Rh45 • Pd46
Ag47 • Cd48

Die fünfte Schicht ist die Ebene des Astralleibs. Sie hat ihren Ursprung im Sonnensystem und hat die Planeten Mond bis Saturn als ihre „Organe". In dieser Schicht tritt Stickstoff zusammen mit Kohlenstoff, Wasserstoff und Sauerstoff in Aktion, um Proteine in Form von tierischem und menschlichem Eiweiß zu entwickeln. Hier werden die Tiere „erschaffen", und die Bildung von Organen wird zum Indikator dafür, wie tief die Astralität in einen Organismus eingedrungen ist. Mit der Astralität kommen das Bewusstsein und die psychischen, psychologischen und auf Empfindungen beruhenden Realitäten.

Die Astralität ist nicht unbedingt gut für die Lebensformen. Sie wirkt als stimulierendes und organisierendes Prinzip, aber sie tut dies, indem sie die ätherische Aktivität aufzehrt. Nur sehr wenige dieser Elemente werden als nützlich für das Leben angesehen, nur Zinn, Silber und Jod haben einen gewissen Nutzen, und das auch nur in sehr geringen Mengen.

Scholten nennt dies die Silberreihe und meint, dass ihre Hauptfunktion in der Weitergabe von Ideen liegt, sei es durch Kunst, Beratung, Mystik, Musik und „gechannelte Informationen aus anderen Sphären". Dies sind alles Aktivitäten der stimulierten Sinne und das letzte ist ein Beispiel für Kommunikation durch die Astralität mit ihrem Element dem Stickstoff. RS bezeichnete den Stickstoff und die Astralität als „einen sehr klugen Burschen, der alles weiß", was auf die Fähigkeit der Astralität zurückzuführen ist, die eine Dimension ist, die weder Zeit noch Entfernung kennt. Jeder Teil ist in ständigem Kontakt mit allen anderen Teilen gleichzeitig.

Dies ist eher das mittlere Alter, in dem das Individuum auf einer provinziellen Ebene agiert, gekennzeichnet durch eine Umgebung, in der wir nicht mehr jeden kennen können.

Schicht 6 - Das kollektive Unbewusste

Cs 55 · Ba 56 · Tl 81 · Pb 82 · Bi 83 · Po 84 · At 85 · Rn 86

La57 · Hf72 · Ta73 · W74 · Re75 · Os76 · Ir77 · Pt78 · Au79 Hg80 · Ce 58 · Pr 59 · No 60 · Pm 62 · Sm 63 · Eu 64 · Gd 65 Tb 66 · Dy 67 · Ho 68 · Er 69 · Tm 70 · Yb 70 · Lu 71

Zwischen der Astralität und dem „Sternenfeld" (Geist) gibt es eine Zone, die Carl Jung das kollektive Unbewusste nannte. Sie wird von Uranus, Neptun und Pluto beherrscht und ist ein Zustand, in dem die kollektive Einheit des Sternenfeldes mit den auf das Unbewusste reagierenden Aspekten der Astralität verschmolzen ist. Es ist wirklich eine Zwischenzone, in der das Individuum auf die spirituellen Reisen des Okkultisten, Mystikers und Schamanen geht, um die Realität des Geistes ins volle Bewusstsein zu bringen. Meine Erfahrung mit diesen Elementen legt nahe, dass sie den verinnerlichten Geist zur Inkarnation ermutigen.

Alle diese Elemente, außer Gold, sind hochgiftig oder radioaktiv. Die Seltenen Erden befinden sich ebenfalls auf dieser Schicht.

Scholten nennt dies die Goldserie, in der der Drang nach Macht und Führung besteht, was mit Verantwortung einhergeht. Es ist das Gebiet eines ganzen Landes und die Zeit des Alters.

Schicht 7 - Das Sternenfeld (Weltengeist)

Fr 87 · Ra 88 · Ac 89 · Rf 104 · Db 105 · Sg 106 · Bh 107
Hs 108 · Mt 109 · Ds 110 · Rg 111 · Cn 112 · Nf 113 · Fl 114
Mc 115 · Lv 116 · Ts 117 · Og 118

Th 90 · Pa 91 · U 92 · Np 93 · Pu 94 · Am 95 · Cm 96
Bk 97 · Cf 98 · Es 99 · Fm 100 · Md 101 · No 102 · Lr 103

Dies ist die zweite Stufe der sechsten Schicht des biodynamischen Gyroskops und zeigt die eigentliche Galaxie an. Alle Elemente sind radioaktiv und hochgiftig. Scholten nennt dies die Stufe der Magie. Hier gibt es Menschen, die ihre Ziele durch die Kraft der Gedanken und Absichten erreichen können. Hier ist man sich der Kräfte, die in der Schöpfung wirken, voll bewusst und kann mit ihnen arbeiten, um Manifestationen zu bewirken. In meinen Kapiteln „Die zwölf Planeten" (S. 282, 10) habe ich die Aktivitäten dieses Bereichs mit den Planeten Persephone, Vulkan und der Sonne in Verbindung gebracht. Dies ist das hohe Alter und die Verbindungen, die ein Individuum mit der gesamten Menschheit und dem weiteren Kosmos hat.

Die Arme (Phase 2)

Die Arme des Periodensystems stellen eine interessante Entwicklung dar. Mit dieser Entwicklung geht die Möglichkeit einer größeren Klarheit, aber auch die Möglichkeit einer gewissen Verwirrung einher.

Das Bezugssystem für die Arme, das sich aus dem bisher Gesagten ergibt, hat die Arme des Periodensystems, geordnet nach den inneren und äußeren Aktivitäten der Energiekörper. Dies scheint in den meisten Punkten eine sehr gute Übereinstimmung mit dem Periodensystem zu sein. Dieses Diagramm (S. 96) zeigt die spirituelle Aktivität eines jeden Arms entsprechend meiner vorherigen Referenzsysteme. Dr. Hauschkas „Substanzlehre" (S. 283, 18) wurde verwendet, um die Assoziationen in diesem Diagramm zu verdeutlichen.

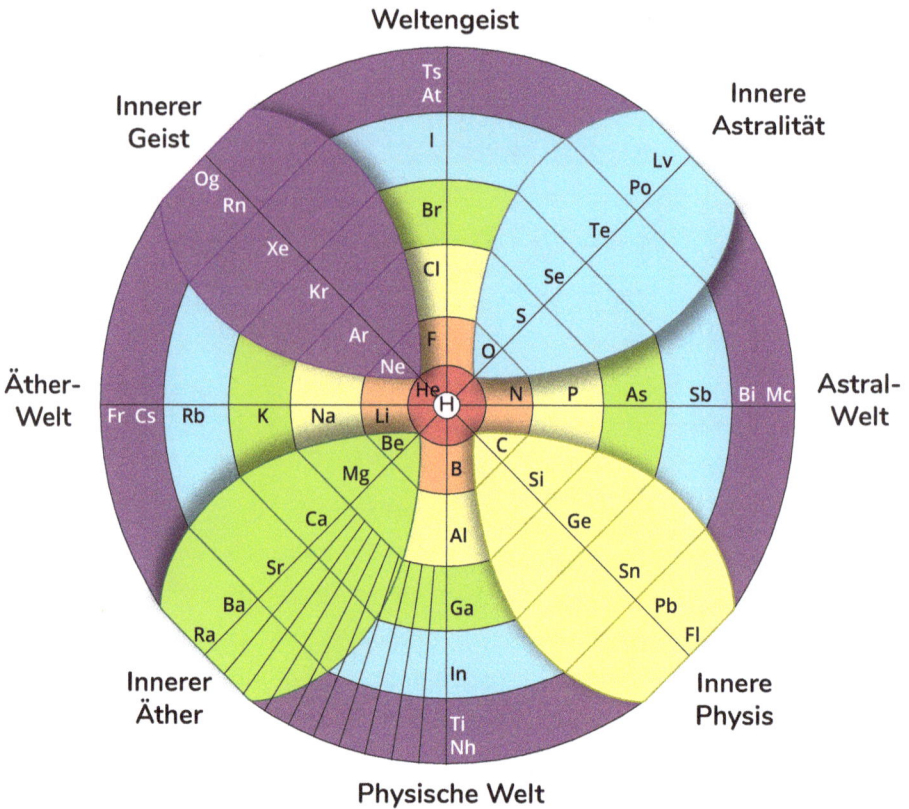

Das Diagramm zeigt ein kreisförmiges Periodensystem mit folgenden Beschriftungen:

- Oben: Weltengeist
- Oben rechts: Innere Astralität
- Rechts: Astral-Welt
- Unten rechts: Innere Physis
- Unten: Physische Welt
- Unten links: Innerer Äther
- Links: Äther-Welt
- Oben links: Innerer Geist

Das Steinersche Periodensystem (Phase 3) angeregt durch David Robison

Die Platzierung eines Elements, nämlich die von Sauerstoff, stellt die Anordnung, die perfekt mit RSs Bemerkungen über die elementaren Träger der energetischen Aktivität zusammenzupassen scheint, in Frage.

In diesem Diagramm befindet sich der Sauerstoff auf der zweiten Schicht des verinnerlichten Astralarms. Dies deutet darauf hin, dass es sich um ein bedeutendes Element handelt, von dem erwartet werden kann, dass es dazu beiträgt, die Astralität in physischen Formen zu verankern. Eine Frage, die man sich stellen sollte, lautet daher: „Wie hilft Sauerstoff dabei, die Astralität in Lebensformen zu verankern?"

Das bedeutende Dilemma, das diese Frage aufwirft, ergibt sich aus der sehr klaren Aussage von RS (und ich habe keinen Zweifel daran), dass

Sauerstoff das wesentliche Element für die Übertragung der ätherischen Aktivität in Lebensformen ist. In diesem Zusammenhang zeigte er, dass Kohlenstoff die Grundlage der physischen Formen ist, Stickstoff ist der Träger der Astralität und Wasserstoff ist die Grundlage der Aktivität des Geistes. Ein kurzer Blick auf dieses Diagramm zeigt, dass Stickstoff an der richtigen Stelle steht, ebenso wie Kohlenstoff. Wasserstoff befindet sich in der Mitte und steht somit in Beziehung zu allen Armen. Ein Studium der Halogene wird zeigen, dass Wasserstoff und die Wirkung des Geistes auf Lebensformen viele Ähnlichkeiten mit den sehr sauren und reaktiven Halogenen haben.

Der einzige „Riss in der Kette" der bisher vorgestellten gyroskopischen Chemie ist also der Sauerstoff. Mir wäre es lieber, wenn er sich an der Stelle von Beryllium befinden würde, aber da Sauerstoff ein Anion ist, muss er sich auf der rechten Seite des Diagramms befinden, also direkt gegenüber von Beryllium. Interessant! Bei meinen bisherigen Untersuchungen der Elemente ist dies das einzige Element, das nicht in das Schema passt. Anstatt also das ganze Schema für falsch zu erklären, frage ich: „Wie kann Sauerstoff in dieser Position richtig sein?"

Ein Grundprinzip der gyroskopischen Astrologie bei der Arbeit mit diesen archetypischen Formen lautet: „Es ist alles richtig". Da wir es mit archetypischen Strukturen von universellem Ausmaß zu tun haben, ist diesen Modellen wahrscheinlich eine viel größere Intelligenz innewohnend als meine begrenzten Fähigkeiten. Daher schlage ich vor, dass wir nach dieser „höheren" Intelligenz suchen und ihr vertrauen, anstatt unser eigenes Verständnis für überlegen zu erklären. In „dem Spiel" ist es die Herausforderung, herauszufinden, wo ein Teil „nicht passt", bisher in jedem Fall eine Tür zu einer anderen Einsicht oder einer ganz neuen dimensionalen Perspektive geöffnet, die der Gesamtaufgabe eine unerwartete Tiefe und Einsicht verliehen hat. So ist es auch mit dem Sauerstoff.

Das dreifache Gesetz und die drei Stufen

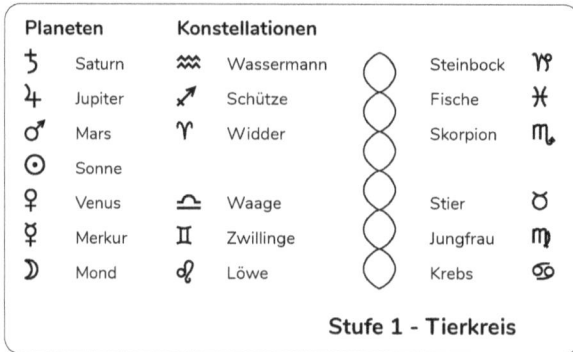

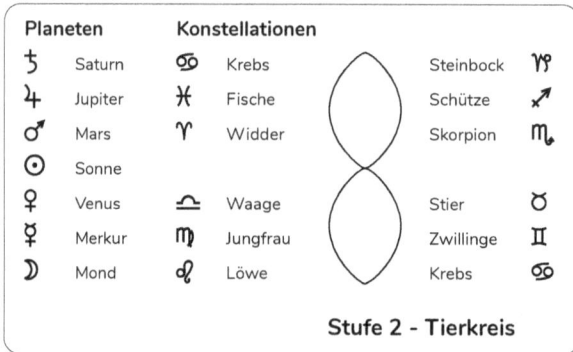

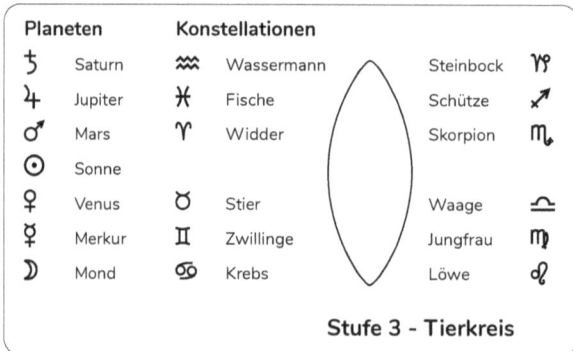

Planeten		Konstellationen				
♄	Saturn	♒	Wassermann		Steinbock	♑
♃	Jupiter	♐	Schütze		Fische	♓
♂	Mars	♈	Widder		Skorpion	♏
☉	Sonne					
♀	Venus	♎	Waage		Stier	♉
☿	Merkur	♊	Zwillinge		Jungfrau	♍
☽	Mond	♌	Löwe		Krebs	♋

Stufe 1 - Tierkreis

Planeten		Konstellationen				
♄	Saturn	♋	Krebs		Steinbock	♑
♃	Jupiter	♓	Fische		Schütze	♐
♂	Mars	♈	Widder		Skorpion	♏
☉	Sonne					
♀	Venus	♎	Waage		Stier	♉
☿	Merkur	♍	Jungfrau		Zwillinge	♊
☽	Mond	♌	Löwe		Krebs	♋

Stufe 2 - Tierkreis

Planeten		Konstellationen				
♄	Saturn	♒	Wassermann		Steinbock	♑
♃	Jupiter	♓	Fische		Schütze	♐
♂	Mars	♈	Widder		Skorpion	♏
☉	Sonne					
♀	Venus	♉	Stier		Waage	♎
☿	Merkur	♊	Zwillinge		Jungfrau	♍
☽	Mond	♋	Krebs		Löwe	♌

Stufe 3 - Tierkreis

Im Abschnitt über die Tierkreiszeichen in „Biodynamics Decoded" (S. 282, 8) habe ich in Bezug auf die Tierkreisdiagramme einen dreistufigen Abwicklungsprozess festgestellt. Dies ergab sich aus der Tatsache, dass die Ordnung des Tierkreises, die sich aus dem astrologischen Modell ergibt, sich von der Ordnung der Tierkreiskonstellationen, die wir am Himmel finden, unterscheidet. Wenn man von dem archetypischen Muster der Planeten und des Tierkreises ausgeht, ergibt sich die Ordnung der Planeten und des Tierkreises, die wir am Himmel vorfinden, aus zwei weiteren Stufen von Abwicklungsprozessen.

Die Aufspaltung einer Zelle liefert ein ähnliches Bild. Die Zelle ist „zufrieden". Dann beginnt sie sich zu bewegen und zu pulsieren, bevor sie sich in zwei Teile spaltet. Dies legt nahe, dass es einen archetypischen Prozess von drei Stufen gibt, der an verschiedenen Stellen zu finden ist.

Diese dreistufige Entwicklung wurde so zusammengefasst, dass die erste Stufe das archetypische Gesetz darstellt; die dazwischen liegende Stufe der „Lemniskate", die hinter der Manifestation steht, entsteht dann, wenn es Bewegung gibt. Die dritte Stufe oder das sich entfaltende Stadium liefert die für die Manifestation geeignete Form. Bisher haben wir auf unserer Reise **Stufe 1, die Phase der kosmischen Ringe, und Stufe 2, die Phase der gyroskopischen Wel**t, gefunden.

Wo ist der Sauerstoff RICHTIG? Ich zweifle nicht daran, dass die Aussage von RS, Sauerstoff sei der Träger des Ätherleibs, Stickstoff der des Astralleibs usw., richtig ist. Wir müssen jedoch den Kontext beachten, in dem er dies sagte. Es bezog sich darauf, wie sich die Basis der Materie bildet. Die Substanzen Kohlenhydrate und Proteine bestehen hauptsächlich aus diesen vier Substanzen. Er spricht von Manifestation. Verfolgen wir also, was passiert, wenn wir das Periodensystem neu betrachten und eine dritte unabhängige Manifestationsstufe der Aktivität hinzufügen. Was wäre, wenn diese Elemente die Herrscher über ihre Arme sind, die sowohl die Kationen- als auch die Anionenseite der Achse umfassen?

So haben wir eine Kationenseite und eine Anionenseite eines jeden energetischen Körperarms. Man kann davon ausgehen, dass diese als innere Polarität jeder dieser Energiekörperaktivitäten wirken. Die Sauerstoffgruppe, zu der auch Schwefel und Selen gehören, ist der anionische ätherische Arm, die Magnesium- und Kalziumgruppe ist der kationische, ätherische Arm. Schwefel und Selen gelten beide als Entgifter, was der Ätherleib auch tut.

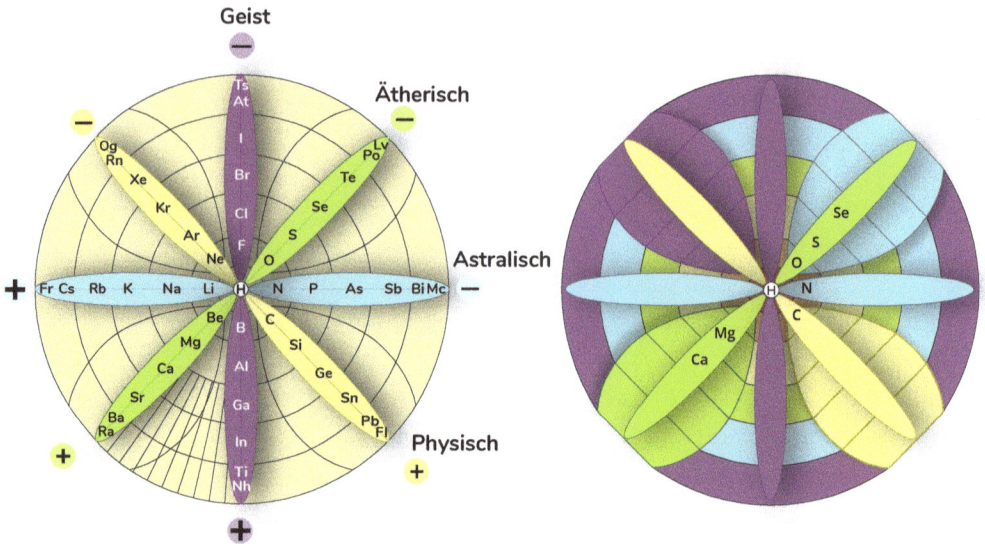

Derselbe Prozess lässt sich auch beim Astralarm beobachten. Stickstoff und Phosphor sind offensichtliche Elemente der Astralität, während der Natrium- und Kalium-Arm mit seiner zentralen Rolle für das Funktionieren der Nerven, das Blühen und die Fruchtbildung der Pflanzen darauf hinweist, dass auch sie eine offensichtliche astrale Aktivität haben, die ihrem Charakter innewohnt.

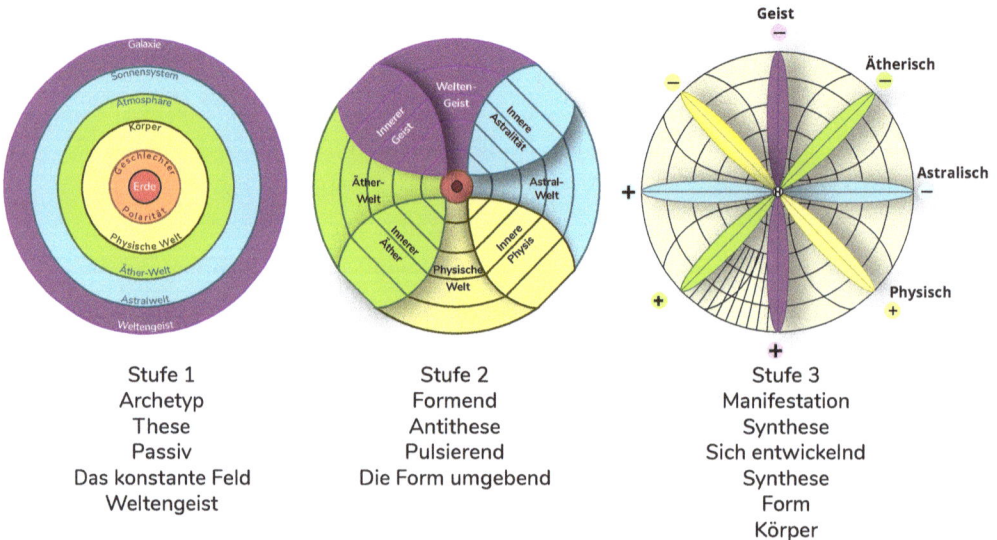

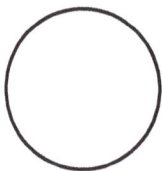

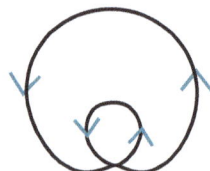

Stufe 1	Stufe 2	Stufe 3
Archetyp	Formend	Manifestation
These	Antithese	Synthese
Passiv	Pulsierend	Sich entwickelnd
Das konstante Feld	Die Form umgebend	Synthese
Weltengeist		Form
		Körper

Dies legt nahe, dass es zwei wichtige Bezugssysteme für die Arme gibt. Das sich drehende Gyroskop und diese manifeste Schicht. Diese doppelte Aktivität kann zwei getrennte Dimensionen darstellen, die „am selben Ort" aktiv sind. Eine dimensionale Schicht (das Manifest) ist höchstwahrscheinlich ein Ergebnis der Aktivität der anderen.

Die gyroskopischen Arme stammen aus kosmischen Bezügen und Assoziationen, während die Steinerschen Arme aus der Beobachtung der grundlegenden manifesten Elemente der proteinhaltigen Lebensaktivitäten in unserer Umgebung stammen.

Indem wir diese beiden Bezugssysteme miteinander verbinden, erhalten wir eine „Welt"-Energiekörperaktivität, die an der Basis dieser „Umwelt"-Armaktivitäten pulsiert.

Die „Umwelt" des Steinerschen Ätherarms hat ein Substrat, das sie unterstützt, basierend auf der Interaktion zwischen dem inneren Äther- und Astralleib. (Erinnern Sie sich, dass der Astralleib den Ätherleib motiviert?)

Der astrale Arm hat ein internes Substrat des äußeren Äther- und Astralleibs.

Der geistige Arm hat ein Substrat des äußeren Geistes und der äußeren physischen Aktivitäten.

Der physische Arm hat ein Substrat der inneren physischen und inneren geistigen Aktivitäten.

Diese beiden Bezugssysteme sind zusätzlich zur ersten „Schicht" der äußeren Kosmischen Ringe. **Alle drei Stufen können bei der Identifizierung der Aktivitäten der Elemente verwendet werden.**

Schwefel zum Beispiel würde als physischer Anker einer astralen Aktivität innerhalb einer ätherischen Umgebung betrachtet werden. Selen ist ein ätherischer Anker einer astralen Aktivität, die in einer ätherischen Umgebung wirkt.

Kalzium ist ein ätherisch/ätherisches Element in der ätherischen Umgebung. Wir würden also erwarten, dass dieses Element ein wichtiges Element für die Grundlage des Lebens ist.

Man kann vorhersagen, dass Sauerstoff ein primäres Element ist, das die Aktivität des Ätherleibs fördert, während er in einem astralen „Milieu" arbeitet. Der Astralleib ist der aktive Akteur in dieser Partnerschaft. Sauerstoff wird zu einem Element der „kosmischen Substanz" oder zum primären Anker einer astralen Aktivität innerhalb einer ätherischen Umgebung.

Wir müssen bedenken, dass Äther und Astralität in Lebensformen eine sehr innige Beziehung haben. Sie arbeiten IMMER in einer Art „Push-Pull-Beziehung" zusammen. Wo der eine stark ist, wird der andere verdrängt. Wo der eine schwächer wird, rückt der andere nach, um den verbleibenden Raum zu füllen. In Lebensformen, wie auch in der Chemie, dient Sauerstoff als Brennstoffquelle für die anderen Elemente. Sauerstoff ist das Element, das sich mit allen anderen verbindet, bis das Element „oxidiert" ist und stabil wird. In ähnlicher Weise wird im Körper ein Übermaß an Stickstoff den Sauerstoff verbrauchen, um ihn zu stabilisieren. Die Astralität und der Geist benutzen das Ätherische als Treibstoff, und wenn sie zu viel Ätherisches verbraucht haben, wird das Individuum erschöpft. Wenn es vollständig verbraucht ist, stirbt es, zum Beispiel an einer Überdosis Drogen.

Das Leben nimmt erst dann Form an, wenn das Physische von der ätherischen Aktivität aufgenommen wird. Daraus ergibt sich die einfachste Form der einzelligen Pflanzen. Dr. Eugen Kolisko (S. 282, 11) kam zu dem Schluss, dass die Evolution über die Pflanzen bis hin zum Tierreich ein Abbild des Grades der Inkarnation des Astralen und schließlich des Geistes in den Lebensformen ist. Das Astrale kommt also nicht in die Sphäre des Lebens, wenn es keinen Ätherleib gibt, der es aufnehmen kann. Es hat den Anschein, dass diese Beziehung zwischen Stickstoff und Sauerstoff der Schlüssel dafür ist, wo die astrale und ätherische Interaktion stattfindet.

Schwefel, das Schwesterelement des Sauerstoffs, wird von RS als das „Öl"-Element in der C,O,N,H-Familie bezeichnet. Während diese Elemente die spirituellen Körper tragen, ist es der Schwefel, der als Schmiermittel fungiert, damit sie zusammenarbeiten können. Die Rolle des Schwefels zeigt sich darin, dass ein Mangel an Schwefel zu einer Funktionsstörung des Körpers führt, was wiederum Autismus zur Folge hat. Ein Zuviel an Schwefel führt zu einer Schlampigkeit in der Interaktion des Körpers, was zu Hysterie führt. Geistige/psychische Krankheiten können als eine Manifestation zwischen diesen beiden Polen gesehen werden, und Schwefel ist der Schlüssel, um die Dinge in Bewegung zu halten. Wir wissen auch, dass Schwefel bei vielen biochemischen Reaktionen und bei der Bildung von Proteinen und Aminosäuren eine Rolle spielt. Es ist das Element, das es der Astralität ermöglicht, sich in der physischen Welt zu engagieren. Wir können also davon ausgehen, dass sein Verwandter, der Sauerstoff, eine ähnliche Rolle dabei spielt, den Weg der Astralität in die Materie zu ebnen. Er liefert den ätherischen „Treibstoff" und die Tür, durch die er ins Physische eintreten kann.

Dies ist auch interessant, wenn man RSs Bemerkungen im dritten Vortrag über die enge Beziehung zwischen Stickstoff und Sauerstoff betrachtet.

Der Unterschied zwischen den äußeren und verinnerlichten Körperelementen

Im Steinerschen Periodenschema sind das Kardinalkreuz der vertikalen und horizontalen Achse die „kosmischen" Elemente des Geistes und der Astralität, während das Sekundärkreuz der diagonalen Arme, die Arme der „irdischen" Elemente des physischen und ätherischen Körpers sind. Dieser Hinweis kann einen Weg aufzeigen, um einige der Unterschiede in der Natur der inneren und äußeren Arme der verschiedenen Körper auf Stufe 2 zu identifizieren. Dies ist wichtig, wenn man untersucht, worin der Unterschied in der Aktivität zwischen Schwefel und Phosphor bestehen könnte. Beide sind Astralelemente des physischen Körperrings. Allerdings wirkt Schwefel mehr im Inneren bei biochemischen Reaktionen, während Phosphor mehr mit dem Transport der anderen Elemente und der Energieerzeugung für Lebensformen zu tun hat und nur in zwei Grundformen auftritt, während Schwefel viele Kombinationen hat.

Der astralische Arm

Viele dieser Elemente, vor allem K, Na, P und Li, sind mit dem Funktionieren des Nerven- Sinnen-Systems im Menschen und in den Pflanzen verbunden. P dient der Übertragung von Lichtenergie, während K die astralisierten Blüh- und Fruchtprozesse der Pflanzen fördert.

Linker horizontaler Wirbel: Ätherische und astrale Welt +
H, Li, Na, K, Rb, Cs

Dies ist der Arm des Ätherischen der Welt. Dieser Bereich existiert in der Atmosphäre der Erde und arbeitet mit den Weltelementen und Äthern, die sich in der Atmosphäre befinden. Die Atmosphäre ist ein besonderer Bereich, denn ihr besonderer Sauerstoffgehalt hat sich durch die Lebensprozesse auf der Erde entwickelt. Zunächst in den Ozeanen, durch die Blaualgen, und dann durch das pflanzliche Leben auf der Erde.

Rechter horizontaler Wirbel: Astralwelt & Astral -
N , P, As, Sb, Bi

Dies ist der Bereich der Weltastralität. Er existiert in der Region des Sonnensystems, insbesondere bis zum Saturn hinaus. Diese Aktivität wirkt besonders im Bereich des Lichts und Stickstoff ist ihr Träger. Sie wirkt von oben, auf alle Wesen, oft in beeindruckender Weise, von außen formend. Die Astralwelt ist das Gewebe der psychischen Reiche, das alle Wesen in einem kollektiven „Empfindungs-" und psychischen Bereich miteinander verbindet.

Der ätherische Arm

Die Elemente Ca, Mg, O, S und Se werden alle als Grundelemente der Gesundheit und eines starken Immunsystems angesehen, die die Funktionsweise des Ätherleibs darstellen.

Linkes grünes Blütenblatt: Inneres Ätherisches & Ätherisches +
Be, Mg, Ca, Sr, Ba, Ra

Das ist der Arm des verinnerlichten Ätherleibs. Das ist der lebensspendende Leib, der unermüdlich daran arbeitet, Lebensformen am

Leben und gesund zu erhalten. Er wird vor allem durch Sauerstoff und Wasser ins Leben getragen.

Rechtes oberes blaues Blütenblatt:
Innerer Astral- und Ätherleib -
O, S, Se, Te, Po

Dies ist der Bereich des verinnerlichten Astralleibs. Das ist der Leib, der Pflanzen in Tiere verwandelt und Kohlenhydrate in Proteine umwandelt. Er bringt Empfindungen und psychologische Einflüsse in die Lebensformen ein.

Der Arm des Geistes

Die Halogene manifestieren auf natürliche Weise die reaktiven und sauren Aspekte des Geistes, während insbesondere B und Al als die archetypischen Richtungselemente in der Materie angesehen werden können. Hugh Lovels erklärt Bor als „Basiselement", das benötigt wird, um die reaktive Veränderung der Elemente im Pflanzenwachstum einzuleiten. Bor wird benötigt, damit die Kieselsäure aktiv werden kann, um das Kalzium auf seinen Weg zu bringen. Al ist das Basiselement der Tonerde, mit den anderen „richtungsweisenden" Elementen Kieselsäure und Phosphor.

Unterer Wirbel: Äußeres Physisches & Geistiges +
B, Al, Ga, In, Ti

Dies ist der Bereich der Physischen Welt. Dies ist die physische Substanz der Erde selbst.

Oberer Wirbel : Äußerer Geist & Geist -
Fl, Cl, Br, I, At

Das ist der Weltengeist. Dieser Bereich erstreckt sich vom Rand des Sonnensystems bis zum Rand der Galaxie und darüber hinaus. Da dies die Region der Sterne ist, die die primären elektromagnetischen Kräfte erzeugt, mit denen wir bombardiert werden, ist dies die Basis der formativen Prinzipien, um die sich alle anderen Manifestationen gruppieren.

Der physische Arm

Die physische Seite dieses Arms ist offensichtlich: Silizium bildet die Skelettstruktur für das Kalzium, das die Masse der Lebensformen aufbaut. Zinn und Blei sind beides Nicht-Edelmetalle und tragen spezifische primäre Gestaltungsimpulse. Die Edelgase stellen ein Problem dar, da man davon ausgeht, dass sie mit nichts in Wechselwirkung treten, daher möchte ich diese Frage offen lassen. Wie ist die dynamische Beziehung zwischen den Edelgasen und den physikalischen Elementen der Kationen?

Rechtes gelbes Blütenblatt:
Innere physikalische & physikalische +
C, Si, Ge, Sn, Pb

Dies ist die Region des verinnerlichten physischen Körpers. Dies geschieht, wenn der Ätherleib die physische Weltsubstanz aufnimmt und sie in nachhaltige Lebensformen bringt. Dies ist der Ton, den der „Bildhauer = für die anderen Körper" verwendet. Diese Elemente tragen die strukturellen Impulse, mit denen andere Elemente arbeiten können.

Oberes linkes Blütenblatt: Innerer Geist - Physisch -
He, Ne, Ar, Kr, Xe, Rn

Dies ist der Bereich des verinnerlichten Geistes. RS nennt dies das Ego oder das höhere Ego, das ist der Ich-Aspekt des Individuums. Es ist letztendlich unser Bewusstsein und der ewige Funke, von dem Lord Krishna in der Bhagavad-Gita sagt, dass er niemals getötet werden kann.

Das elektronische Wesen

Bei meinen Erkundungen der Theorie des „Elektrischen Universums" wurde ich von den Erkenntnissen anderer herausgefordert, die von einer nicht elektromagnetischen (EM) „Dimension" sprechen, in der die normalen Gesetze des EM nicht gelten. Die Dinge bewegen sich mit mehr als Lichtgeschwindigkeit und Teilchen „kommunizieren" augenblicklich über große Entfernungen hinweg. Diese Aktivität ist für Lebensprozesse äußerst förderlich. Dies wird von einigen als „Äther" bezeichnet, von den Anhängern Reichs als „Orgon" und von der alternativen Wissenschaft als „skalar" oder „di-elektrisch". Eine Gemeinsamkeit mit den meisten dieser Kommentatoren ist, dass diese Aktivität „das Gegenteil" oder ein höherer Begleiter von Elektromagnetismus (EM) ist, wobei EM aus dieser „höheren" Aktivität „herausfällt".

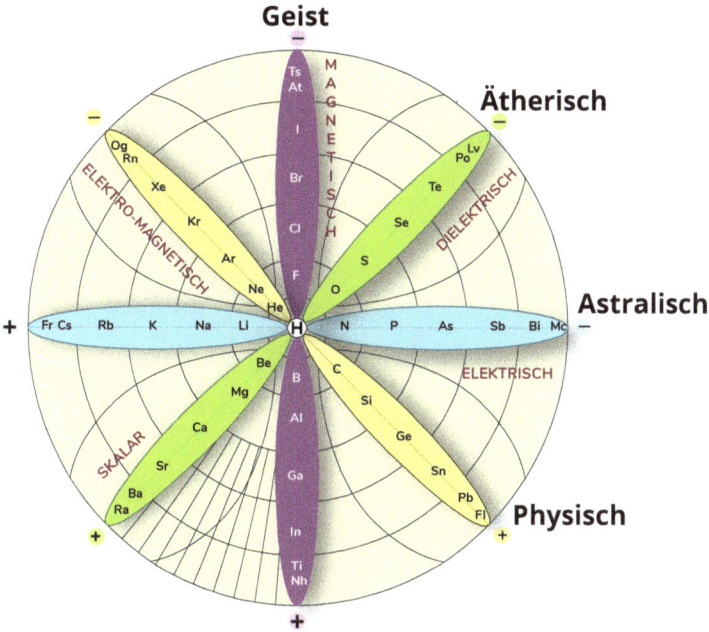

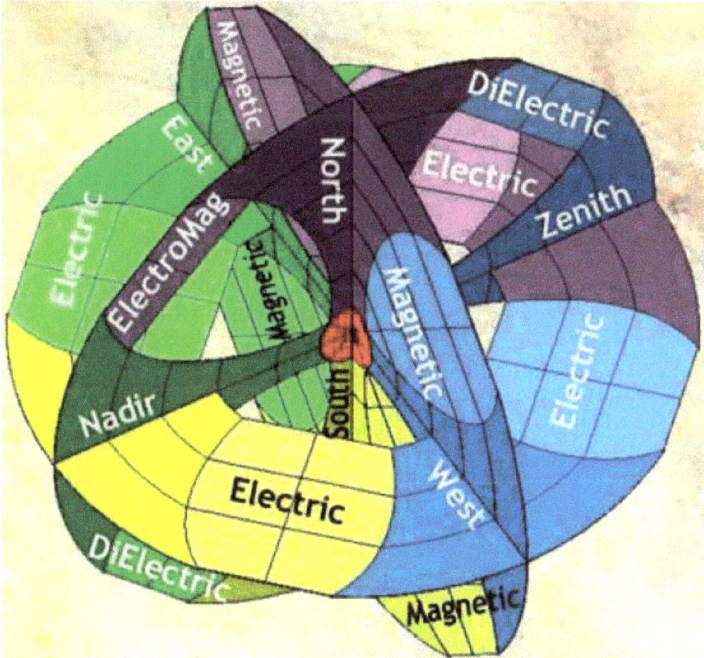

Zumindest im Fall der Skalare wird festgestellt, dass sie in einem 45-Grad-Winkel zur elektrischen und magnetischen Senkrechtbeziehung erzeugt werden, so wie es auch beim Elektromagnetismus der Fall ist. Ich schlage vor, dass sowohl der Elektromagnetismus als auch die di-magnetische Aktivität als „Obertöne" der sich drehenden Aktivität des magnetischen und elektrischen Gyroskops erzeugt werden. Sie sind also Geschwister.

Obwohl diese Aktivität nicht mit den normalen Gesetzen des Elektromagnetismus übereinstimmt, ist sie nicht vom elektronischen Wesen getrennt. Sie ist eine Manifestation des elektronischen, kugelförmigen Wesens, das aller Manifestation zugrunde liegt, wie alles andere auch. Ändert man die Aktivität der elektrischen und magnetischen Pole, so ändert sich auch der di-magnetische/skalare Effekt.

Ich behaupte, dass der Elektromagnetismus nicht aus dem Äther herausfällt, da sowohl EM als auch Di-Elektrik Manifestationen der elektrischen und magnetischen Hauptachse, der Bewegung, sind. Sie „verankern" sich auf der zweiten vertikalen Achse des Gyroskops, basierend auf dem Zenit und dem Nadir.

Setzt man die verschiedenen Bilder zusammen, ergibt sich das obere Diagramm, das zu einem 3D-Bild erweitert werden muss, um ein wahres Bild vom Innenleben des elektronischen Wesens zu erhalten.

Alles ist eins

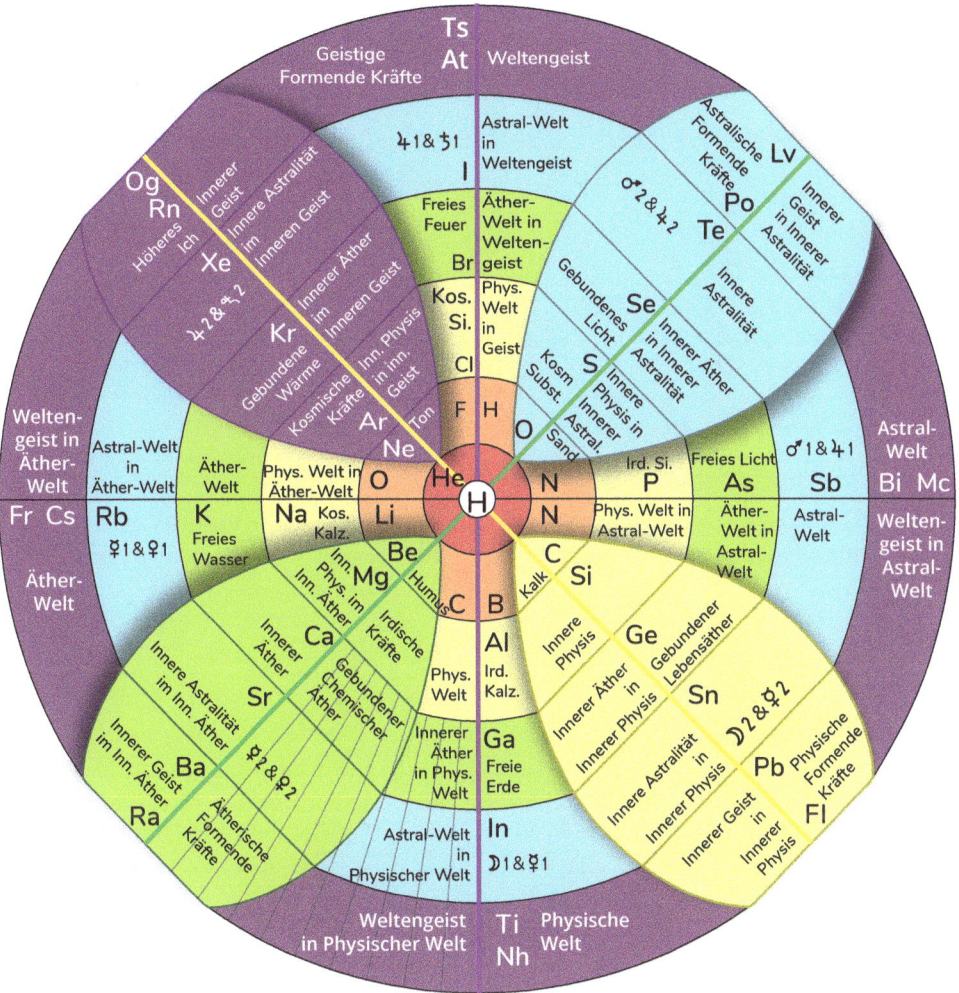

Ts
At — Weltengeist

Geistige Formende Kräfte

Astral-Welt in Weltengeist

Astralische Formende Kräfte — Lv

$\jupiter 1 \& \saturn 1$
I

Og
Rn

Innerer Geist

Innere Astralität

$\mars 2 \& \jupiter 2$
Po
Te

Innerer Geist in Innerer Astralität

Höheres Ich

im Inneren Geist

Xe

Gebundenes in Innerer Astralität

Se

Innere Astralität

$\jupiter 2 \& \saturn 2$

Gebundene im Inneren Geist

Innerer Äther im Inneren Geist

Kr

Freies Feuer

Äther-Welt in Weltengeist

Gebundenes Licht

Innerer Äther in Innerer Astralität

Kosmische Wärme im Inneren Geist

Br

Kos. Si.

Phys. Welt in Geist

S

Kosm. Subst.

Innere Physis in Astral

Kräfte in inn. Geist

Ar

Cl

Ne

Innere Phys. in inn. Geist

F

Ton

H

O

Kosm. Astral. Sand

He

N

Ird. Si.

Freies Licht

$\mars 1 \& \jupiter 1$

Sb

Welten-geist in Äther-Welt

Astral-Welt in Äther-Welt

Äther-Welt

Phys. Welt in Äther-Welt

O

Li

N

P

As

Astral-Welt

Astral-Welt

Bi Mc

Welten-geist in Astral-Welt

Fr Cs

Rb

$\venus 1 \& \mercury 1$

K

Freies Wasser

Na

Kos. Kalz.

Be

Humus

C

Phys. Welt in Astral-Welt

Si

Äther-Welt in Astral-Welt

Äther-Welt

Inn. Phys. im Inn. Äther

Irdische Kräfte

B

Kalk

Mg

Innerer Äther

Gebundener Chemischer Äther

Al

Ird. Kalz.

Innere Physis

Ge

Gebundener Lebensäther

Ca

Innerer Äther in Innerer Physis

Sn

$\moon 2 \& \mercury 2$

Physische Formende Kräfte

Innere Astralität im Inn. Äther

Sr

$\venus 2 \& \mercury 2$

Phys. Welt

Ga

Freie Erde

Innere Astralität in Innerer Physis

Pb

Innerer Geist in Innerer Physis

Fl

Innerer Geist im Inn. Äther

Ba

Innerer Äther in Phys. Welt

Ra

Ätherische Formende Kräfte

In

$\moon 1 \& \mercury 1$

Astral-Welt in Physischer Welt

Weltengeist in Physischer Welt

Ti
Nh

Physische Welt

Landwirtschaftlicher Kurs

Aktivität der spirituellen Körper

Spirit / Weltengeist	
Astral / Astralisch	
Etheric / Ätherisch	
Physical / Physisch	

Die wichtigsten Elemente - Die Werkzeugkiste der Erde

Alle vorherigen Informationen können zusammengefügt werden. Die Aufgabe besteht darin, die dreifache energetische Aktivität für jedes der Elemente zu finden. Die folgenden Interpretationen der Elemente sind nur teilweise vollständig. Ich habe begonnen, die Hauptelemente aufzuarbeiten, die Übergangselemente genauer zu untersuchen und einen anderen Ansatz zum „Nachweis" der Lanthanoiden zu wählen.

Wasserstoff H
Chemische Daten: 1 1.0079
Steiner-Arm: Geist
Kreiselarm: Geist
Schicht: 1
Bezeichnung (Bz.) im Landwirtschaft-lichen-Kurs (LWK):
Träger des spirituellen Archetyps in das Physische hinein
Spirituelle Aktivität = Spiritueller Archetyp

Helium He
Chemische Daten: 2 4.0026
Steiner-Arm: Physikalisch –
Kreiselarm: Inerte Gase – Verinner-lichter Geist
Schicht: 1
Homöopathie: Autismus, in sich selbst bleiben und das eigene Sein erfahren. Keine weltlichen Werte, sie leben einfach. Reagieren nicht auf etwas Äußeres.
Geistige Aktivität: Anfangspunkt der Inkarnation des Geistes

Lithium Li
Chemische Daten: 3 6.941
Steiner-Arm: Astral +
Kreiselarm: Extern-Ätherisch
Schicht: 2 – Kosmische Substanz
Bz. im LWK: „Sauerstoff", die Ver-ankerung des Ätherischen in der physischen Sphäre Geistige *Aktivi-tät:* Anker der Äther-Welt

Beryllium Be
Chemische Daten: 4 9.0122
Steiner-Arm: Ätherisch +
Kreiselarm: Verinnerlichte Ätherik
Schicht: 2 – Kosmische Substanz
Bz. im LWK: Humus
Spirituelle Aktivität: Verankerung des verinnerlichten Ätherischen

Bor B
Chemische Daten: 5 10.811

Steiner-Arm: Geist –
Kreiselarm: Extern Physikalische
Schicht: 2 – Kosmische Substanz
Bz. im LWK: Kohlenstoff, die physika-lische Grundlage der Lebensformen
Spirituelle Aktivität: Verankerung in der physischen Welt

Kohlenstoff C
Chemische Daten: 6 12.011
Steiner-Arm: Physikalisch +
Kreiselarm: Internalisierter physi-scher Körper
Schicht: 2 – Kosmische Substanz
Bz. im LWK: Kalk, die Verankerung des Lebens im physischen Körper
Geistige Aktivität: Verankerung der inneren physischen Prozesse

Stickstoff N
Chemische Daten: 7 14.007
Steiner-Arm: Astral –
Kreiselarm: Externer Astral
Schicht: 2 – Kosmische Substanz
Bz. im LWK: Stickstoff, der Träger der Astralität in die Materie
Geistige Aktivität: Anker der Welt: Astralische Aktivität

Fluor F
Chemische Daten: 9 18.998
Steiner-Arm: Geist –
Kreiselarm: Externer Geist
Schicht: 2 – Kosmische Substanz
Bz. im LWK: Wasserstoff
Geistige Aktivität: Verankerung des Weltengeistes in der Materie

Natrium Na
Chemische Daten: 11 22.990
Steiner-Arm: Astral +
Kreiselarm: Äther-Welt
Schicht: 3 – Physischer Körper
Bz. im LWK: Kosmische Kräfte
Geistige Aktivität: Die Welt der physikalische Kräfte wirken auf den äußeren Äther

Tonerde Al
Chemische Daten: 13 26.982
Steiner-Arm: Geist +
Kreiselarm: Externer Physischer
Schicht: 3 – Physischer Körper
Bz. im LWK: Terrestrisches Kalzium
Geistige Aktivität: Kosmischer Körper wirkt in die Welt der physischen Aktivitäten

Sauerstoff O
Chemische Daten: 8 15.999
Steiner-Arm: Ätherisch –
Kreiselarm: Verinnerlichte Astralität
Schicht: 2 – Kosmische Substanz
Bz. im LWK: Sand
Spirituelle Aktivität: Stimuliert die manifeste ätherische Aktivität

Neon Ne
Chemische Daten: 10 20.180
Steiner Arm: Physisch –
Kreiselarm: Verinnerlichter Geist
Schicht: 2 – Kosmische Substanz
Bz. im LWK: Lehm
Spirituelle Aktivität: Verankerung des verinnerlichten Geistes

Magnesium Mg
Chemische Daten: 12 24.305
Steiner-Arm: Ätherisches +
Kreiselarm: Verinnerlichtes Ätherisches
Schicht: 3 – Physischer Körper
Bz. im LWK: Kosmische Substanz
Geistige Aktivität: Kombiniert das Ätherische mit dem physischen Körper

Kieselerde Si
Chemische Daten: 14 28.086
Steiner-Arm: Physikalisch +
Kreiselarm: Internalisierter physischer Körper
Schicht: 3 – Physischer Körper
Bz. im LWK: Irdische Materie
Geistige Aktivität: Kosmischer Geist wirkt in die inneren physischen Aktivitäten

Phosphor P
Chemische Daten: 15 30.974
Steiner Arm: Astral −
Kreiselarm: Externe Astralität
Schicht: 3 − Physischer Körper
Bz. im LWK: Terrestrische Kiesel-
säure
Geistige Aktivität: Kosmischer Körper
wirkt in die Astral-Welt

Chlor Cl
Chemische Daten: 17 35.453
Steiner-Arm: Geist −
Kreiselarm: Weltengeist
Schicht: 3 − Physischer Körper
Bz. im LWK: Kosmische Kieselsäure
Spirituelle Aktivität: Kosmischer Kör-
per wirkt in den Weltengeist

Kalium K
Chemische Daten: 19 39.098
Steiner-Arm: Astral +
Kreiselarm: Äther-Welt
Schicht: 4 − Ätherleib
Bz. im LWK: Freies Wasser/Chemi-
scher Äther
Geistige Aktivität: Kosmischer Äther
stimuliert die Weltätherkräfte

Gallium Ga
Chemische Daten: 31 69.723
Steiner-Arm: Geist +
Kreiselarm: Externe Physikalische
Schicht: 4 − Ätherleib
Bz. im LWK: Freie Erde/Lebensäther
Geistige Aktivität: Kosmisches Ätheri-
sches wirkt auf die Physis

Schwefel S
Chemische Daten: 16 32.066
Steiner-Arm: Ätherisch −
Kreiselarm: Verinnerlichter Astralleib
Schicht: 3 − Physischer Körper
Bz. im LWK: Kosmische Materie
Geistige Aktivität: Kosmischer Körper
wirkt in den inneren Astralleib

Argon Ar
Chemische Daten: 18 39.948
Steiner-Arm: Physikalisch −
Kreiselarm: Verinnerlichter Geist
Schicht: 3 − Physischer Körper
Bz. im LWK: Kosmische Kräfte
Geistige Aktivität: Der Einfluss des
kosmischen Physischen auf den
inneren Geist

Kalzium Ca
Chemische Daten: 20 40.078
Steiner-Arm: Ätherisch +
Kreiselarm: Verinnerlichter Ätherleib
Schicht: 4 − Ätherleib
Bz. im LWK: Gebundener chemischer
Äther
Geistige Aktivität: Der kosmische
Äther stimuliert die verinnerlichten
ätherischen Kräfte

Germanium Ge
Chemische Daten: 32 72.61
Steiner-Arm: Physisch +
Kreiselarm: Internalisierter physi-
scher Körper
Schicht: 4 − Ätherleib
Bz. im LWK: Gebundener Lebensät-
her
Geistige Aktivität: Kosmisch-ätheri-
sche Stimulation des inneren physi-
schen Körpers

Arsenik As
Chemische Daten: 33 74.922
Steiner Arm: Astral –
Kreiselarm: Welt-Astralleib
Schicht: 4 – Ätherleib
Bz. im LWK: Freie Luft/Lichtäther
Spirituelle Aktivität: Kosmisch-ätherische Aktivierung der Äther-Welt

Brom Br
Chemische Daten: 35 79.904
Steiner-Arm: Geist –
Kreisel-Arm: Äußerer Geist
Schicht: 4 – Ätherleib
Bz. im LWK: Freies Feuer/Wärme-Äther
Geistige Aktivität: Kosmisches Ätherisches Wirken im Weltengeist

Rubidium Rb
Chemische Daten: 37 85.468
Steiner-Arm: Astral +
Kreiselarm: *Ätherwelt*
Schicht: 5 – Astralleib
Bz. im LWK: Merkur 1 & Venus 1
Spirituelle Aktivität: Kosmische Astralität stimuliert das Weltätherische

Indium In
Chemische Daten: 49 114.82
Steiner-Arm: Geist +
Kreiselarm: Äußerer physischer Körper
Schicht: 5 – Astralleib
Bz. im LWK: Mond 1 & Merkur 1
Spirituelle Aktivität: Kosmische Astralität stimuliert die physische Welt

Selen Se
Chemische Daten: 34 78.96
Steiner-Arm: Ätherisch –
Kreiselarm: Verinnerlichte Astralität
Schicht: 4 – Ätherleib
Bz. im LWK: Gebundener Lichtäther
Spirituelle Aktivität: Kosmischer Äther stimuliert die innere Astralität

Krypton Kr
Chemische Daten: 36 83.80
Steiner Arm: Physisch –
Kreiselarm: Verinnerlichter Geist
Schicht: 4 – Ätherleib
Bz. im LWK: Gebundener Wärme-Äther
Spirituelle Aktivität: Kosmischer Äther, der in den verinnerlichten Geist wirkt

Strontium Sr
Chemische Daten: 38 87.62
Steiner-Arm: *Ätherisch* +
Kreiselarm: Verinnerlichte Ätherische
Schicht: 5 – Astralleib
Bz. im LWK: Merkur 2 & Venus 2
Geistige Aktivität: Der kosmische Astralleib stimuliert die ätherischen Aktivitäten der Welt

Zinn Sn
Chemische Daten: 50 118.71
Steiner-Arm: Physikalisch +
Kreiselarm: Internalisierte Physikalische
Schicht: 5 – Astralleib
Bz. im LWK: Mond 2 & Merkur 2
Spirituelle Aktivität: Der kosmische Astralleib stimuliert den inneren physischen Körper

Antimon Sb
Chemische Daten: 51 121.76
Steiner Arm: Astral -
Kreiselarm: *Astral-Welt*
Schicht: 5 – Astralleib
Bz. im LWK: Mars 1 & Jupiter 1
Spirituelle Aktivität: Der kosmische Astralleib stimuliert die weltlichen Astralaktivitäten

Jod I
Chemische Daten: 53 126.90
Steiner Arm: Geist –
Kreiselarm: Weltengeist
Schicht: 5 – Astralleib
Bz. im LWK: Jupiter 1 & Saturn 1
Spirituelle Aktivität: Kosmische Astralität stimuliert den Weltengeist

Cäsium Ce
Chemische Daten: 55 132.91
Steiner-Arm: Astral +
Kreiselarm: Welt-Ätherisch
Schicht: 6 – Innerer Geist
Bz. im LWK: Widder
Geistige Aktivität: Der Innere Geist lenkt die ätherischen Aktivitäten der Welt

Thallium Tl
Chemische Daten: 81 204.38
Steiner-Arm: Geist +
Kreiselarm: Welt Physikalisch
Schicht: 6 – Interner Geist
Bz. im LWK: Krebs / Löwe
Geistige Aktivität: Der innere Geist lenkt die Physis

Wismut Bi
Chemische Daten: 83 208.98
Steiner Arm: Astral -
Kreiselarm: Astral-Welt
Schicht: 6 – Innerer Geist
Bz. im LWK: Skorpion
Spirituelle Aktivität: Innerer Geist in Wechselwirkung mit der Astralwelt

Tellur Te
Chemische Daten: 52 127.60
Steiner-Arm: Ätherisch -
Kreiselarm: Verinnerlichter Astral
Schicht: 5 – Astralleib
Bz. im LWK: Mars 2 & Jupiter 2
Spirituelle Aktivität: Der kosmische Astralleib stimuliert die innere Astralität

Xenon Xe
Chemische Daten: 54 131.29
Steiner-Arm: Physisch –
Kreiselarm: Verinnerlichter Geist
Schicht: 5 – Astralleib
Bz. im LWK: Jupiter 2 & Saturn 2
Spirituelle Aktivität: Der kosmische Astralleib stimuliert den inneren Geist

Barium Ba
Chemische Daten: 56 137.33
Steiner-Arm: Ätherisch +
Kreiselarm: Inneres-Ätherisches
Schicht: 6 – Interner Geist
Bz. im LWK: Waage / Zwillinge
Spirituelle Aktivität: Der Innere Geist lenkt das Innere-Ätherische

Blei Pb
Chemische Daten: 82 207.20
Steiner-Arm: Physikalisch +
Kreiselarm: intern Physikalische
Schicht: 6 – Interner Geist
Bz. im LWK: Jungfrau
Spirituelle Aktivität: Innerer Geist im Inneren des Physischene

Polonium Po
Chemische Daten: 84 208.98
Steiner-Arm: Ätherisch –
Kreiselarm: Interne-Astralität
Schicht: 6 – Interner Geist
Bz. im LWK: Fische
Geistige Aktivität: Der Innere Geist lenkt den Inneren Astralleib

Astatin At

Chemische Daten: 85 209.99
Steiner Arm: Geist -
Kreiselarm: Weltengeist
Schicht: 6 – Geist
Bz. im LWK: Wassermann/Steinbock
Spirituelle Aktivität: Innerer Geist
interagiert mit Weltengeist

Francium Fr

Chemische Daten: 87 223.02
Steiner Arm: Astral +
Kreiselarm: Äther-Welt
Schicht: 7 – Kosmischer Geist
Bz. im LWK: Widder
Geistige Aktivität: Kosmischer Geist
wirkt in die Äther-Welt

Nihonium Nf

Chemische Daten: 113 286
Steiner-Arm: Geist +
Kreiselarm: Welt Physikalisch
Schicht: 7 – Kosmischer Geist
Bz. im LWK: Krebs
Spirituelle Aktivität: Kosmischer Geist
wirkt in die Physis

Moscovium Mc

Chemische Daten: 115 289
Steiner Arm: Astral –
Kreiselarm: Astral-Welt
Ebene: 7 – Kosmischer Geist
Bz. im LWK: Waage
Spirituelle Aktivität: Kosmischer Geist
wirkt in die Astralwelt

Radon Rn

Chemische Daten: 86 222.02
Steiner Arm: Physikalisch -
Kreiselarm: 6 – Geist
Schicht: Interner Geist
Bz. im LWK: Schütze
Spirituelle Aktivität: Der Innere Geist

Radium Ra

Chemische Daten: 88 226.03
Steiner-Arm: Ätherisch +
Kreiselarm: Verinnerlichtes Ätheri-
sches
Schicht: 7 – Kosmischer Geist
Bz. im LWK: Waage
Spirituelle Aktivität: Kosmischer Geist
im verinnerlichten Ätherischen

Flerovium Fl

Chemische Daten: 114 289
Steiner Arm: Physikalisch +
Kreiselarm: Internalisierte Physika-
lische
Schicht: 7 – Kosmischer Geist
Bz. im LWK: Jungfrau
Spirituelle Aktivität: Kosmischer Geist
in den inneren physischen Körper

Livermorium Lv

Chemische Daten: 116 290
Steiner-Arm: Ätherisch –
Kreiselarm: Verinnerlichter Astralleib
Schicht: 7 – Kosmischer Geist
Bz. im LWK: Schütze
Spirituelle Aktivität: Kosmischer Geist
in den inneren Astralleib

Tennessine Ts

Chemische Daten: 117 294
Steiner Arm: Geist –
Kreiselarm: Weltengeist
Schicht: 7 – Kosmischer Geist
Bz. im LWK: Steinbock
Spirituelle Aktivität: Kosmischer Geist
wirkt in den Weltengeist „Gott"

Oganesson Og

Chemische Daten: 118 294
Steiner Arm: Physisch –
Kreiselarm: Verinnerlichter Geist
Schicht: 7 – Kosmischer Geist
Bz. im LWK: Fische
Spirituelle Aktivität: Kosmischer Geist
wirkt in den verinnerlichten Geist

Die Übergangselemente

Die 5. harmonische Tonfolge - Der Werkzeugkasten des Lebens

Die Übergangselemente werfen eine interessante Frage auf, wenn sie auf dem Kreisel platziert werden. Da die acht primären Arme „dominant" sind und die Achse des Kreisels bilden, bedeutet dies, dass die Übergangselemente als Gruppe in den linken unteren Quadranten fallen. Dies stellt sie über den Rand der inneren ätherischen und der physischen Weltsphäre (S. 109), wo Leben entsteht.

Betrachtet man die Aktivität der Übergangselemente, so sind sie in der Biochemie als Katalysatoren für Lebensprozesse beteiligt. Es ist daher kein Fehler, sie dort zu platzieren, wo die „Lebens"-Prozesse mit den „toten" physikalischen Weltprozessen interagieren. Hinzu kommt, dass ihre Aktivierung der Lebenssphäre damit korrespondiert, dass sie auf Ebene 4, dem Äther-/Lebensring des Prozesses, in Erscheinung treten.

Dies sind die Elemente, die die Aktivität des Lebens erleichtern, und das Leben mag die Form der Lemniskate.

Dr. Hauschka beschreibt ein sehr interessantes Phänomen. Das Periodensystem entwickelt sich mit zunehmendem Atomgewicht. Auch die Härte und die Schmelzpunkte der Elemente folgen diesem Phänomen. Bis wir zu den Übergangselementen kommen. Hier folgen diese Eigenschaften nicht der Zunahme der Atommasse der Elemente. Bei Schmelzpunkt und Härte geht es von Kalzium über Zink zu Scandium und dann wieder zurück zu Gallium.

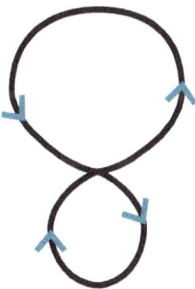

Diese Anordnung löst eines der „merkwürdigen" Phänomene des traditionellen Periodensystems. Dieses Phänomen wird von den meisten Kommentatoren der Chemie nicht angesprochen.

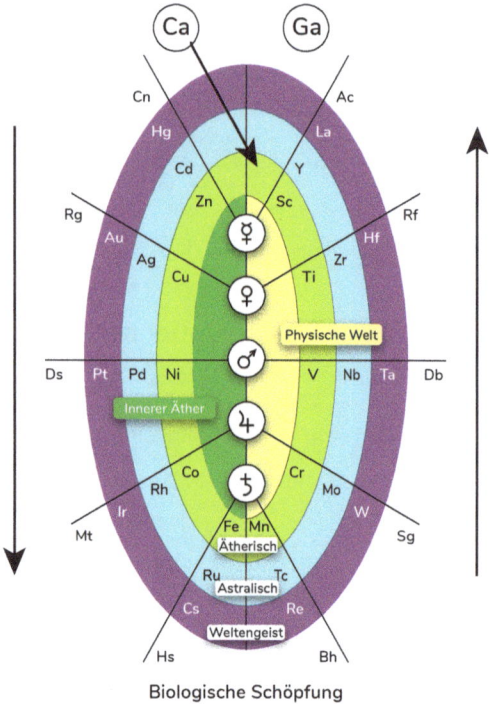

Biologische Schöpfung

Wir haben bereits gesehen (S. 100), wie sich Lebensprozesse durch die Bewegung einer Lemniskate manifestieren. Es wäre daher vernünftig, vorzuschlagen, dass unser Verständnis dieser „Elemente des Lebens" durch eine Lemniskate erweitert werden könnte. Dies würde einen primären „Kreis" der Hauptelemente und einen sekundären Kreis der Übergangselemente ergeben, indem man sie herauszieht und in eine Lemniskate eindreht.

Mit dieser Maßnahme werden mehrere Dinge erreicht. Erstens können diese Elemente auf einem **Kreis platziert werden, was sie in den gleichen Kontext wie die gyroskopischen Referenzen bringt. Zweitens werden die Elemente durch die „Umkehrung", die beim Lemniskationsprozess stattfindet, in den Verweisen auf den inneren ätherischen und den weltlichen physischen Arm umgedreht**. Das beeinflusst, wie wir sie in Bezug auf die inkarnierenden und exkarnierenden Bezüge von Lievegoed sehen können.

In diesem Bild beginnt der Fluss der Elemente mit Calcium (20) und bewegt sich zu **Sc** (21) und um den Kreis herum bis zu **Zn** (30) und weiter zu Gallium (31).

Damit kehrt sich die Beziehung der Spurenelemente zum „großen" Gyroskop um. Die Elemente von 21 bis 25 befanden sich zuvor auf der verinnerlichten ätherischen Seite. Sie befinden sich nun auf der weltphysischen Seite des Diagramms.

In Übereinstimmung mit den RS-Hinweisen für die Interpretation der praktischen Anwendung dieser Lemniskate als **Zwölf Sinne** – können die Elemente von Kalzium über Zink und Kupfer bis hin zu Scandium gelesen werden, bevor sie zu Gallium und weiter wandern.

Dies deutet darauf hin, dass die Elemente Zink, Kupfer, Nickel, Kobalt und Eisen aufgrund ihrer Platzierung bei den inneren ätherischen Aktivitäten bei der Unterstützung von Lebensprozessen aktiver sein werden als die Elemente Mangan, Chrom und Scandium. Bei den letztgenannten Elementen würde man erwarten, dass sie mehr mit dem Aufbau von Strukturen und der Fixierung von Formen zu tun haben. Hauschka identifiziert **Mn**, **Cr** und **Va** als Elemente, die sklerotische und härtende Prozesse fördern.

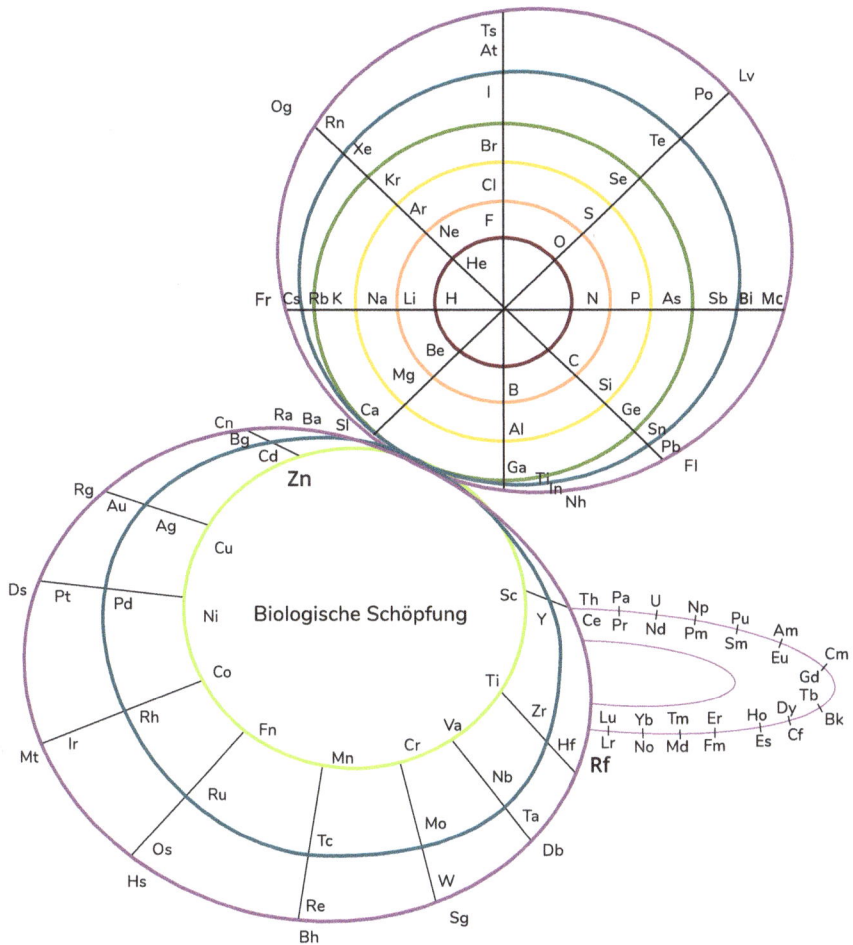

Zehn Elemente - Fünfte harmonische Tonfolge

Es gibt vier **Bänder/Ringe der Übergangselemente, die über den RING, in dem sie sich befinden, eine Beziehung zu den gesamten Energiekörpern herstellen**. Der erste Übergangsring ist der kosmisch-ätherische Ring, der zweite ist der kosmisch-astralische Ring, der nächste ist der erste **Tierkreisring**, der Einfluss auf den Inneren Geist hat, während der vierte Ring wiederum der Weltengeist ist. In jedem dieser Ringe gibt es zehn Elemente.

Der Hauptkreisel fällt natürlich auf die acht Arme. Wenn wir die Musik als Referenz verwenden, dann befinden sich die **Hauptelemente in der zweiten harmonischen Tonfolge** des Kreises, wobei die Vielfachen von 2, 4 und 8 in ihren Beziehungen vorhanden sind. Die grundlegende Gradeinteilung auf dieser Oberschwingung des Kreises beträgt 45 Grad. Die **Spurenelemente** hingegen sind zehn geteilt, was darauf hindeutet, dass sie mit der **fünften harmonischen Tonfolge** des Kreises in Resonanz sind. Die Grundgradeinteilung der fünften harmonischen Tonfolge eines Kreises ist 36 und 72 Grad. Die Form, die sich aus dieser fünf-/zehnfachen Teilung eines Kreises ergibt, ist das Pentagramm.

Eine Reihe von fünffachen Beziehungen kann daher untersucht werden, um ihre Natur zu identifizieren.

„Bei den Hebräern wurde das fünfzackige Symbol der Wahrheit und den fünf Büchern des Pentateuch zugeschrieben. Die alten Griechen nannten es das Pent-Alpha. Die Pythagoräer betrachteten es als Emblem der Vollkommenheit oder als Symbol des menschlichen Wesens.

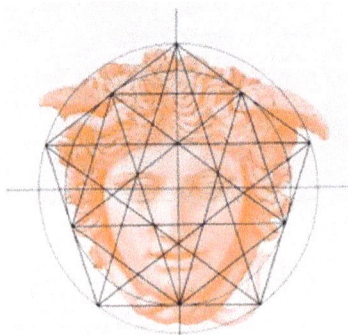

Das Pentagramm wird mit dem Goldenen Schnitt in Verbindung gebracht (den es einschließt). Das Dodekaeder, der fünfte platonische Körper, hat zwölf fünfeckige Flächen und wurde von Platon als Symbol des Himmels angesehen."

Man kann davon ausgehen, dass diese Zahl ein wichtiger Indikator für Lebensprozesse ist, was sich leicht an der fünffachen Natur des menschlichen Körpers erkennen lässt. Pythagoras, der Vater der Mathematik, erkannte die Beziehung des Pentagramms zu den Aktivitäten des Lebens durch die exakte Darstellung des Verhältnisses des „Goldenen Schnitts". – **1 : 1,618** – Es ist bekannt, dass sich der „Goldene Schnitt" in den Beziehungen der Lebensformen manifestiert und als der Algorithmus bezeichnet werden kann, nach dem sich unsere holographische Schöpfung manifestiert. Dies zeigt sich z. B. im Verhältnis der Länge der Handknochen zueinander, im Verhältnis des Gesichts und unserer Auffassung von Schönheit, in den Proportionen des Pflanzenwachstums, in der Bewegung des Aktienmarktes usw.

Der fünffache Venusweg

Dieses Pentagrammbild zeigt eine zehnfache Unterteilung in Form von zwei ineinander liegenden Pentagrammen, was ein Bild für die zehnfache Unterteilung der Spurenelemente darstellt. Dies ist ein Hinweis darauf, dass die zehn Elemente in zwei Gruppen aufgeteilt werden könnten: Pentagramm A und Pentagramm B (a).

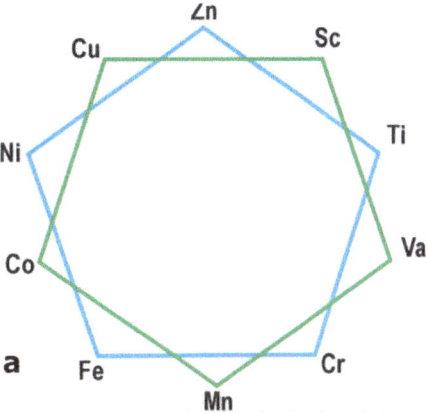

Diese Unterteilung erhält ihre Bedeutung durch den Verweis auf die Venus-Pentagramme, **die durch die obere und untere Konjunktion von Venus und Sonne gebildet werden** (b). Über einen Zeitraum von acht Jahren bildet der Pfad dieser Konjunktionen zwei Pentagramme am Himmel. Das Diagramm zeigt den Weg der

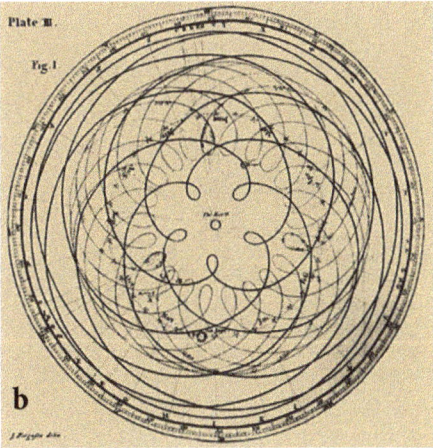

Venus. Das offensichtliche Pentagramm in der Mitte sind die unteren Konjunktionen, während die oberen Konjunktionen auftreten, wenn sich die Venus am Ende ihres Zyklus befindet, so dass dieses Pentagramm auf dem äußeren Kreis eingezeichnet ist.

Dies ergibt ein Bild von zwei getrennten Pentagrammen. In der Literatur werden diese Pentagramme oft als ein Pentagramm mit einem einzigen Punkt oben und ein anderes mit zwei Punkten oben beschrieben. Pythagoras und andere identifizierten den fünffachen Prozess als aus den vier Elementen Erde, Luft, Wasser und Feuer bestehend, wobei der Geist den einzigen Punkt darüber darstellt. Dies steht für die vier Elemente, die vom Geist beherrscht oder organisiert werden. Einige okkulte Gruppen haben dieses Symbol an Menschen vergeben, die einen hohen Grad der Einweihung erreicht hatten. Das Pentagramm mit den zwei Punkten an der Spitze steht für die Materie, die den Geist beherrscht, und wurde den Eingeweihten der unteren Stufen gegeben, die sich noch in der Phase befanden, in der ihre Astralität ihren Geist beherrschte.

Die Planeten

Wann immer eine fünffache Reihe identifiziert wird, ist es möglich, sie mit den fünf Planeten von Merkur bis Saturn in Verbindung zu bringen. In diesem Zusammenhang werden Sonne und Mond als „Eltern" behandelt, während die anderen Planeten ihre „Kinder" sind. Der Mond könnte in diesem Fall dem Kalzium und das Gallium der Sonne zugeordnet werden, während die anderen Planeten jeweils zwei Elementen zugeordnet werden (S. 116). Damit ist der Mond dem Kalzium zugeordnet und ein Herrscher über die innerätherischen Prozesse, während die Sonne dem Gallium zugeordnet ist und den weltphysikalischen Prozess der Manifestation beherrscht.

Mit diesem planetarischen Bezug ergibt sich die Möglichkeit, eine Beziehung zu Pflanzen zu finden. Diese hier gezeigte Form der Doppelaktivität der Planeten findet sich in Bezug auf das Pflanzenwachstum in meinen Kapiteln über „Biodynamisches Pflanzenwachstum" und wurde in der biodynamischen Literatur von Goethe dargelegt und von Dr. Lievegoed weiterentwickelt.

Der primäre Prozess wird als eine Entwicklungs-(Seins-)-Phase gesehen, die in der Keimung gipfelt, gefolgt von einer sekundären Manifestationsphase, in der die uns bekannte Form der Pflanze wächst und schließlich die Aussaat erreicht.

Bei den Übergangselementen zeigt sich diese „Seins"-Phase in den Aktivitäten der Elemente des verinnerlichten Ätherischen, während die „Manifestations"-Phase auf der weltphysischen Seite der Gruppe zu sehen ist.

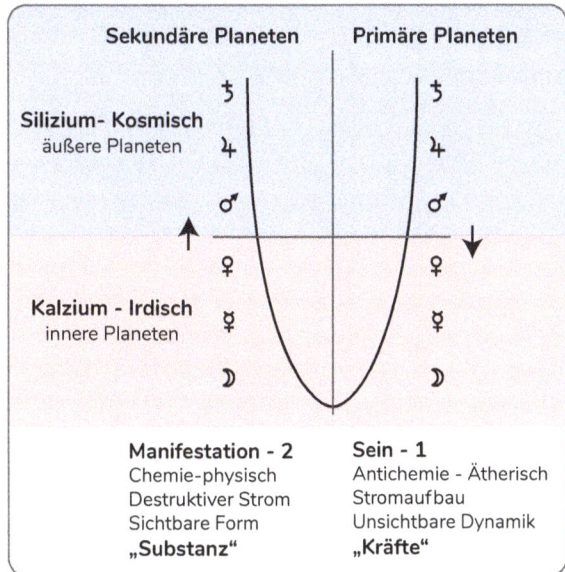

Sekundäre Planeten	Primäre Planeten
♄	♄
Silizium- Kosmisch äußere Planeten ♃	♃
♂	♂
♀	♀
Kalzium - Irdisch innere Planeten ☿	☿
☽	☽

Manifestation - 2
Chemie-physisch
Destruktiver Strom
Sichtbare Form
„Substanz"

Sein - 1
Antichemie - Ätherisch
Stromaufbau
Unsichtbare Dynamik
„Kräfte"

Wir können die Planeten nutzen, um unser Verständnis für die Qualität des Elements zu vertiefen und dann möglicherweise für die Pflanzenprozesse, die es bewirken könnte. Dies deutet darauf hin, dass Zink eine primäre Merkur-Aktivität sein wird, während Scandium eine Qualität der sekundären Merkur-Aktivität trägt. Bei Pflanzen hat Merkur mit dem Saftstrom und dem expansiven, laufenden Wachstum zu tun, Venus mit der Blüte, Mars mit der Befruchtung und der Proteinbildung, Jupiter mit der Ölbildung, während Saturn mit der Samenbildung zu tun hat.

Dieser Hinweis auf die Übergangselemente, die eine Entstehungs- und eine Manifestationsphase haben, kann **auf die beiden Pentagramme zurückgeführt werden**, die zuvor identifiziert wurden. Welches das ist, wird sich wohl erst bei genauerer Betrachtung der Elemente herausstellen, aber ein Vorschlag kann gemacht werden. Die unteren Konjunktionen sind diejenigen, bei denen sich die Venus zwischen Sonne und Erde befindet, während bei den oberen Konjunktionen die Venus auf der der Erde gegenüberliegenden Seite der

Sonne steht. Bei der einen Konjunktion ist die Aktivität der Venus stark und nahe, während sie bei der anderen Konjunktion weit weg ist oder sogar von der Sonne blockiert wird. Da die Venus ein weiblicher Planet ist, würde man erwarten, dass weniger weibliche und mehr männliche Qualitäten mit der Anordnung der Superior-Konjunktion verbunden sind. Das Eisen-Pentagramm ist die Seite des „Werdens", und seine Gruppe würde voraussichtlich mit den untergeordneten Konjunktionen und dem blauen Pentagramm assoziiert werden - nennen wir sie das weibliche Pentagramm A, während das Mangan-Set mit den übergeordneten „männlichen" Konjunktionen assoziiert würde - das Pentagramm B.

Polaritäten

Eine weitere Beziehung, die sich aus der Fünffacheinteilung ergibt, ist die Polarität oder die entgegengesetzten Beziehungen zwischen den Elementen. Inwiefern sind diese Beziehungen von Bedeutung?

Zink - Mangan
Kupfer - Chrom
Nickel - Vanadium
Kobalt - Titan
Eisen - Scandium

Übergangselemente und das Gyroskop

Der Prozess der Lebensentfaltung erfolgt in drei Stufen. Die erste Stufe ist ein Herausschieben, die zweite Stufe ist das Umklappen zur Lemniskate, während die dritte Stufe ein (Um-)Falten auf sich selbst ist.

Ich habe dies bereits in diesem Diagramm dargestellt. Es ist daher naheliegend, dass die Lemniskaten der bereits besprochenen Übergangselemente über den 8-fachen Kreisel zurückgefaltet werden können, wodurch ein weiterer Querverweis entsteht. Dadurch wird ein Bezug **der Übergangselemente zu den Aktivitäten des Energiekörpers hergestellt**. Während es also eine „primäre" Assoziation dieser Elemente gibt, entweder als innerätherische oder als von der physischen Welt dominierte Elemente, gibt es nun eine sekundäre Energiekörperaktivität, die anzeigt, wie diese Elemente auch auf die anderen Körper wirken.

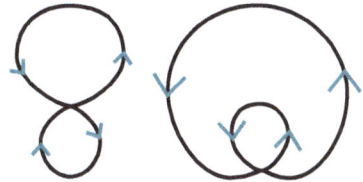

Eine weitere Beobachtung, die man in diesem Diagramm machen kann, ist, dass die Übergangselemente jetzt in der Nähe von Hauptelementen platziert sind, wovon wir annehmen können, dass sie die gleiche geistige Körperaktivität haben. Eine erste Auffälligkeit ist, dass Cu neben Kalzium sitzt, wobei Silber und Gold nun auch als Elemente identifiziert werden, die die Aktivität des verinnerlichten Ätherkörpers stimulieren werden. Die Aktivität dieser Elemente ist allgemein bekannt und wird häufig verwendet. Dieses Diagramm ist eine reiche Quelle für Fragen und mögliche Antworten, die es zu   untersuchen gilt.

Die Übergangselemente - Vorschläge

Aus dieser Reihe von „archetypischen Handlungen" wurde eine Reihe von Querverweisen identifiziert, die die möglichen physischen und geistigen Aktivitäten der Übergangselemente aufzeigen.

Die zu stellenden Fragen sind:

A) Welcher Arm (der Phase 2) - der verinnerlichte ätherische oder der weltphysische?
B) Handelt es sich um ein primäres oder sekundäres Planeten-element?
C) Auf welchem „energetischen" Ring befindet es sich?
D) Welches Venus-Pentagramm und welche Position?
E) Mit welchem „Steiner"-Arm (Phase 3) ist er verbunden?
F) Welches ist sein „Haupt-Elemente"paar?

Meine Vorschläge folgen. Was sind Ihre?

Der Ätherische Ring

ZINK Zn

Chemische Daten:
Ordnungszahl - 30, Atomgewicht
65.409, fest bei 298K
Steiner-Arm: Geist +
Kreiselarm: Innerlich Ätherisch /
Weltlich Physisch
Planetarisches Element: Merkur 1
Strömende Bewegung, das Lymph-
system, Saftstrom.
Hauptelement relativ: Gallium

Ätherisches Wirken in der Physi-
schen Welt
Venus-Pentagramm: A
Physische Kraft dominiert den Geist
- Manifestation
**Bez. im LWK - landwirtschaftlicher
Kurs:** Freie Erde / Gebundener che-
mischer Äther

In der Natur: Ein essentielles Element der Ernährung, ungiftig, hoher pH-
Wert blockiert es, beteiligt an der Eiweißbildung bei niedrigem pH-Wert,
Aminobildung, Blattverfärbung tritt auf, Rinde brüchig.
Homöopathie: Unruhe, Bedürfnis nach Bewegung und Beschäftigung,
Wiederholung von Dingen, nervöse Erschöpfung, Prostataprobleme.
Spirituelle Aktivität: Erleichtert das Einwirken des Ätherleibes auf die physi-
schen Prozesse, um eine zu starke astralische Aktivität auszugleichen.

KUPFER Cu

Chemische Daten: Ordnungszahl -
29, Atommasse - 63.546,
fest bei 298K
Steiner-Arm: Ätherisch +
Kreiselarm: Verinnerlichter Äther
Planetarisches Element: Venus 1
Öffnet die ätherischen Gestaltungskräfte und nährt das, was Mars in
den Raum stößt

Hauptelement relativ: Kalzium
(stark) Aktiviert das verinnerlichte
Ätherische
Venus-Pentagramm: B
Geist beherrscht die physischen
Elemente - Sein
Bez. im LWK: Gebundener chemi-
scher Äther

In der Natur: Leitet Elektrizität und Wärme, oft stark an organisches Material
gebunden, mehr als andere Elemente, Cu-Verfügbarkeit sinkt mit steigendem
pH-Wert und Ca, beeinflusst CHO- und Stickstoff-Stoffwechsel, benötigt für
gute Lebensfähigkeit von Pollen, unterstützt die Fortpflanzung bei Tieren,
Zn begrenzt Cu, Affinität für S, nicht in der Nähe von Silikaten zu finden, am
häufigsten als CuFeSO4, verwandt mit Vitamin B, Muscheln und Weichtiere
verwenden Kupfer zur Atmung anstelle von Eisen, Hummer usw. haben einen
hohen Cu-Gehalt - sie halten proteinhaltiges Gewebe im Inneren und stoßen
Ca in die Schale aus, sie sind Wasseratmer, finden sich in hohen Mengen in
der Leber, in pigmentierten Bereichen und in tumorösem Gewebe, aktiver

Stoffwechsel führt zu höherem Cu, hoher Serum-Cu-Gehalt bei Schizophrenie, manischer Depression und Epilepsie, hoher Cu-Gehalt verleiht Resistenz gegen Cholera.

Homöopathie: (wenn kurz) Beherrschung, ernsthaft, hart arbeitend, sich an Regeln haltend, mag keine Kritik, neigt zu Krämpfen. Im Stoffwechsel ist es für das Funktionieren verschiedener Proteine und oxidativer Enzyme notwendig. Es ist unentbehrlich für die Synthese von Hämoglobin, für die gesunde Funktion der Nerven und für die Bildung von Knochen. Außerdem fördert es die Entwicklung des Bindegewebes für das Herz-Kreislauf-System.

Spirituelle Aktivität: Öffnung des Organismus (Ätherkörper) für das Wirken des Astralischen und des Geistes.

NICKEL Ni

Chemische Daten:
Ordnungszahl - 28, Atommasse - 58,693, fest bei 298K
Steiner-Arm: Astralisch +
Kreiselarm: Äther-Welt
Planetarisches Element: Mars 1
Die Kraft, die den geistigen Archetyp ins Physische trägt. Der Wachstumspunkt

Hauptelement relativ: Kalium (stark)
Venus-Pentagramm: A Physische Kraft dominiert den Geist - Manifestation
Bez. im LWK: Freies Wasser

In der Natur: zu viel Nickel macht anfällig für Dermatitis und Asthma sollte zunehmen. In der Landwirtschaft hat es mit dem Füllen des Korns zu tun, Nixen sind Wassergeister, magnetisch, löst Kohlenstoff auf, um harten Stahl zu machen, Cu-ähnlich, aber härter, Ni wird in Leber und Bauchspeicheldrüse gespeichert, hoch in Insulin und in grauem Haar, bereitet den Eisenprozess vor, kann aber Cu nicht ersetzen. Assoziiert mit Si, S und As, aber nicht mit O oder CO. Wird zur Hydrierung von pflanzlichen Ölen verwendet.

Homöopathie: Arbeite hart und sei nett, zeige nicht viel Emotionen, bewahre Harmonie, Angst vor Prüfungen, da sie ihr Bestes getan haben.

Spirituelle Aktivität: Öffnet die Ätherische Welt für das Wirken des Astralischen und des Geistes.

COBALT Co

Chemische Daten:
Ordnungszahl - 27, Atomgewicht - 58.933, fest bei 298K
Steiner-Arm: Physikalisch +
Kreiselarm: Verinnerlichter Geist
Planetarisches Element: Jupiter 1
Formt „plastisch abgerundete Formen" um die archetypischen Strukturen des Saturn.

Hauptelement relativ: Krypton (stark)
Venus-Pentagramm: B Geist beherrscht die physischen Elemente - Sein
Bez. im LWK: Gebundene Wärme

In der Natur: Vitamin B12 essentiell für den N-Stoffwechsel der Wiederkäuer, geringe Reproduktion, kommt in Eruptivgestein vor, gleiche Verteilung wie Mg, Schiefer, Mn kann es blockieren, benötigt für symbiotische N2-Fixierung und Rhizobienwachstum. Zäher als Ni, Ni > Mg, Co > Fe, Ni > Pflanzen, Co > Tiere, Freunde von As, S, Si, zweiwertig. Co-Salze zur Oxidation von Leinsamen zu Firnis, in Leber, Bauchspeicheldrüse und Thymusdrüse, Mangel > perniziöse Anämie, Polyzythämie ist eine Überproduktion roter Blutkörperchen = das **Ego kontrolliert die Blutwirtschaft oder den Eisenprozess im Blut nicht**, Co in der Thymusdrüse, die eine vorpubertäre Drüse ist, so dass Co den Weg für Fe in einer „Cu"-Phase ebnet. Wird zur Verstärkung von Atombomben und zur Verlangsamung der radioaktiven Zersetzung von Uran verwendet und ist an Cyanogenprozessen beteiligt.

Homöopathie: Angepasst an neurasthenische Zustände der Wirbelsäule. Sexuelle Störungen. Müdigkeit, Unruhe und Knochenschmerzen; schlimmer am Morgen. Impotenz, aufgrund von Druck, Unzulänglichkeit und Sorge, etwas zu beginnen.

Spirituelle Aktivität: Erleichtert die Inkarnation des Geistes durch die Astralität in die ätherischen Prozesse.

EISEN Fe

Chemische Daten:	das Leben aufbaut
Ordnungszahl - 26, Atomgewicht - 55.845, fest bei 298K	*Hauptelement relativ:* Bromid (schwach
Steiner-Arm: Geist -	*Venus-Pentagramm:* A
Kreiselarm: Weltengeist / Verinnerlichter Geist	Physische Kraft dominiert den Geist - manifestiert sich
Planetarisches Element: Saturn 1 Der spirituelle Archetyp, auf dem	*Bez. im LWK:* Freies Feuer / Gebundene Wärme

In der Natur: Träger von Sauerstoff und Ich-Kräften im Blut, hilft kosmischen schwerelosen Elementen in die Sphäre der Schwerkraft einzutreten, ermöglicht es uns, unsere Persönlichkeiten in unseren Körperprozessen zu verankern, bei geringer „Geistesgegenwart", steht dem Kohlenstoff nahe, muss aber S-Prozesse ausgleichen, Fe macht die Cyanid-Prozesse unschädlich, hat Ähnlichkeiten mit Pb in seiner Fähigkeit, spontan zu verbrennen, wenn es sehr fein gemahlen wird. Träger der Verkörperungskräfte > Mumifizierung, Fähigkeit, formgebende Kräfte zu absorbieren und zu bewahren, gibt und nimmt leicht Sauerstoff auf, das Atmungsmetall, lichtempfindlich, negiert Vergiftungsprozesse von As und CN, bivalente Form ähnlich wie Zn, Fe ist lichtempfindlich.

Homöopathie: Am besten geeignet für junge schwache Personen, anämisch und chlorotisch, mit Pseudo-Plethora, die leicht erröten; kalte Extremitäten; Überempfindlichkeit; schlimmer nach jeder aktiven Anstrengung. Schwäche beim bloßen Sprechen oder Gehen, obwohl sie stark aussehen. Blässe der Haut, der Schleimhäute, des Gesichts, abwechselnd mit Erröten. Orgasmen des Blutes in Gesicht, Brust, Kopf, Lunge usw. Unregelmäßige Verteilung des Blutes. Pseudo-Plethora. Erschlaffte und entspannte Muskeln.

Geistige Aktivität: trägt den Geist in die Kontrolle der ätherischen Aktivitäten hinter den physischen Prozessen.

MANGAN Mn

Chemische Daten:
Ordnungszahl - 25, Atomgewicht - 54.938, fest bei 298KK
Steiner-Arm: Geist -
Kreiselarm: Weltengeist / verinnerlichtes Astralisches
Planetarisches Element: Saturn 2 Saatgutbildung, Erfüllung des Kar-mas in der Zeit
Hauptelement relativ: Bromid (schwach)
Venus-Pentagramm: B
Geist, der die physischen Elemente beherrscht - Sein
Bez. im LWK: Gebundenes Licht / Freies Feuer

In der Natur: wird durch Oxidationsprozesse aktiviert, mag niedrigen pH-Wert, mag C (ala Fe), feurige Natur, bringt Alkohol- und Ätherdämpfe zum Brennen, wird in der Glasherstellung verwendet, saturnische Natur, sklerotische Tendenz, wird als Trocknungsmittel in Lacken und Farben verwendet, Salamander in Verbindung mit Reifungsprozessen. Eine Ernährung mit zu wenig Mangan kann beim Menschen zu einer verlangsamten Blutgerinnung, Hautproblemen, einer veränderten Haarfarbe, einem niedrigeren Cholesterinspiegel und anderen Veränderungen des Stoffwechsels führen. Bei Tieren kann der Verzehr von zu wenig Mangan das normale Wachstum, die Knochenbildung und die Fortpflanzung beeinträchtigen, hohe Konzentrationen von Manganstaub in der Luft können zu geistigen und emotionalen Störungen führen, und ihre Körperbewegungen können langsam und ungeschickt werden. Mangan schädigt einen Teil des Gehirns, der bei der Kontrolle der Körperbewegungen hilft, und wirkt sich auf die Fortpflanzungsfähigkeit aus. Mangan ist ein antioxidativ wirkender Nährstoff, der für den Abbau von Aminosäuren im Blut und für die Energiegewinnung wichtig ist. Mangan ist notwendig für den Stoffwechsel von Vitamin B-1 und Vitamin E. Dieses Mineral aktiviert verschiedene Enzyme, die für die richtige Verdauung und Verwertung von Lebensmitteln wichtig sind. Mangan ist auch ein Katalysator für den Abbau von Fetten und Cholesterin, trägt zur Ernährung von Nerven und Gehirn bei, ist für eine normale Entwicklung des Skeletts notwendig und hält die Produktion von Sexualhormonen aufrecht. Ein Mangel an Mangan kann zu Lähmungen, Krämpfen, Schwindel, Ataxie, Hörverlust, Verdauungsproblemen sowie Blindheit und Taubheit bei Säuglingen führen.
Homöopathie: Entzündungen der Knochen oder Gelenke, mit nächtlichen Grabungsschmerzen, Asthmatiker, die nicht auf einem Federkissen liegen

können. Syphilitische und chlorotische Patienten mit allgemeinen anämischen und paralytischen Symptomen profitieren oft von diesem Mittel. Gicht. Chronische Arthritis. Bei Sprechern und Sängern. Große Schleimansammlungen. Wachsende Schmerzen und schwache Knöchel. Allgemeine Schmerzhaftigkeit und Schmerzen; jeder Teil des Körpers fühlt sich bei Berührung wund an; frühe Tuberkulose.

Geistige Aktivität: lenkt die inneren Geister, die in körperlichen Prozessen wirken.

CHROM Cr

Chemische Daten:
Ordnungszahl - 24, Atomgewicht - 51.996, fest bei 298K
Steiner-Arm: Ätherisch
Kreiselarm: Verinnerlichtes Astralisches
Planetarisches Element: Jupiter 2
Pflanzenpharmakologie, Bildung von Ölen, Alkaloiden und Glykosiden,

Wirkung von irdischem Licht und Wärme
Verwandtes Hauptelement: Selen (stark)
Venus-Pentagramm: A
Physische Kraft dominiert Geist - Manifestation
Bez. im LWK: Gebundenes Licht

In der Natur: liebt C, Verhärtung ein Schritt in Richtung Sklerose, Jupiter Einflüsse markiert, Ähnlichkeiten mit Zinn, organisiert Licht und Luft, als Beizmittel verwendet, Sylphen, gerben und mumifizieren sehr schnell. Chrom ist ein Mineral, das mit Insulin im Stoffwechsel von Zucker und Stabilisierung des Blutzuckerspiegels arbeitet. Chrom reinigt auch die Arterien, indem es den Cholesterin- und Triglyceridspiegel senkt; es hilft beim Transport von Aminosäuren dorthin, wo der Körper sie braucht, und es hilft, den Appetit zu kontrollieren. Personen mit niedrigem Chromspiegel in der Aorta. Ängstlicher Druck in der gesamten Brust. Fettes Herz. Degenerative Zustände, das Gehirn wird weicher. Atherom der Arterien des Gehirns und der Leber.

Spirituelle Aktivität: Bezieht die Astralität in die ätherischen Prozesse der Körperchemie ein.

VANADIUM Va

Chemische Daten:
Ordnungszahl - 23, Atommasse - 50.941, fest bei 298K
Steiner-Arm: Astralisch -
Kreiselarm: Astral-Welt
Planetarisches Element: Mars 2
Ordnung der Substanz in Stärke und Eiweiß. Beendigung des lebendigen

Wachstums
Verwandtes Hauptelement: Arsen (stark)
Venus-Pentagramm: B
Geist, der die physischen Elemente beherrscht - Sein
Bez. im LWK: Freies Licht

In der Natur: Bildet sehr harte Stähle, kommt in der Umwelt in Algen, Pflanzen, wirbellosen Tieren, Fischen und vielen anderen Arten vor. In Muscheln und Krebsen reichert sich Vanadium stark an, was zu Konzentrationen führen kann, die etwa 105- bis 106-mal höher sind als die Konzentrationen, die im Meerwasser zu finden sind. Vanadium bewirkt bei Tieren die Hemmung bestimmter Enzyme, was verschiedene neurologische Auswirkungen hat. Neben den neurologischen Wirkungen kann Vanadium Atembeschwerden, Lähmungen und negative Auswirkungen auf die Leber und die Nieren verursachen. Laborversuche mit Versuchstieren haben gezeigt, dass Vanadium das Fortpflanzungssystem männlicher Tiere schädigen kann und dass es sich in der weiblichen Plazenta anreichert. Vanadium kann in einigen Fällen DNA-Veränderungen verursachen, aber es kann bei Tieren keinen Krebs auslösen.

Homöopathie: Zögert, seine Talente in die Praxis umzusetzen - schwacher Mars 2? Sauerstoffträger und Katalysator, daher seine Verwendung bei Auszehrungskrankheiten. Erhöht die Menge an Hämoglobin, verbindet seinen Sauerstoff auch mit Toxinen und zerstört deren Virulenz. Erhöht und stimuliert auch die Phagozyten. Ein Heilmittel bei degenerativen Zuständen der Leber und der Arterien. Anorexie und Symptome einer Magen-Darm-Reizung; Eiweiß, Ablagerungen und Blut im Urin. Zittern; Schwindel; Hysterie und Melancholie; Neuro-Retinitis und Blindheit. Anämie, Abmagerung. Trockener, reizender und paroxysmaler Husten, manchmal mit Blutungen. Reizung von Nase, Augen und Rachen. Tuberkulose, chronischer Rheumatismus, Diabetes. Wirkt als Tonikum auf die Verdauungsfunktion und bei früher Tuberkulose. Arteriosklerose, Gefühl, als ob das Herz zusammengedrückt würde, als ob das Blut keinen Platz hätte, um sich eine Aufgabe zu suchen.

Spirituelle Aktivität: ätherische Stimulation physischer Prozesse

TITAN Ti

Chemische Daten:
Ordnungszahl - 22, Atomgewicht - 47.867, fest bei 298K
Steiner-Arm: Physikalisch
Kreiselarm: Intern Physikalisch
Planetarisches Element: Venus 2
Ausscheidung dessen, was aus den Lebensprozessen herausfällt, z.B. Zellulose in den Ringen des Baumes oder die Kaliumsalze in der Rinde.

Trennt die Substanz von den Ätherkräften.
Verwandtes Hauptelement: Germanium
Venus-Pentagramm: A
Physische Kraft dominiert den Geist - Manifestation
Bez. im LWK: Gebundener Lebensäther

In der Natur: geringe Toxizität, nicht krebserregend, wird zur Behandlung von Eierstockkrebs verwendet. Wird als Sonnenschutzmittel verwendet, scheint keinen Nährwert zu haben.

Homöopathie: Fängt nicht einmal an zu wirken, findet sich in den Knochen und Muskeln. Wurde bei Lupus und Tuberkulose äußerlich angewandt, auch bei Hautkrankheiten, Nasenkatarrh, usw. Äpfel enthalten 0,11 Prozent Titan. Unvollkommenes Sehvermögen, wobei die Besonderheit darin besteht, dass nur die Hälfte eines Gegenstandes auf einmal gesehen werden kann. Schwindel mit vertikaler Hemiopie. Außerdem sexuelle Schwäche mit zu früher Ejakulation des Samens beim Koitus. Brightsche Krankheit. Ekzem, Lupus, Schnupfen.

Geistige Aktivität: Stimuliert die Ätherik gegen die Astral-Welt.

SCANDIUM Sc

Chemische Daten:
Ordnungszahl - 21, Atommasse - 44,955, fest bei 298K
Steiner-Arm: Geist +
Kreiselarm: Weltphysikalisch / Verinnerlicht physisch
Planetarisches Element:
Quecksilber 2
Organbildung durch das Zusammenfließen von Bewegung, Holz aus dem

Kambium
Hauptelement relativ: Gallium (schwach)
Venus-Pentagramm: B
Geist beherrscht die physischen Elemente - Sein
Bez. im LWK: Freie Erde / Gebundenes Leben

In der Natur: ScSo4 stimuliert die Keimung von Samen, findet sich in Häusern in Geräten wie Farbfernsehern, Leuchtstofflampen, Energiesparlampen und Brillen. Bei Wassertieren verursacht Scandium Schäden an den Zellmembranen, was mehrere negative Auswirkungen auf die Fortpflanzung und die Funktionen des Nervensystems hat. Gilt als Seltene Erde und kommt in Uranmineralien, Fe- und Mg-Gesteinen und Thortveitit vor. Leicht zu oxidieren, wird in der Beleuchtung verwendet, leicht, aber hohe Schmelztemperatur.

Homöopathie: schauen und vergleichen, unsicher, öffnet ätherische Gestaltungskräfte und nährt, was Mars ins All stößt.

Geistige Aktivität: ätherische Stimulation physischer Prozesse

Der astralische Ring

CADMIUM Cd

Chemische Daten:
Ordnungszahl - 48, Atomgewicht - 112.411, fest bei 298K
Steiner-Arm: Geist +
Kreiselarm: Weltphysikalisch / Intern-Ätherisch
Planetarisches Element: Merkur 1 Strömende Bewegung, das Lymphsystem, Saftstrom
Hauptelement relativ: Indium Astral-Welt in die Welt der Physis
Venus-Pentagramm: A Physische Kraft dominiert den Geist - Manifestation
Bez. im LWK: Mond 1, Merkur 1, / Merkur 2 , Venus 2

In der Natur: kommt in Kombination mit Zn vor, hohe Fähigkeit, Neutronen zu absorbieren, wird in Batterien und Farbstoffen, Telefonkabeln verwendet, Cannabis Sativa hat hohe Cd-Werte, kommt in Leber, Pilzen, Schalentieren, Muscheln, Kakaopulver und getrockneten Meeresalgen vor. Cadmium wird zunächst über das Blut zur Leber transportiert. Dort bindet es sich an Proteine und bildet Komplexe, die zu den Nieren transportiert werden. Cadmium reichert sich in den Nieren (und der Plazenta) an, wo es die Filtermechanismen schädigt. Dies führt dazu, dass wichtige Proteine und Zucker aus dem Körper ausgeschieden werden und die Nieren weiter geschädigt werden. Es dauert sehr lange, bis Cadmium, das sich in den Nieren angesammelt hat, aus dem menschlichen Körper ausgeschieden wird. In Zigaretten und P-Dünger. Skelettkollaps aufgrund von Störungen des Ca-Stoffwechsels, Prostatakrebs, gestörte Enzymfunktion.

Homöopathie: Wiederholung der Vergangenheit, erfolgreich gewesen und auf dem Weg nach draußen, sie wissen es am besten, arrogant, stur wie sie es am besten wissen, aber nichts Neues zu geben. Seine Pathogenese gibt Symptome, die sehr niedrigen Formen der Krankheit entsprechen, wie bei Cholera, Gelbfieber, wo, mit Erschöpfung, Erbrechen, und extreme Niedergeschlagenheit, die Krankheit läuft todbringend. Wichtige Magensymptome. Ventrikuläres Karzinom; anhaltendes Erbrechen.

Geistige Aktivität: Treibt die Astralität in physische Prozesse (s. P), die leicht das Ätherische stören.

SILBER Ag

Chemische Daten:
Ordnungszahl - 47, Atomgewicht - 107.868, fest bei 298K
Steiner-Arm: Ätherisch
Kreiselarm: Verinnerlichter Äther
Planetarisches Element: Venus 1
Verwandtes Hauptelement: Strontium
Venus-Pentagramm: B Geist, der die physischen Elemente beherrscht - Sein
Bez. im LWK: Merkur 2, Venus 2

In der Natur: Universeller Heiler, hohe Leitfähigkeit, Spiegel, unaufhörliche Wiederholung und wellenförmige Fortpflanzung, neigt zum Kolloidalen, alle Wachstums- und Körperbildungsprozesse, Fortpflanzung.

Homöopathie: Auszehrung, allmähliches Austrocknen, Verlangen nach frischer Luft, Dyspnoe, Gefühl der Ausdehnung und linksseitige Schmerzen sind charakteristisch. Die Hauptwirkung konzentriert sich auf die Gelenke und ihre Bestandteile, Knochen, Knorpel und Bänder. Hier werden die kleinen Blutgefäße verschlossen oder verdorren und es kommt zu kariösen Veränderungen. Festhalten an einer erfolgreichen Position, an der Vergangenheit, an Traditionen. (Mond)

Spirituelle Aktivität: Stimulierung der von der Astralität berührten ätherischen Kräfte, um sie in die Manifestation zu lenken.

PALLADIUM Pa

Chemische Daten:
Ordnungszahl - 46 Atomgewicht - 106.42, fest bei 298K
Steiner-Arm: Astralisch
Kreiselarm: Äther-Welt
Planetarisches Element: Mars 1
Die Kraft, die den geistigen Archetyp ins Physische trägt. Der Wachstumspunkt

Hauptelement relativ: Rb
Venus-Pentagramm: A
Physische Kraft dominiert den Geist - Manifestation
Ag. Kursname: Merkur 1, Venus 1

In der Natur: Wie Quecksilber ist Palladium zytotoxisch und tötet oder schädigt Zellen. Palladium verursacht auch erhebliche Schäden und den Abbau der DNA und verschlimmert die Schäden durch Hydroxylradikale. Palladium schädigt auch die Mitochondrien der Zellen und hemmt die Aktivität und Funktion von Enzymen, ist hochmobil und giftig, wird in der Zahnmedizin verwendet, stört die Collage-Synthese, z. B. von Knochen und Knorpeln; blockiert Thymidin in der DNA; reichert sich in den Körperorganen an; blockiert die Wirkung einer Reihe von Enzymen und stört die Nutzung von Energie durch Nerven und Muskeln; führt zu Lungenfehlfunktionen und erzeugt abnorme Föten.

Homöopathie: Ein Ovarialmittel; erzeugt den Symptomenkomplex der chronischen Oophoritis. Nützlich, wenn das Parenchym der Drüse nicht völlig zerstört ist. Wirkt auch auf Geist und Haut. Motorische Schwäche, Abneigung gegen Bewegung.

Gemüt: Schwermütige Stimmung. Liebe zur Anerkennung. Stolz; leicht beleidigt. Neigt zu heftiger Sprache. Bleibt fröhlich, wenn sie in Gesellschaft ist, danach sehr erschöpft und Schmerzen verschlimmert.

Geistige Aktivität: Astralische Stimulation der organisierenden ätherischen Prozesse.

RHODIUM Rh

Chemische Daten:
Ordnungszahl - 45, Atommasse -
102.90, fest bei 298K
Steiner-Arm: Physikalisch
Kreiselarm: Interner Geist
Planetarisches Element: Jupiter 1
Formt „plastisch abgerundete Formen" um die archetypischen Strukturen des Saturn.
Hauptelement relativ: Xenon
Venus-Pentagramm: B
Geist, der die physischen Elemente beherrscht - Sein
Bez. im LWK: Jupiter 2 , Saturn 2

In der Natur: Rhodium hat einen höheren Schmelzpunkt und eine geringere Dichte als Platin. Es hat einen hohen Reflexionsgrad und ist hart und dauerhaft. Beim Erhitzen verwandelt es sich in ein rotes Oxid und wird bei höheren Temperaturen wieder zum Element. Hochgiftig und krebserregend, Autoabgase, Entgiftung, Zusätzliches Rhodium erhöhte den Hämatokrit und die Oxidationsfähigkeit der Leber sowohl bei nickeldefizienten als auch bei nickelergänzten Küken und erhöhte die Gesamtleberlipide, den Leberlipidphosphor und das Lebercholesterin bei den nickeldefizienten Küken allein. Rhodium verstärkte die Anzeichen eines Nickelmangels nicht.

In der Homöopathie: Nervös und weinerlich. Frontale Kopfschmerzen; Schocks durch den Kopf. Flüchtige neuralgische Schmerzen im Kopf, über den Augen, im Ohr, beiderseits der Nase, Zähne. Lockere Kälte im Kopf. Trockene Lippen. Brechreiz, besonders von Süßigkeiten. Dumpfer Kopfschmerz. Steifer Nacken und rheumatischer Schmerz in der linken Schulter und im Arm. Juckreiz in Armen, Handflächen und Gesicht. Lose Stühle mit Greifen im Unterleib. Überaktive Peristaltik, Tenesmus nach dem Stuhlgang. Mehr Urin ausgeschieden. Husten kratzig, keuchend. Dicker, gelber Schleim aus der Brust. Fühlt sich schwach, schwindlig und müde.

Geistige Aktivität: Astralische Stimulierung des Ichs und der Nervensinnespole.

RUTHENIUM Ru

Chemische Daten:
Ordnungszahl - 44, Atommasse -
101.07, fest bei 298K
Steiner-Arm: Geist -
Kreiselarm: Weltengeist / Verinnerlichter Geist
Planetarisches Element: Saturn 1
Der spirituelle Archetyp, auf dem das Leben aufbaut
Hauptelement relativ: Jod
Venus-Pentagramm: A
Physische Kraft dominiert den Geist - Manifestation
Bez. im LWK: Jupiter 1 Saturn 1, Jupiter 2, Saturn 2

In der Natur: Ruthenium findet sich als freies Metall, manchmal in Verbindung mit Platin, Osmium und Iridium, in Nord- und Südamerika und in Südafrika.

Es gibt nur wenige Erze, ist auch mit Nickel und Ablagerungen assoziiert, die als hochgiftig und krebserregend eingestuft werden, wird stark in Knochen zurückgehalten, hart, spröde, langlebig und korrosionsbeständig, starke Affinität zu Wasserstoff. Ruthenium 103 wird in Atombomben verwendet.

Homöopathie: Eine schwere Aufgabe, viel Arbeit, die erledigt werden muss, entschlossen, inspiriert.

Geistige Aktivität: Die Inspiration für den langen Prozess der Schöpfung, astralisch inspirierter Geist.

TECHNETIUM Tc

Chemische Daten:
Ordnungszahl - 43, Atommasse - 98, fest bei 298K
Steiner-Arm: Geist -
Kreiselarm: Weltengeist / Inneres Astralisches
Planetarisches Element: Saturn 2 Saatgutbildung, Erfüllung des Kar-

mas in der Zeit
Hauptelement relativ: Jod , Mangan
Venus-Pentagramm: B
Geist, der die physischen Elemente beherrscht - Sein
Bez. im LWK: Jupiter 1 , Saturn 1 / Jupiter 2 Mars 2

In der Natur: Radioaktiv und nicht natürlich vorkommend, was für ein so leichtes Element ungewöhnlich ist.

Homöopathie: Kreativität praktizieren > Kreativität kanalisieren

Spirituelle Aktivität: Astral-Welt in den Weltengeist

MOLYBDEN Mo

Chemische Daten:
Ordnungszahl - 42, Atommasse - 95.94, fest bei 298K
Steiner-Arm: Ätherisch
Kreiselarm: Verinnerlichtes Astralisches
Planetarisches Element: Jupiter 2 Pflanzenpharmakologie, Bildung von

Ölen, Alkaloiden und Glykosiden. Wirkung von irdischem Licht und Wärme
Verwandtes Hauptelement: Tellur
Venus-Pentagramm: A
Physische Kraft dominiert den Geist - Manifestation
Bez. im LWK: Jupiter 2 , Mars 2

In der Natur: Entdeckt in einem Pb-Erz, Metall ist fettig und wird als Schmiermittel verwendet, hoher Schmelzpunkt, säurebeständig, Elektroden für elektrisch beheizte Glasöfen und Vorheizungen. Das Metall wird auch in der Kernenergie und für Raketen und Flugzeugteile verwendet. Molybdän ist ein wertvoller Katalysator bei der Raffination von Erdöl. Molybdän wird als Drahtmaterial in elektronischen und elektrischen Anwendungen eingesetzt. Molybdän ist ein essentielles Spurenelement in der Pflanzenernährung, jedoch hochgiftig. Bei Arbeitern, die in einer sowjetischen Mo-Cu-Anlage chronisch exponiert waren, wurden Leberfunktionsstörungen mit Hyperbilirubinämie festgestellt, Anzeichen von Gicht bei Fabrikarbeitern und bei Bewohnern Mo-reicher Gebiete in Armenien, Gelenkschmerzen in den Knien, Händen, Füßen, Gelenkverformungen, Erytheme und Ödeme der Gelenkbereiche. SO_4 begrenzt die Mo-Aufnahme, PO_4 erhöht die Aufnahme, Mo wichtig für die Enzyme Nitrogenase und Stickstoffreduktase, arbeitet mit Fe @ 9:1, kann bei niedrigem Gehalt zu N-Mangel führen, ein Problem bei Si-haltigen Böden, niedrigem pH-Wert und sogar Torf. Kürbisgewächse und Leguminosen haben einen hohen Mo-Bedarf, Kalkung hilft. Hoher Mo > Cu-Mangel.

Homöopathie: der Beginn, die eigene Kreativität zum Ausdruck zu bringen. Man hat die Inspiration und braucht ein wenig mehr Willen.

Spirituelle Aktivität: Astralische Stimulans

NIOBIUM Nb

Chemische Daten:
Ordnungszahl - 41, Atomgewicht - 92.906, fest bei 298K
Steiner-Arm: Astralisch
Kreiselarm: Astral-Welt
Planetarisches Element: Mars 2
Ordnung der Substanz in Stärke und Eiweiß. Beendigung des lebendigen

Wachstums
Verwandtes Hauptelement: Antimon (stark)
Venus-Pentagramm: B
Geist, der die physischen Elemente beherrscht - Sein
Bez. im LWK: Mars 1, Jupiter 1

In der Natur: Kommt im Mineral Kolumbit vor. Früher als Colombium (Cb) bekannt. Wird in Edelstahllegierungen für Kernreaktoren, Düsenflugzeuge, Raketen, Schneidewerkzeuge, Pipelines, Supermagneten und Schweißstäbe verwendet. Wenn Niob eingeatmet wird, wird es hauptsächlich in der Lunge und in zweiter Linie in den Knochen gespeichert. Es interferiert mit Kalzium als Aktivator von Enzymsystemen. Bei Versuchstieren führt das Einatmen von Niobnitrid und/oder -pentoxid bei einer Exposition von 40 mg/m3 zu einer Vernarbung der Lunge.

Homöopathie: Zögern und Zweifel, Kreativität zu zeigen. Schwierig zu entscheiden, welcher Weg eingeschlagen werden soll, viele unvollendete Projekte.

Spirituelle Aktivität: Astralische Stimulans

ZIRCONIUM Zr

Chemische Daten:
Ordnungszahl - 40, Atommasse - 91.224, fest bei 298K
Steiner-Arm: Physikalisch
Kreiselarm: Intern Physikalisch

Planetarisches Element: Venus 2
Ausscheidung dessen, was aus den Lebensprozessen herausfällt, z. B. Zellulose in den Ringen des Baumes oder die Kaliumsalze in der Rinde.

Trennt die Substanz von den Äther-kräften.

Bez. im LWK: Mond 2 Quecksilber 2

Verwandtes Hauptelement: Zinn
Venus-Pentagramm: A
Physische Kraft dominiert den Geist
- Manifestation

In der Natur: wird in Legierungen wie Zirkaloy verwendet, das in nuklearen Anwendungen zum Einsatz kommt, da es nicht leicht Neutronen absorbiert; wird in katalytischen Konvertern, Zündhütchen und Ofensteinen, Labor-tiegeln verwendet. Hat eine geringe systemische Toxizität. Zirkonium 95 ist eines der Radionuklide, die bei Atmosphärentests von Kernwaffen verwendet werden. Es gehört zu den langlebigen Radionukliden, die auf Jahrzehnte und Jahrhunderte hinaus ein erhöhtes Krebsrisiko bergen.
Homöopathie: Der erste Job, die Eröffnung einer eigenen Praxis. Viele Ideen und der Wunsch, ihren Wert zu zeigen.
Spirituelle Tätigkeit: Astralische Inspiration in praktische Anwendungen umsetzen, astralische Stimulation des physischen Körpers.

YTTRIUM Y

Chemische Daten:
Ordnungszahl - 39, Atomgewicht -
88.905, fest bei 298K
Steiner-Arm: Geist +
Kreiselarm: Weltphysikalisch / Ver-innerlichtes Physikalisches
Planetarisches Element:
Quecksilber 2
Organbildung durch das Zusammen-fließen von Bewegung, Holz aus dem Kambium
Hauptelement relativ: Indium
Venus-Pentagramm: B
Geist beherrscht die physischen Elemente - Sein
Bez. im LWK: Mond 1 Quecksilber 1 / Mond 2 Quecksilber 2

In der Natur: Kommt in der Natur selten und in sehr geringen Mengen vor, in der Regel nur in zwei verschiedenen Arten von Erzen. Wird verwendet für Farbfernseher, Leuchtstofflampen, Energiesparlampen und Brillen. Verursacht Lungenembolien, Krebs und reichert sich in der Leber an. Bei Wassertieren verursacht Yttrium Schäden an den Zellmembranen, was meh-rere negative Auswirkungen auf die Fortpflanzung und die Funktionen des Nervensystems hat.
Homöopathie: Erforschung der kreativen Fähigkeiten, unsicher und ohne Vertrauen in die eigenen Eingebungen.
Spirituelle Aktivität: Astralität in die physische Welt bringen.

Der Spirit-Ring

Quecksilber Hg

Chemische Daten:
Ordnungszahl - 80, Atomgewicht - 200.59, flüssig bei 298K
Steiner-Arm: Geist +
Kreiselarm: Innerer Äther / Welt-physikalisch
Planetarisches Element: Quecksilber 1

Strömende Bewegung, das Lymph-system, Saftstrom.
Hauptelement relativ: Ti
Venus-Pentagramm: A
Physische Kraft dominiert den Geist - Manifestation
Bez. im LWK: Löwe

In der Natur: kommt in Europa meist als HgSO4 vor, kommt mit Ag, Cu, Sb vor, stark mit S verbunden, behält seine eigene „flüssige" Form bei. Wo es Stauungen gibt, löst Hg diese auf und bringt Bewegung in die Stagnation. Hochgiftig, bewegt sich frei durch den Körper und wird leicht von der Mutter auf das Kind übertragen, HgCN wird bei Diphtherie eingesetzt.
Homöopathie: Ergreift Lebensprozesse und führt sie auf eine höhere Ebene, trennt Prozesse, die in den Organismus zurückgeführt werden müssen. Langsam im Beantworten von Fragen. Gedächtnis geschwächt und Verlust der Willenskraft. Lebensmüde. Misstrauisch. Denkt, dass er seinen Verstand verliert.
Geistige Aktivität: Der innere Geist lenkt die Bildung der Substanz.

GOLD Au

Chemische Daten:
Ordnungszahl - 79, Atommasse - 196.966, fest bei 298K
Steiner-Arm: Ätherisch +
Kreiselarm: Verinnerlichter Äther
Verwandtes Hauptelement: Barium
Planetarisches Element: Venus 1

Öffnet die ätherischen Gestaltungs-kräfte und nährt, was Mars in den Raum stößt
Venus-Pentagramm: B
Geist, der die physischen Elemente beherrscht - Sein
Bez. im LWK: Zwillinge

In der Natur:
Homöopathie:
Geistige Aktivität: Der innere Geist lenkt den inneren Ätherkörper

PLATIN Pt

Chemische Daten:
Ordnungszahl - 78, Atomgewicht -
195.078, fest bei 298K
Steiner-Arm: Astralisch +
Kreiselarm: Äther-Welt
Hauptelement relativ: Cäsium
Planetarisches Element: Mars 1

Die Kraft, die den geistigen Archetyp
ins Physische trägt. Der Wachstumspunkt.
Venus-Pentagramm: A
Physische Kraft dominiert den Geist
- manifestiert sich
Bez. im LWK: Jungfrau

Geistige Aktivität: Kosmischer Geist lenkt die Ätherische Welt

IRIDIUM Ir

Chemische Daten:
Ordnungszahl - 77, Atommasse -
192.21, fest bei 298K
Steiner-Arm: Physikalisch +
Kreiselarm: Verinnerlichter Geist
Verwandtes Hauptelement: Radon
Planetarisches Element: Jupiter 1

Formt „plastisch abgerundete
Formen" um die archetypischen
Strukturen des Saturn.
Venus-Pentagramm: B
Geist beherrscht die physischen
Elemente - Sein
Bez. im LWK: Fische

In der Natur:
Homöopathie:
Geistige Aktivität: Innerer Geist

OSMIUM Os

Chemische Daten:
Ordnungszahl - 76, Atommasse -
190.23, fest bei 3306K
Steiner-Arm: Geist -
Kreiselarm: Weltengeist /
Innerer Geist
Venus-Pentagramm: A

Physische Kraft dominiert Geist -
Manifestation
Hauptelement relativ: At
Planetarisches Element: Saturn 1
Der spirituelle Archetyp, auf dem
das Leben aufbaut
Bez. im LWK: Schütze

In der Natur:
Homöopathie:
Spirituelle Aktivität: Kosmischer Geist, lenkt den Weltengeist in die Inkarna-
tion.

RHEMIUM Re

Chemische Daten:
Ordnungszahl - 75, Atomgewicht - 186.20, fest bei 3459K
Steiner-Arm: Geist -
Kreiselarm: Weltengeist / Verinnerlichtes Astralisches
Venus-Pentagramm: A
Physische Kraft dominiert Geist -

Manifestation
Hauptelement relativ: Auf Hauptelement relativ:
Planetarisches Element: Saturn 2
Saatgutbildung, Erfüllung des Karmas in der Zeit
Bez. im LWK: Fische

In der Natur:
Homöopathie:
Spirituelle Aktivität: Der kosmische Geist lenkt den Weltengeist zum Abschluss.

WOLFRAM W

Chemische Daten:
Ordnungszahl - 74,
Atommasse - 183.84, fest bei 3695K
Steiner-Arm: Ätherisch
Kreiselarm: Intern Astral
Venus-Pentagramm: B
Geist, der die physischen Elemente beherrscht - Sein

Hauptelement relativ: Polonium
Planetarisches Element: Jupiter 2
Pharmakologie der Pflanzen, Bildung von Ölen, Alkaloiden und Glykosiden. Wirkung von irdischem Licht und Wärme
Bez. im LWK: Skorpion

In der Natur:
Homöopathie:
Spirituelle Aktivität: Der kosmische Geist lenkt den inneren astralischen Bereich, um Erfolg zu bringen.

TANTAL Ta

Chemische Daten:
Ordnungszahl - 73, Atomgewicht - 180.94 , fest bei 3290K
Steiner-Arm: Astralisch -
Kreiselarm: Astral-Welt
Venus-Pentagramm: A
Physische Kraft dominiert Geist -

Manifestation
Hauptelement relativ: Wismut
Planetarisches Element: Mars 2
Ordnung der Substanz in Stärke und Protein. Beendigung des lebenden Wachstums
Bez. im LWK: Widder

In der Natur:
Homöopathie:
Spirituelle Aktivität: Der kosmische Geist lenkt die Astral-Welt.

HAFNIUM Hf

Chemische Daten:
Ordnungszahl - 72, Atomgewicht - 178.49, fest bei 2506K
Steiner-Arm: Physikalisch
Kreiselarm: Intern Physikalisch
Venus-Pentagramm: B
Geist, der die physischen Elemente beherrscht - Sein
Hauptelement relativ: Blei

Planetarisches Element: Venus 2
Ausscheidung dessen, was aus den Lebensprozessen herausfällt, z.B. die Zellulose in den Jahresringen des Baumes oder die Kaliumsalze in der Rinde. Trennt den Stoff von den Ätherkräften.
Ag. Kursname: Krebs

In der Natur:
Homöopathie:
Spirituelle Aktivität: Der kosmische Geist lenkt den inneren Körper.

LANTHAN La

Chemische Daten:
Ordnungszahl - 57, Atommasse - 174.96, fest bei 1936K
Steiner-Arm: Geist +
Gyro Arm: Welt Physikalisch / Intern Physikalisch
Hauptelement relativ: Ti

Planetarisches Element: Merkur 2
Organbildung durch das Zusammen-fließen von Bewegung, Variation der individuellen Form für den Umstand
Venus-Pentagramm: A
Physische Kraft dominiert den Geist - Manifestation

In der Natur:
Homöopathie:
Geistige Aktivität: Der kosmischer Geist lenkt die physische Welt zur Geburt.

Und so weiter ...

Referenzen
für diesen Abschnitt stammen aus:

- *R. Hauschka, Natur der Materie*
- *W. Pelikan, Die Geheimnisse der Metalle*
- *J. Scholten, Homöopathie und die Elemente*
- *Hausemann und Wolff, Die anthroposophische Betrachtungsweise der Medizin, Band 2*
- *R: Steiner, Geisteswissenschaft und Medizin*
- *W. Boericke, Homöopathische Materia Medica*
- *Lenntech, Website über Google*

Die Lanthanoiden und Actinoiden

Die 7. harmonische Tonfolge - Der Werkzeugkasten des Geistes

Diese beiden Elementen-Gruppen befinden sich in den beiden äußeren Kreisen des Periodensystems.

Die Lanthanoide sind die Elemente Cerium 58 - Lutetium 71 und befinden sich zwischen Lanthan 57 und Hafnium 72. (Dies kann variieren, je nachdem, welches Periodensystem als Referenz verwendet wird).

Die Actinoiden befinden sich im äußeren Kreis und sind die Elemente Thorium 90 - Lawrencium 103 und liegen zwischen Actinium 89 und Rutherfordium 104.

Ich halte es für angebracht, Lanthan und Actinium als Spurenelemente zu betrachten und so die „Lücke" in Zeile 3 des Periodensystems zu füllen. Damit bleiben 14 Paare der Seltenen Erden übrig.

Die Lanthanoiden werden als Seltene Erden bezeichnet, von denen nur zwei radioaktiv sind, während die Actinoiden fast alle radioaktiv sind, wobei die meisten nur als Trümmer von Kernreaktoren oder Bomben existieren.

Innerhalb einer jeden Gruppe gelten die Elemente als qualitativ sehr ähnlich, allerdings gibt es einige Unterschiede in ihren Schmelzpunkten und in ihren Verwendungsmöglichkeiten. Interessant ist die Tatsache, dass ihre Radien mit zunehmendem Atomgewicht kleiner werden, während ihre Valenzordnung ein Bild von zwei Hälften ergibt.

Der sechste Ring

Auf dem Kreiseldiagramm gibt es sechs primäre Schichten, die jeweils in zwei Teile unterteilt werden können, wobei die sechste Schicht, die 12-fache Tierkreisschicht, mit ihren zwei Schichten

Galaxie
Weltengeist 12
Schicht 6

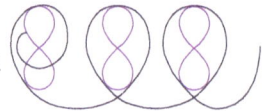

Sonnensystem
Astralisch 7
Schicht 5

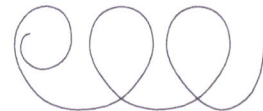

genauer definiert ist. Betrachtet man jede der Schichten als Teil einer Wirbelform, so befindet sich die 12-fache Schicht an der Spitze und bildet den äußersten Teil des Wirbels. Bei gleichem vertikalen Abstand im Wirbel (oder relativen 0,618 Verhältnissen) wie bei den anderen Schichten findet eine Streck- und Biegeaktivität statt, wenn der Wirbel die Spitze erreicht und beginnt, sich zu einer Kugel zu krümmen. Dies ermöglicht es den beiden inneren Schichten, sich zu manifestieren. Diese Ordnung spiegelt sich in den planetarischen Herrschaftsbereichen des Tierkreises wider. Jeder der sechs primären Planeten beherrscht zwei Zeichen.

Dieser sechste Ring ist der Ring der geistigen Aktivität und enthält die meisten radioaktiven Elemente und die Seltenen Erden. Eine ihrer Eigenschaften ist, dass sie einen „losen" äußeren Elektronenring haben, der je nach den Erfordernissen der Umgebung freie Elektronen abgibt und aufnimmt. Sie fungieren je nach Bedarf als „chaotische Regulatoren", die es dem Geist ermöglichen, Wunder zu vollbringen.

Lemniskate oder keine

Es stellt sich die Frage, ob diese Elemente durch eine Lemniskate-Schleife geführt werden sollten, bevor sie wieder über das Gyroskop gefaltet werden. Dies wurde für die Übergangselemente getan (S. 124), weil es sich um Elemente handelt, die eng in Lebensprozesse verwoben sind, die oft von einem Lemniskate-Prozess begleitet werden. Die Reihenfolge der Härte und der Schmelzpunkte - Ca, Zn > Sc, Ga - passt, wenn man eine Lemniskatenverdrehung vornimmt, und so weiter. Bei den Lanthanoiden und Actinoiden handelt es sich NICHT um Elemente, die eng mit Lebensprozessen verbunden sind. Wenn überhaupt, dann sind sie für Lebensprozesse gefährlich. Sie zeigen auch keine Umkehrung der Schmelzpunkte und der Härte, wie sie bei den Übergangselementen zu beobachten ist. Daher bin ich zu dem Schluss gekommen, dass meine ursprüngliche Entscheidung, diese Elemente Lemniskaten-mäßig zu verdrehen, falsch war, und ich habe meine Diagramme entsprechend angepasst.

Wo soll die Gruppe beginnen?

Es gibt einige Diskussionen darüber, wo der Anfang und das Ende der Reihe liegt. Welche Elemente befinden sich in der Spalte 3B der Übergangselemente unter Sc und Y? Sind es La und Ac oder Lu und Lr? Nach meinen verschiedenen Lektüren bin ich zu dem Schluss gekommen, dass La und Ac die „Übergangselemente" sind. Damit verbleiben 14 Gruppen von Elementen, die mit Ce und Th beginnen und mit Lu und Lr enden.

Die Planeten

Mit 14 Elementgruppen können wir eine Beziehung zu den Planeten herstellen. Das Planetenmuster, das wir in diesen Bemühungen verwendet haben, hat drei äußere Planeten, die gegen drei innere Planeten polarisiert sind, wobei die Sonne die zentrale Position einnimmt. 14 = 2 x 7, was darauf hindeutet, dass wir dieses 7-fache Muster als mögliche Referenz auf diese Elemente anwenden können. In diesem Prozess können wir eine Seite des Kreises als Elemente der Phase 1 „Sein" identifizieren, während die letzte Hälfte der Elemente Elemente der Phase 2 „Manifestation" wären.

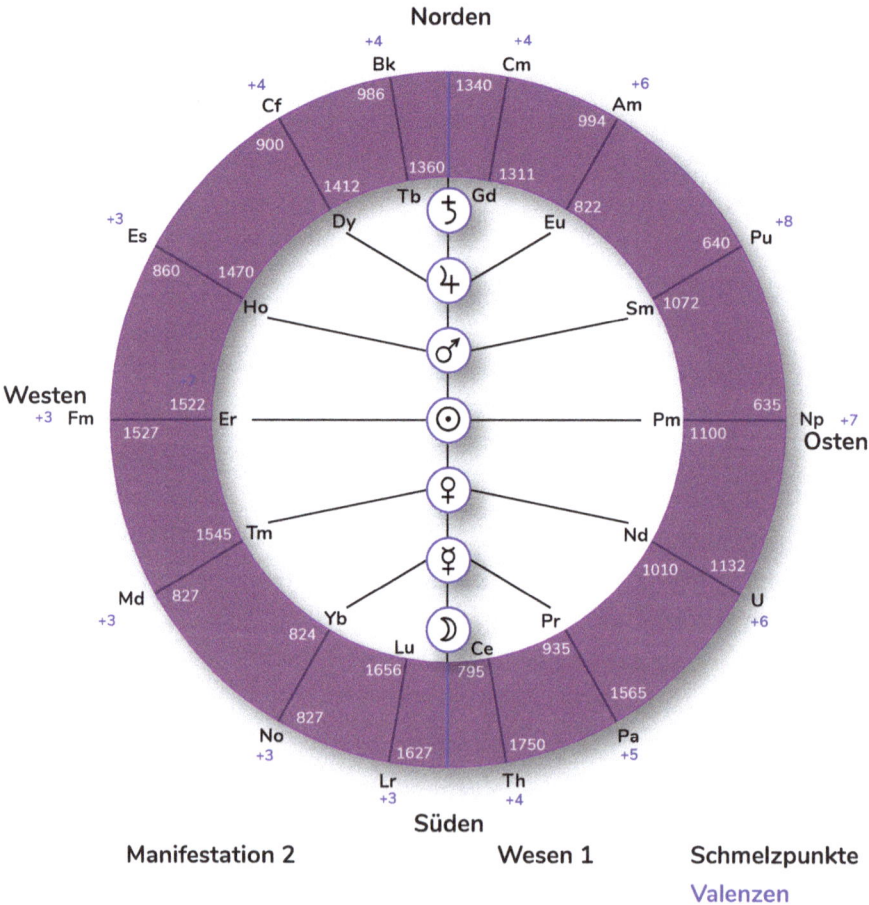

Norden

+4 Bk 986 | 1340 Cm +4
+4 Cf 900 | 994 Am +6
1412 | 1360 | 1311 | 822
+3 Es 860 | 1470 | 640 Pu +8
Ho | Sm 1072
Westen +3 Fm 1522 Er 1527 | Pm 1100 | 635 Np +7 Osten
1545 Tm | Nd
Md 827 +3 | 1010 | 1132 U +6
Yb 824 | Pr 935
Lu 1656 | 795 Ce
827 | 1565
No +3 | 1750 Pa +5
1627 | Th +4
Lr +3

Süden

Manifestation 2   Wesen 1   Schmelzpunkte

Valenzen

Um weitere Anhaltspunkte für die Aktivität dieser Elemente zu finden, können wir „die gleichen Spiele" spielen, die wir mit den anderen Elementen gemacht haben. Assoziationen entstehen, wenn diese Elemente über die energetischen Aktivitäten gelegt werden.

Mit den planetarischen Assoziationen ist es auch möglich, die Beziehung der Elemente zum Tierkreis zu identifizieren, und daraus ergibt sich ein Hinweis darauf, wie sich jedes Element zu den physischen Systemen, dem Nervensystem, dem Rhythmus oder dem Stoffwechsel verhält. Durch diese Gruppierung kann man sich die Potenzierung der verschiedenen Elemente für das jeweilige körperliche System sparen. Verwendet man stattdessen ein Element aus der Dreiergruppe für das physische System, das man ansprechen möchte, mit der energetischen Aktivität, die Unterstützung benötigt.

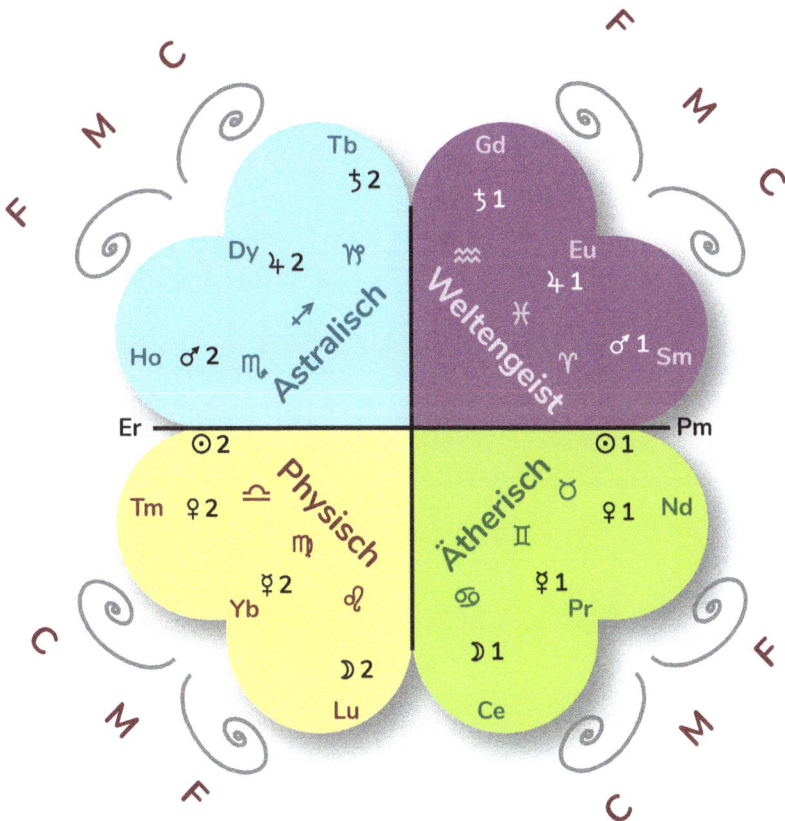

Planeten   C Stoffwechsel
Konstellationen   M Rhythmisch
Aktivitäten   F Nerven-Sinne

147

Die praktischen Anwendungen dieser Elemente definieren ihre Qualitäten weiter. Die ätherischen Elemente werden oft als Katalysatoren in der Glasherstellung verwendet, die geistigen Elemente als Neutronenakkumulatoren in Kernreaktionen, die astralischen Elemente werden in Lasern verwendet, während die physischen Elemente in der Optik oder gar nicht verwendet werden.

Die Homöopathie (Scholten) hat Prüfungen für diese Elemente durchgeführt, die darauf hinweisen, dass sie bei „spirituellen Krankheiten", Gefühlen von Leben oder Tod, Energieproblemen, sowohl zu viel als auch zu wenig, und Gefühlen der Desintegration verwendet werden. Da es sich um den Ring des kosmischen Geistes handelt, deutet er auch auf „spirituelle Reife", intuitive Fähigkeiten und Gefühle des Einsseins mit der Schöpfung hin. Meine eigenen Prüfungen der Lanthanoiden-Elemente deuten darauf hin, dass sie alle eine sehr zentrierende Qualität haben, mit unterschiedlichen Graden von Klarheit und Bereitschaft zum Handeln, je nach ihrer energetischen Gruppe.

Die Probleme mit der Radioaktivität dieser Elemente können überwunden werden, indem man sie mit der auf Seite 250 beschriebenen Methode in einem Kreis sammelt. Sie haben dann die energetische Resonanz ohne die Probleme ihrer physischen Masse. Sie können nach Belieben weiter potenziert werden.

Die verfügbaren Referenzen für diese Gruppe werden.

A) Der spirituelle Ring
B) Mit welchem 7-fachen Planeten geht er in Resonanz?
C) In welchem energetischen Körperarm befindet er sich (Phase 2)?
D) Welches sind die anderen Haupt- und Übergangselemente, in deren Nähe er sich befindet?
E) Zu welchem physischen System gehört er?
F) Die Reisen

Die Auswirkungen der Elemente

Da sich diese Elemente auf dem sechsten Ring des Periodensystems manifestieren, sind sie Elemente der Sphäre des Kosmischen Geistes, der zweiten vertikalen Ebene des Gyroskops. Die primäre Ebene sind die Hauptelemente und schwingen auf der vierten harmonischen Tonfolge (s. Das 3D-Periodensystem). Obwohl es sich also um einen Geist-Ring handelt, ist es nicht dieselbe Resonanz. Es handelt sich um eine siebte harmonische Resonanz, wie die Geist-Aktivität in der Hauptebene. Scholten behauptet, dass diese Elemente mit der Arbeit des inneren Geistes zusammenhängen, und ich stimme ihm zu. Wenn man das „Polaritätsprinzip" von innen und außen anwendet und die Hauptelemente die Grundlage dafür sind, wie die Elemente in der äußeren Welt wirken, können diese „anderen" Elemente mit der Aktivität des inneren Geistes im Leben in Verbindung gebracht werden. Die Erfahrung bestätigt dies.

Dies legt nahe, dass diese Elemente dabei helfen, wie der innere Geist mit den anderen energetischen Aktivitäten arbeiten kann. Das ist wichtig für unser gegenwärtiges Zeitalter, denn einerseits entwickeln wir uns durch eine Periode, in der der Geist uns mehr Bewusstsein bringt, andererseits werden wir aber auch von vielen giftigen Substanzen wie Chlor und Fluorid angegriffen, die den Weltengeist stärker in uns hineinbringen und so unsere inneren geistigen Prozesse verdrängen. Viele Krankheiten beruhen auf diesem Umstand. Dies zeigt sich in der Vielzahl von Entzündungs- und Autoimmunkrankheiten, deren Ursache darin liegt, dass der Ätherleib den Kontakt zu den Führungsplänen des Geistes verliert. Der Geist muss bei den meisten modernen Menschen oft mit den anderen Körpern wieder zusammengeführt werden. Dies ist nicht nur für die Gesundheit wichtig, da er die architektonischen Pläne für eure Existenz hat, sondern auch, um eine echte bewusste Freiheit zu erreichen. Bewusste Freiheit tritt ein, wenn der Geist an seinem richtigen Platz ist und die anderen Körper ihm gehorchen. Normalerweise wird der Geist aus dem Zentrum geschleudert und von der Astralität „gefangen". Sie führt ihr „Wahnsinnsprogramm" aus und der Geist ist davon besessen. Der Geist muss gestärkt werden, damit er an seinem eigenen Platz steht, im Zentrum des astralischen Wirbelwinds. Der ruhige Ort ist in der Mitte und die Stärkung des Geistes wird euch dorthin bringen. Um gesund zu sein, muss er jedoch in alle anderen Körper „hineinwehen". Die archetypische Reise wird dies für dich tun.

Die Reisen

Diese Reise besteht aus zwei Teilen und verwendet die Lanthanoiden-Elemente als „Erfahrungsverstärker". Jeder kann die gleiche Erfahrung machen, wenn er die Reise um einen beliebigen Erdkreis herumgeht.

Es gibt zwei Möglichkeiten, sich diesen Elementen zu nähern. Ein bedeutender Teil der Arbeit über die Lanthanoiden wurde von der Scholten-Schule der Homöopathie geleistet. Sein System basiert auf der sequentiellen Entfaltung eines „Prozesses" durch die Elemente, der als „Flat Plane Spiral" (Flachebenen-Spirale) angeordnet ist. Der Prozess hat eine Expansionsphase, eine Kulmination, gefolgt von einer Abschwächungsphase. Dies kann als „Die archetypische Reise" betrachtet werden. Sie beginnt am Anfang der Serie und verläuft rund um die Reihenfolge der Atomgewichte.

Seine Interpretationen der Elemente sind in einen psychologischen und physischen Bezug eingebettet. Sie basieren zunächst auf dem „System" und werden dann durch klinische Ergebnisse „bewiesen", die unter Berücksichtigung dieses Bezugs beobachtet wurden. Die entsprechende Literatur ist im Internet leicht zugänglich. Dies ist eine sehr gültige und wertvolle Arbeit. Diese „Bewegung" ist Teil der klassischen homöopathischen Bewegung und bewegt sich daher in deren Rahmen und bringt die diesem Ansatz innewohnenden Grenzen zum Ausdruck. Scholten erzählt diese Geschichte von ihrer dramatischsten Seite. Seine Betonung liegt auf den Extremen der Expansion und dem unvermeidlichen Scheitern in völliger Verzweiflung, die sich in der sehr kranken Person manifestiert. Wenn man seine Geschichte im Kontext der Glenopathie betrachtet, werden die scharfen Kanten dieses sehr grundlegenden Prozesses des normalen Wachstums weicher.

Ich habe zwei Prüfungen dieser Elemente durchgeführt, eine beginnend mit Cerium, die gegen den Uhrzeigersinn zu Lu führt (wie oben beschrieben), was dem archetypischen Pfad entspricht. Die persönliche „Prüfung" dieser Reise ist wahrscheinlich am besten vor der „Manifestationsreise" zu machen. Das Ziel der archetypischen Reise ist es, den natürlichen Prozess der Integration des Inneren Geistes in die anderen Körper zu fördern. Dies ist ein sanfterer und natürlicherer Prozess, als das, was man auf der Manifestationsreise erlebt. Indem wir auf der Mond-1-Position beginnen, werden die „Kind"-Phase und ihre ersten drei Elemente durch das „weiche" Ätherische geführt. Der Geist verschmilzt stärker mit dem verinnerlichten Äther und das federt die Reise durch die verinnerlichte Geistsphäre ab, wo sie ihren Höhepunkt erreicht, bevor sie auf ihrer Reise durch die Astralität von der Welt herausgefordert und geformt wird. All diese Reife wird dann verfestigt, wenn sie sich durch das verinnerlichte Physische bewegt.

Der Geist ist eine starke und feindliche Kraft, wenn sie in den physischen Körper einströmt. Auf der „**Manifestationsreise**" beginnen wir mit dem Einfluss des Geistes und bewegen uns durch die geistige Sphäre. Dieser verhärtende Einfluss zu Beginn der „glenopathischen Reise" einer Person kann herausfordernd und kontraproduktiv sein, indem er bestehende „ätherische Fehler" verhärtet. Das Ätherische ist der Ort, an dem sich die „Muster" der Wachstumskräfte befinden, und sie müssen oft gestärkt werden. Wenn diese „krank" sind, kann der physische Organismus nicht aufrechterhalten werden. Die Ausrichtung der Körper, beginnend mit dem Ätherischen, und die Verwendung eines natürlichen Zyklus, der die Manifestationsprozesse innerhalb eines Mondzyklus widerspiegelt, wird einen leichteren Start in eine erstaunliche Erfahrung ermöglichen.

Die **Manifestationsreise** beginnt bei Gd und geht im Uhrzeigersinn bis Tb. Diese Reise kann über einen ganzen Mondzyklus erfolgen, beginnend bei Neumond. Das Ziel dieses Prozesses ist es, sich innerhalb eines Mondzyklus durch den „Schöpfungszyklus" der chemischen Elemente zu bewegen. Die Astrologie kennt die Kraft des Mondzyklus als physische Realität im Prozess der Manifestation auf allen natürlichen Ebenen. RS (und weiter ausgeführt von Dr. Lievegoed) skizzierte das große Bild, wie Manifestation als Ergebnis einer Sternenkraft auftritt, die sich durch unsere Sonnensystemsphären bewegt, gefolgt von einer Reise durch die Atmosphäre, bevor wir sie hier auf der Erde empfangen.

Etwas wird am Mond 2 geboren, lebt sein Leben als Ausdruck der Sonne und der 6 Planeten und stirbt an der Saturn 2 Position. Dies ist wirklich eine Reise des Geistes. Jedes Element wird bis zu zweimal täglich für jeweils zwei Tage eingenommen. Beginnend mit dem Neumond. Man kann ein Projekt im Kopf haben oder sich einfach auf die Reise begeben, während sie sich entfaltet.

Das Gyroskop

Ein anderer Ansatz besteht darin, die Lanthanoiden-Elemente im Zusammenhang mit der gyroskopischen Organisation und den darin beschriebenen energetischen Aktivitäten zu sehen. Dies trägt dazu bei, die von Scholten beschriebene Aktivität hinter den Kulissen zu erklären. Wenn wir sehen, wie sich die beiden Perspektiven zueinander verhalten, haben wir das energetische Körperschema ihrer psychologischen Ausdrucksformen.

Die Ätherische Gruppe - Sammlung der Lebenskräfte

Cerium Ce

Chemische Daten: Ordnungszahl - 58 Atomgewicht 140.1
Ring: 6 - Kosmischer Geist
Planet: Mond 1 / Krebs
(a) Schafft durch Vermehrung im Kleinen (Zellteilung) und im Großen (Fortpflanzung) ein kleines und großes Chaos, in das die Saturn- kräfte ihr Siegel einprägen können und in dem in jeder Zelle der geistige Archetyp neu empfangen werden kann.
Energetischer Arm: Physische Welt
Physischer Modus: Kardinal, Stoffwechselsystem
Ähnliche Elemente: Ti, Hg

Die archetypische Reise: Schritt 1 (a) Das Gefühl, nicht in Kontakt mit der Welt zu sein und Dinge ohne Versuch und Irrtum zu tun, sondern mit dem Verstand zu üben.
(b) Vorläufige Pläne entwickeln sich, ändern sich aber gewöhnlich, bevor nennenswerte Anstrengungen unternommen wurden.
Die Reise in die Manifestation: Schritt 7
Die „Baby-Phase" ist offensichtlich die, welche die archetypische Reisephase zeigt. In diesem Prozess ist dies der letzte Schliff, bevor die Show beginnt. Die Geburt / Produkteinführung steht vor der Tür. Alles, was getan werden kann, ist getan worden, und man ist zuversichtlich, dass alles gut gehen wird. Die „sanfte, zarte Stimmung", die hier zu finden ist, umfasst alles, was zu „Lampenfieber" wird, wenn man darauf wartet, dass die Show beginnt.

Praseodym Pr

Chemische Daten: Ordnungszahl - 59, Atomgewicht 140,9
Ring: 6 - Kosmischer Geist
Planet: Merkur 1 / Zwillinge
(a) Bringt die halbflüssige Welt des Lebens in strömende Bewegung, passt sich den zufälligen Bedingungen auf der Erde an und verwandelt die starren Jupiterformen in Formen, die dem Möglichen angepasst sind.
Energetischer Arm: verinnerlicht ätherisch
Physischer Modus: Veränderlich, Rhythmisches System
Ähnliche Elemente: Ba

Die archetypische Reise: Schritt 2 (a) Zögernd, Sie trauen sich nicht, das zu tun, was Sie als Ihren eigenen Weg empfinden. Immer wieder schauen, von welcher Seite Probleme entstehen können.

Die Reise in die Manifestation: Schritt 6
Der innere Äther steigt auf, und damit kommt es zu einer Verringerung der „Denkkraft", aber zu einer Zunahme der „intuitiven Kraft". Ein sanftes Einfühlen in die Dinge, das Ressourcen in die Tat umsetzt, da ein Prototyp der realen Sache getestet wird. Es wird nach „naiven Fehlern" gesucht. Der Starttermin / die Geburt ist nicht mehr weit entfernt.

Das Ätherische kann anfangs ein Gefühl des Wohlbefindens und der Gesundheit oder ein gewisses Maß an Müdigkeit mit sich bringen. Der treibende Geist und die Astralität werden zurückgedrängt. Das ist gut. Schlafen Sie, wenn Sie es brauchen, Sie erholen sich.

Entzündungskrankheiten entstehen, wenn der Geist das Ätherische nicht mehr richtig lenkt. Dieses Mittel könnte ein wichtiges Mittel für viele der „Krankheiten unserer Zeit" sein.

Neodym Nd

Chemische Daten: Ordnungszahl - 60, Atomgewicht 144,2
Ring: 6 - Kosmischer Geist
Planet: Venus 1 / Taurus
(a) Öffnet die ätherischen Gestaltungskräfte in einen Becher oder Kelch und nährt, was Mars in den Raum einströmen lässt.
Energetischer Arm: verinnerlichtes Ätherisches / Äther-Welt
Physischer Modus: Fixiert / Nerven-Sinnes-System
Ähnliche Elemente: Au

Die archetypische Reise: Schritt 3 (a) Sie müssen beweisen, dass Sie es schaffen können, indem Sie Ihre Angst überwinden.
(b) Angst vor neuen Herausforderungen; das Gefühl, unterzugehen oder zu schwimmen, dass man durch die Umstände zum Handeln gezwungen wird, obwohl man sich unvollständig vorbereitet fühlt.

Die Reise in die Manifestation: Schritt 5

Das Element der Geselligkeit: Es hat eine Weichheit, die es von der ätherischen Aktivität erhält, aber eine Bewegung, die es dadurch gewinnt, dass es kardinal ist. Nach der Härte der Geist-Elemente und der Unentschlossenheit von Pm ist dies eine sehr angenehme Abfederung, die es einem erlaubt, sich in künstlerischen und sozialen Situationen zu entspannen.

Das Ziel ist geklärt, die Chancen sind abgewogen, und nun sucht man nach den Ressourcen und der Unterstützung von Freunden und Partnern, um das Projekt voranzubringen. Es gibt eine sanfte Öffnung der Seele, die es Ihnen erlaubt, „hinauszugehen" und offen für die Unterstützung zu sein, die Sie brauchen, und ihr mit Freundlichkeit zu begegnen.

Sonne 1 - Alles in Betracht gezogen

Promethium Pm

Chemische Daten: Ordnungszahl - 62, Atomgewicht 145,
Ring: 6 - Kosmischer Geist
Planet: Sonne 1

Energetischer Arm: Äther-Welt
Physischer Modus: Alle
Ähnliche Elemente: Pt, Cs

Die archetypische Reise: Schritt 4 Lernen, Training, Gewissheit haben wollen, dass es Ihnen gut geht.

Die Reise in die Manifestation: Schritt 4

Scholten war der Meinung, dass dieses Mittel keine nützlichen Anwendungen hat. Es hat die ungewöhnliche Eigenschaft, sich als Ergebnis einer Kernreaktion nur kurz physisch zu manifestieren. Als Element der Sonne 1 können wir eine synthetisierende Qualität wahrnehmen, die zu einer Bewertung dessen führt, was bisher geschehen ist. Als Teil des Entstehungsprozesses gibt es eine Unbewusstheit, die ein gewisses Vertrauen erfordert. Es gibt ein Gefühl der Zielstrebigkeit, aber mit einer Naivität und einem leichten Egoismus. Ich bin nicht in der Lage oder darf nicht vollständig begreifen, worum es wirklich geht.

Ich war gestärkt, wenn auch etwas aufgewühlt, weil ich mich mit den Dingen aus verschiedenen Richtungen auseinandersetzen musste. Es wird versucht, den roten Faden zu finden und alle Teile zu integrieren, aber nichts verdichtet sich vollständig. Ich fühle mich, als säße ich mitten im Geschehen und würde von allen Seiten sanft abgefedert. Ich muss mit etwas Vertrautem weitermachen.

Die Spirit Group - Den Fokus definieren

Samarium Sm

Chemische Daten: Ordnungszahl - 62, Atomgewicht 150,3
Ring: 6 - Kosmischer Geist
Planet: Mars 1
(a) Das so Geschaffene wird kraftvoll in die Welt des Raumes gestellt und wird nun im Wachstum sichtbar.
Energetischer Arm: Äther-Welt, verinnerlichter Geist
Physischer Modus: Kardinal, Stoffwechselsystem
Ähnliche Elemente: Ir

Die archetypische Reise: Schritt 5 (a) Den Druck der Aufgabe spüren, Ausdauer und Durchhaltevermögen für die bevorstehende große Aufgabe. Sich der bevorstehenden Aufgabe bewusst werden und mit Ausdauer auf ihre Manifestation hinarbeiten.

Die Reise in die Manifestation: Schritt 3
Eine ruhige Zentriertheit, die ohne die „Härte" von Gd funktioniert. Mit den Aufgaben, die erledigt werden müssen, vorankommen. Bereit sein, die notwendigen Stunden zu investieren. Der Geist in der Stoffwechselfunktion zeigt sich auch in einer leichten Verstopfung. Periodisch auftretende Hitzewallungen

Verwendet: Wenn Sie Schwierigkeiten haben, ein Projekt in Angriff zu nehmen. Hat sich bei Hitzewallungen in den Wechseljahren bewährt, wo der Stoffwechsel von einer gewissen Lenkung durch den Spirit profitiert, mit den impulsiven Ausbrüchen des Mars.

Europium Eu

Chemische Daten: Ordnungszahl - 63, Atomgewicht 151,9,
Ring: 6 - Cosmic Spirit
Planet: Jupiter 1
(a) Die Jupiterkräfte runden ab und umspielen in plastischer Schönheit diese strengen Spirit-Formen, indem sie sie nach erhabenen und großartigen Mustern gestalten.
(b) Diese Phase nimmt den anfänglichen Impuls von Saturn 1 auf und passt ihn an die Bedürfnisse der Zeit und der Umgebung an, in der er sich manifestieren soll.
Energetischer Arm: Innerer Geist
Physischer Modus: Veränderlich, Rhythmisches System
Ähnliche Elemente: Rn

Die archetypische Reise: Schritt 6 (a) Die Zuversicht, dass man etwas erreicht hat und fast am Ziel ist.
(b) Man muss seine Kräfte nicht mehr auf die Probe stellen; was einem an Fähigkeiten fehlt, wird durch schiere Ausdauer kompensiert. Das Gefühl, „durch die Wüste zu kriechen", um sein Ziel zu erreichen.

Die Manifestation der Reise: Schritt 2

Die wandelbaren Elemente aller Gruppen scheinen eine ruhige, zentrierte Klarheit zu haben, die darauf hindeutet, dass hier eine Synthese der Elemente auf beiden Seiten von ihnen stattfindet. Ich vermute, dass dies die nützlichsten Heilmittel jeder Gruppe sein werden.

Dieses Element bringt im Allgemeinen den Geist ein, um sich zuversichtlich auf das zu konzentrieren, was getan werden muss. Der innere Geist wird mit den Edelgasen assoziiert, und ihre in sich geschlossene Qualität macht dies zum Arm des Autismus-Spektrums. Die in sich geschlossene Qualität dieser drei Elemente sollte in diesem Zusammenhang gesehen werden. Sie sind nicht zurückgezogen, aber ich habe in diesen Tagen eine geringere Toleranz gegenüber Oberflächlichkeit und Weltlichkeit festgestellt.

Verwendungen: Dies ist ein sehr nützliches Mittel, das gut funktioniert, um übermäßig aktive Astralität zu dämpfen, die sich als emotionale und körperliche Unruhe, zittrige Bewegungen, gestelztes Sprechen und allgemeine psychologische Störungen äußert. Der Geist schiebt die Astralität sanft zurück an seinen Platz.

Gadolinium Gd

Chemische Daten: Ordnungszahl - 64, Atomgewicht 157,3
Ring: 6 - Kosmischer Geist
Planet: Saturn 1 - Wassermann
(a) Von den kosmischen Entfernungen aus wirkt der Geist nach innen und zieht sich zusammen, was dazu führt, dass er sich wie ein Siegel ins Physische einprägt, ein Prozess, der bis zur Kristallisation reicht.

(b) Hier tritt der „Stern"-Impuls und die Absicht zur Inkarnation in die astralische Sphäre ein. Das Ziel ist geklärt, aber die Einzelheiten des Handelns müssen noch ausgearbeitet werden.
Energetischer Arm: Weltengeist
Physischer Modus: Fixiert / Nerven-Sinnes-System
Ähnliche Elemente: Os

Die archetypische Reise: Schritt 7
Auf dem Gipfel, Erfolg, alles ist in Ordnung
Die Reise in die Manifestation: Schritt 1

Die starke geistige Dominanz dieses Elements bringt Klarheit und Zentriertheit, während der fixe Einfluss eine starke mentale und rationale Tendenz bewirkt, die ein Gefühl der Objektivität ermöglicht. Der Einfluss von Saturn 1 ist jedoch noch unklar, was die Einzelheiten der bevorstehenden Aufgabe betrifft. Dies ist eine klärende Phase, in der die Ziele definiert und strategische Pläne geschmiedet werden.

Verwendet: Wenn das Denken geklärt werden muss. Könnte gegen Kopfschmerzen nützlich sein.

Die Astralgruppe - Anpassung an die Reaktionen der Welt

Terbium Tb

Chemische Daten: Ordnungszahl - 65, Atomgewicht 158,9,
Ring: 6 - Kosmischer Geist
Planet: Saturn 2 - Steinbock

Energetischer Arm: Weltengeist
Ähnliche Elemente: Re
Physischer Modus: Kardinal / Stoffwechselsystem

Die archetypische Reise: Schritt 8 (a) Aufrechterhaltung des Erfolgs, aber Bewusstsein der Möglichkeit, ihn zu verlieren.
(b) Volles Vertrauen in die eigenen inneren Fähigkeiten und Talente (aber dennoch in ihrem vollen äußeren
Ausdruck behindert).
Die Reise in die Manifestation: Schritt 14
Die vollständige Person. Die Arbeit ist getan, der Erfolg ist erreicht, und es gibt nichts mehr zu tun.
Ein bisschen umherwandern, ohne etwas zu tun. Man fühlt sich reif, zentriert, steht aufrecht.
Und nun die Verantwortung, was mit dem Erreichten geschehen soll. Was nun?

Dysprosium Dy

Chemische Daten: Ordnungszahl - 66, Atomgewicht 162,5
Ring: 6 - Kosmischer Geist
Planet: Jupiter 2 (a) wurde als Chemiker beschrieben, der der Bewegung des Menschen in den Muskeln dient. Diese Chemie, die der Bewegung dient, ist ein zerstörerischer Prozess, der zum Aroma der Blumen führt. Zucker wird zu Glucosiden, Kohlenhydrate werden zu ätherischen Ölen und Proteine zu Alkaloiden.
(b) Ende 40: Optimismus in Bezug auf die eigenen Fähigkeiten, Leistungen und den Platz in der Welt.
Energetischer Arm: Verinnerlichter Astralbereich
Physischer Modus: Veränderlich, Rhythmisches System
Ähnliche Elemente: Po

Die archetypische Reise: Schritt 9
(a) Bedürfnis zu kämpfen, um seine Position zu halten, Übertreibung, Prahlerei und Aufblasen, Kampf für die Sache.
(b) Angst vor der nachlassenden Fähigkeit, die eigenen Gaben weiter zu manifestieren. Was man vorher in einer weltlichen Kapazität erreicht hat, erfordert viel mehr Anstrengung.
Die Reise in die Manifestation: Schritt 13
Anfänglich etwas wackelig und unkonzentriert – das Wandelbare. Dies wird zu einem zufriedenen Lebensgenuss.

Das Leben ist gut. Kreative Ideen, Freude am Sport und Klarheit der Gedanken sind vorhanden.
Zuversicht, die zu Wachstum motiviert und Erfolg erwartet.

Holmium Ho

Chemische Daten: Ordnungszahl - 67, Atomgewicht 164,9
Ring: 6 - Kosmischer Geist
Planet: Mars 2 / Skorpion
(a) Wurde als ein stauender Tonprozess beschrieben, der sich in der Ordnung der Substanz des Eiweißes manifestiert. Dies ist eine Ablagerung von Substanzen wie Stärke und Zucker, die für spätere Prozesse

aufbewahrt werden.
(b) Sich wie ein reifer Mars fühlen, durchsetzungsfähig, selbstbewusst, aber mit überlegten Handlungen.
Energetischer Arm: Astral-Welt, verinnerlichtes Astralisches
Ein guter intuitiver Sinn.
Physischer Modus: Fixiert / Nerven-Sinnes-System
Ähnliche Elemente: W

Die archetypische Reise: Schritt 10
(a) Kampf und Rückzug, obsolet, Rückzug in der Überzeugung, es besser zu wissen.

(b) Ein ausgeprägtes Gefühl des Kompromisses, mit wiederholten Bemühungen, zur früheren Leistungsfähigkeit zurückzukehren; auf eine vorübergehende Rückkehr folgt das Zurückgleiten in den Zustand des Kompromisses.

Die Reise in die Manifestation: Schritt 12
Die Dinge mit positivem Enthusiasmus angehen und erledigen. Sich um notwendige Details und Routineaufgaben kümmern, damit die Dinge funktionieren. Expandieren, mit der Bereitschaft, einige Risiken einzugehen, zum Nutzen langfristiger Ziele. Klarer Kopf, mit erhöhter ESP. Am Ende des Tages ist alles in Ordnung.

Sonne 2 - Die Reflexionen des Lebens akzeptieren

Erbium Er

Chemische Daten: Ordnungszahl - 68, Atomgewicht 167,2
Ring: 6 - Kosmischer Geist
Planet: Sonne 2

Energetischer Arm: Astral-Welt
Ähnliche Elemente: Ta, Bi
Physischer Modus: Alle

Die archetypische Reise: Schritt 11 (a) Machtlos, der Kampf ist vorbei, schwach, leer, gleichgültig, maskierte Resignation.

(b) Ein Gefühl der Leere, das Gefühl, nur noch zu funktionieren, die Hoffnungs-losigkeit, dass man jemals wieder in einen Zustand zurückkehren wird, in dem der Ausdruck der eigenen Gaben möglich sein könnte.

Die Reise in die Manifestation: Schritt 11

Wie sein Bruder Pm ist auch dieses Element schwer klar zu definieren. Es gibt ein Zentrum, in dem man sitzen kann, aber um dieses Zentrum herum gibt es Überlegungen darüber, was geschehen ist und wie es weitergehen kann. Dies kann man als die 42 Jahre alte Krise in der Mitte des Lebens betrachten, in der uns eine Sinnkrise dazu zwingt, uns zu fragen, warum wir das tun und ob wir weitermachen wollen.

Es gibt hier eine Reife, aber ich fühlte mich ungeduldig mit den weltlichen Angelegenheiten der Medien.

Die horizontale Ebene (Er und Pm) hat eine andere Qualität als die anderen Elemente. Sie sind nicht in irgendeine Richtung „aktiv", wie die anderen. Sie haben das Gefühl, mitten im Geschehen zu sein, rezeptiv, überlegend und anpassend. Die Materie nimmt auf horizontalen Ebenen Form an, und diese Elemente vermitteln die Erfahrung, wie dies geschieht.

Schauen, überlegen, hinterfragen und anpassen.

Die physische Gruppe - Manifestation der Form in der Welt

Thulium Tm

Chemische Daten: Ordnungszahl - 69, Atomgewicht 168,9

Ring: 6 - Kosmischer Geist

Planet: Venus 2 (a) Ausscheidung. Dieser Prozess erfasst alles, was als verhärtende Substanz durch eine Stauung von Lebensprozessen ins Dasein kommt, also alles, was aus dem Leben fällt, und scheidet es aus. Die Tätigkeit der Nieren oder die Zellulosebildung in Bäumen.

Energetischer Arm: Astral-Welt, ver-innerlichte Physis

Ähnliche Elemente: Hf

Physikalischer Modus: Kardinal, Stoffwechselsystem

Die archetypische Reise: Schritt 12 (a) Das dunkelste Mittel des schwarzen Lochs, Zerstörung, Tod, sein Ende.

(b) Sentimentalität in Bezug auf die eigene Vergangenheit; Festhalten an Erinnerungen an eine Zeit, in der die Umstände einen größeren Einfluss ermöglicht hätten.

Die Reise in die Manifestation: Schritt 10

Eine ruhige Sachlichkeit sorgt dafür, dass Sie mit den Realitäten der Arbeit/Aufgabe zurechtkommen.

Sie fühlen sich sicher im Hinblick auf den Prozess/das Produkt und suchen nach Wegen und Assoziationen, die Sie nutzen können. Diese Venus ist viel „härter" als Venus 1. Die Welt hat etwas Realität und „Kampfhärte" gekauft. Der Venus-2-Prozess der Ausscheidung deutet darauf hin, dass ein Stadium der Nachhaltigkeit erreicht ist, sobald man die Verantwortung für die Beseitigung der Schlacke übernehmen kann, um den Verfall aufzuhalten.

Ytterbium Yb

Chemische Daten: Ordnungszahl - 70, Atomgewicht 173,0
Ring: 6 - Kosmischer Geist
Planet: Merkur 2 / Jungfrau (a) Entfaltung seiner Gestaltungskräfte durch fließende Bewegung. So wird Raum geschaffen, der tot ist und aus dem Leben fällt. So können Formen geschaffen werden, die als Stützorgane dienen. z. B. Holzbildung aus dem lebendigen Kambium.
Energetischer Arm: verinnerlichtes Physis
Physischer Modus: Veränderlich, Rhythmisches System
Ähnliche Elemente: Pb

Die archetypische Reise: Schritt 13 (a) Verfall, vorbei, Lumpen, Philosophie, Erfinder
(b) Der Traum vom möglichen Einfluss existiert nur in der Theorie: „Wenn die Dinge anders gelaufen wären, hätten diese Gaben die Welt verändern können."
Die Reise in die Manifestation: Schritt 9
Die Eigenschaften der Jungfrau, die Details zu durchforsten, um herauszufinden, was zuerst erledigt werden muss. Der Wunsch, Besorgungen zu machen und zu tun, was getan werden muss, um die Dinge voranzutreiben. Eine ruhige Sachlichkeit, mit dem Gefühl, an Dynamik zu gewinnen.

Lutetium Lu

Chemische Daten: Ordnungszahl - 71, Atomgewicht 175,0
Ring: 6 - Kosmischer Geist
Planet: Mond 2 / Löwe (a) Die Abfolge der Generationen setzt sich durch die Zeit fort. In einem Prozess der Reflexion wird die Vergangenheit zu einem Bild im Bewusstsein. Es kommt zu einer Verdichtung der Lebenskräfte, so dass in der wachsenden Pflanze eine rhythmische Teilung von Zellen, Blättern und Blüten stattfindet.
Energetischer Arm: Physische Welt
Physischer Modus: Fixiert / Nerven-Sinnes-System
Ähnliche Elemente: La

Die archetypische Reise: Schritt 14 (a) Spiel, Humor, beendet, vorbei, aufgegeben, Exil.
(b) Alle Hoffnung auf möglichen Einfluss ist erloschen, aber dennoch bleibt ein „letzter Widerstand", die gegenwärtige Realität zu akzeptieren.
Die Reise in die Manifestation: Schritt 8
Im Einklang mit dem Mondthema ist dies ein sehr sanftes Mittel. Das eigentliche Spiel hat begonnen, aber immer noch in kleinen Schritten. Es sind die

ersten Wochen im Leben eines Babys, das sich wie eine kleine Made fühlt, die sich mit ihrem neu befreiten Körper arrangiert. Es beobachtet das eigentliche Spielfeld, und es werden Listen erstellt, was zu tun ist, aber es ist wenig bereit, die ersten Schritte zu tun. Es gibt keine Eile. Das Denken war klar, aber konzentriert auf das, was direkt vor einem liegt.

Kein Gefühl der Niederlage oder des Verlustes, nur ein vorsichtiges Vorwärtsgehen

Vielen Dank an Martin Grafton für die Bereitstellung seiner Valenz- und Scholtenforschung zu diesen Elementen.

Andere Beiträge:

Planet: Mond 2 / Löwe
(a) Dr. Lievegoed
(b) Atkinson

Die archetypische Reise:
(a) Rochelle Marsden-Homeopathy World Community
(b) David A Johnson (Hpathy.com)

Die Reise in die Manifestation: Atkinson

Planeten, Tierkreis und die chemischen Elemente

Der gesamte Text enthält Hinweise und Diagramme, welche die doppelten planetarischen Herrscher der Elemente beschreiben. In diesem Zusammenhang stellt sich die Frage, welche Beziehungen zwischen den Tierkreiszeichen und dem Periodensystem hergestellt werden können. Da das Periodensystem nun ein Kreis ist, liegt die Vermutung nahe, dass es einen entsprechenden Bezug für den Tierkreis gibt.

Meine Herangehensweise an diese Frage geht auf eine ähnliche Frage zurück, die man sich bei Dr. Lievegoods Arbeit über die Beziehung zwischen Pflanzenprozessen und planetarischen Einflüssen stellen musste. Während er ein wunderbares Bild dieser Beziehung zeichnete, erwähnte er den Tierkreis nicht. Er gab Bilder von der zweiseitigen Planetenaktivität und es gab ähnliche Bilder von den biodynamischen Präparaten, die sich auf diese Prozesse beziehen, aber er gab keinen Hinweis darauf, wie wir die Präparate spezialisieren sollten, um einen Vorteil aus jeder dieser individuellen Aktivitäten zu ziehen. Es schien, dass, wenn die Tierkreisbeziehungen etabliert werden könnten, die Verfeinerung der Herstellung und Anwendung der Präparate während der Perioden, in denen diese Konstellationen aktiviert waren, durchgeführt werden könnte. Insbesondere dann, wenn sich der herrschende Planet in seinem herrschenden Sternbild befand oder wenn die Sonne oder der Mond durch diese Konstellationen hindurchgingen.

Lievegoods Buch ist eine anspruchsvolle Lektüre, was vor allem daran liegt, dass es sich um den Text eines von ihm gehaltenen Vortrags handelt und daher einen recht geringen Umfang hat, aber auch daran, dass er sich gewisse Freiheiten gegenüber dem Grundwissen des Lesers nimmt. Daher erscheinen einige der Bilder und Konzepte zunächst etwas fremd. Ich habe es wahrscheinlich 20 Mal gelesen, bevor ich wirklich das Gefühl hatte, eine Ahnung von dem zu haben, was er sagte. Irgendwann in den frühen 2000er Jahren überarbeitete Dave Robison aus Oregon den Originaltext in eine annehmbarere Form des Englischen, was für das grundlegende Verständnis dieser Ideen enorm hilfreich ist. Als ich mich also auf die Suche nach den

Tierkreisreferenzen machte, verwendete ich seinen Text als Grundlage.

Es gibt ein weiteres Buch innerhalb des biodynamischen Lexikons mit dem Titel „Nature of Substance" von Dr. Hauschka. Hier skizziert er ein Bild der Chemie, das auf den 12 „dominanten" Elementen basiert, die in den drei großen Sphären unserer Umwelt zu finden sind. In der Atmosphäre finden wir Wasserstoff, Stickstoff, Sauerstoff und Kohlenstoff. In den Ozeanen finden wir Natrium, Magnesium, Chlor und Schwefel, während wir in der Erde/Geosphäre Kalzium, Silizium, Aluminium und Phosphor finden. Er gibt wunderbare Bilder davon, wie diese in ihren Sphären zusammenwirken, um verschiedene Aktivitäten zu verankern, die er jeweils mit einer Konstellation in Verbindung bringt.

Leider verwendet er die jahreszeitlichen Bezüge der nördlichen Hemisphäre, um sein Argument zu untermauern. Da ich auf der Südhalbkugel lebe, sind diese Bezüge natürlich nicht mit meiner Erfahrung dieser Konstellationen vereinbar, und anfangs hatte ich eine „Reaktion" auf seine In-Bezugsetzung. Als RS-Chemiker verwendet er jedoch für die meisten seiner Bilder dasselbe Bezugssystem wie Lievegoed, so dass es möglich ist, sie gegeneinander auszutauschen, um zu sehen, wo Ähnlichkeiten festgestellt werden können. Hinzu kommt, dass ich selbst 45 Jahre Erfahrung mit dem Tierkreis habe, die ich in die Betrachtung einbringen kann. Was die Sache noch einfacher macht, ist die Tatsache, dass die Wahl, welcher Tierkreis zu welchem Planeten passt, eigentlich nur eine Wahl zwischen zwei Möglichkeiten war. Wenn also etwas wirklich zu einer Referenz passte, dann bedeutete das, dass auch die andere Beziehung so sein musste, ob es nun zu passen schien oder nicht. Alles in allem hat es zwar einige Zeit gedauert, aber es war eine durchführbare Aufgabe. Schließlich veröffentlichte ich meine Vorschläge als Teil der „Energetic Activities" (S. 283, 16), da ich sie als eine natürliche Ergänzung zu den Vorschlägen von RS für die Planeten im Landwirtschaftskurs empfand. RS deutete die Beziehungen der Planeten zu den dualen kosmischen und irdischen Prozessen an, sagte aber nicht viel mehr. Lievegoods Bemühungen waren also eine enorme Bereicherung, und ich hoffe, dass meine

Bemühungen dieser Studie ebenfalls etwas geholfen haben. Wenn Sie daran interessiert sind, dieses Thema weiter zu verfolgen, hat Enzo Nastati dieses erweitert, indem er Bilder zur Verfügung gestellt hat, wie diese planetarischen Aktivitäten wirken, wenn sie mit den 4 energetischen Aktivitäten interagieren (S. 283, 15).

Als Referenz zu Hauschka und Lievegoed kann ich das folgende Diagramm zur Verfügung stellen, während das gesamte Periodensystem auf der nächsten Seite zu sehen ist.

Es mag auffallen, dass Hauschka und das gyroskopische Periodensystem die Planeten und den Tierkreis in entgegengesetzter Beziehung zu den Anionen und Kationen setzen. Es handelt sich um zwei verschiedene Systeme. Hauschka verwendet nur 12 Elemente, während das Periodensystem 120 hat. Jedes System hat seine Wahrheit in seinem Kontext. Hauschkas Kombinationen von Elementen zeigen sich sehr deutlich in der „Alchemistischen Chemie" (S. 186).

Dies ist eine Gedankenform. Informationen werden gesammelt, sie werden organisiert, kombiniert und projiziert. Dann kann man sie erforschen und damit experimentieren.

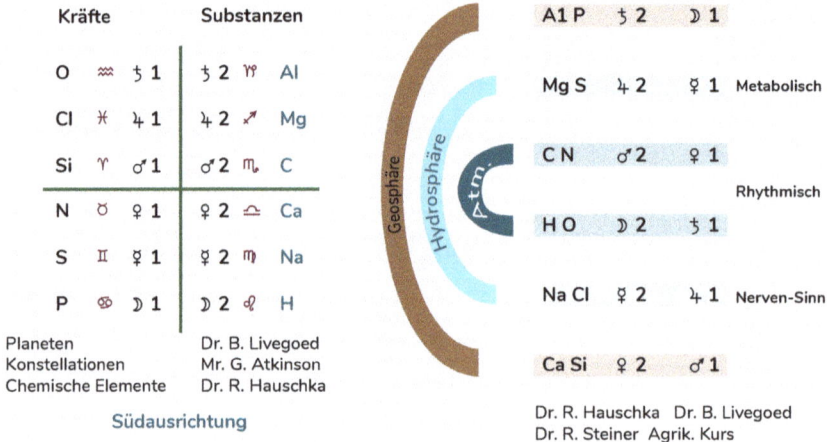

Kräfte			Substanzen		
O	♒	♄ 1	♄ 2 ♑	Al	
Cl	♓	♃ 1	♃ 2 ♐	Mg	
Si	♈	♂ 1	♂ 2 ♏	C	
N	♉	♀ 1	♀ 2 ♎	Ca	
S	♊	☿ 1	☿ 2 ♍	Na	
P	♋	☽ 1	☽ 2 ♌	H	

Planeten	Dr. B. Livegoed
Konstellationen	Mr. G. Atkinson
Chemische Elemente	Dr. R. Hauschka

Südausrichtung

A1 P	♄ 2	☽ 1	
Mg S	♃ 2	♀ 1	Metabolisch
C N	♂ 2	♀ 1	
			Rhythmisch
H O	☽ 2	♄ 1	
Na Cl	♀ 2	♃ 1	Nerven-Sinn
Ca Si	♀ 2	♂ 1	

Geosphäre   Hydrosphäre   Atm.

Dr. R. Hauschka   Dr. B. Livegoed
Dr. R. Steiner   Agrik. Kurs

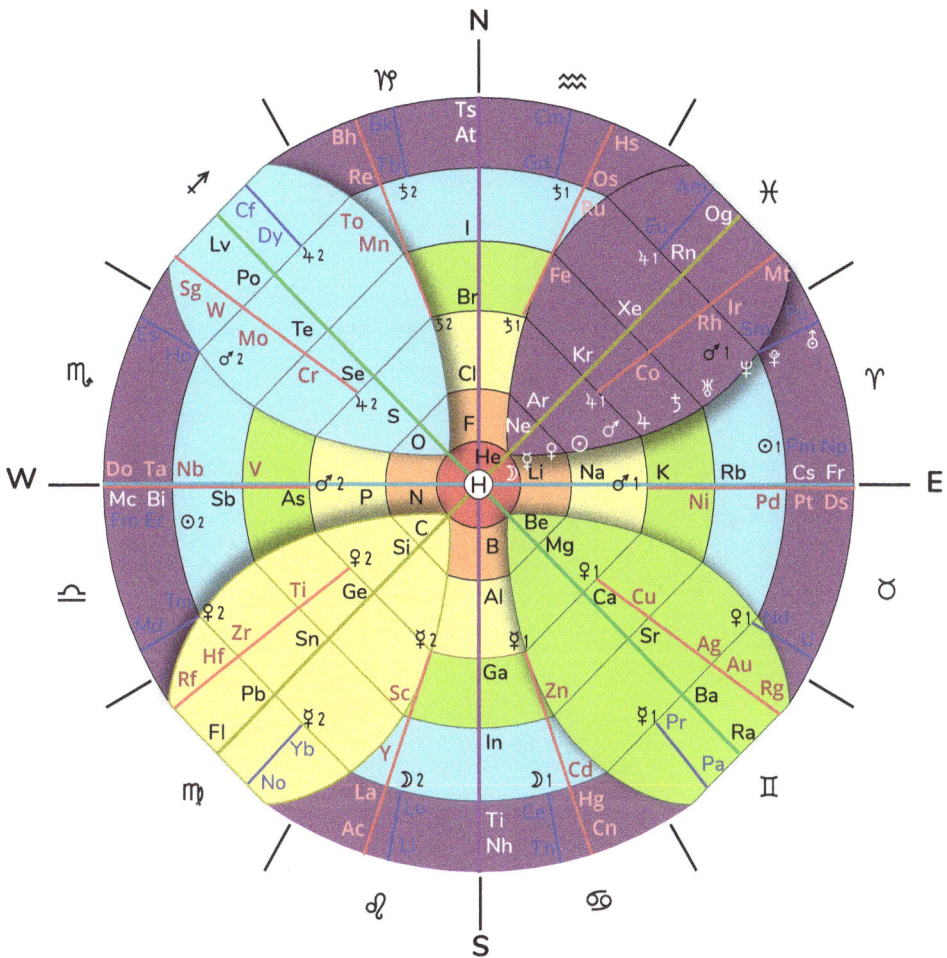

Glenologische Chemie,
Planeten und Zeichen

Ausrichtung zum magnetischen Nordpol

Das 3D gyroskopisches Periodensystem

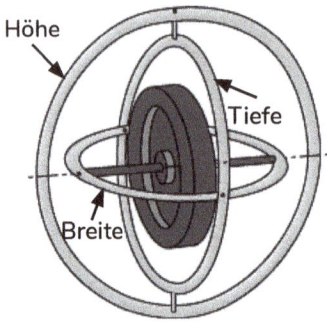

Höhe
Tiefe
Breite

Bisher habe ich alle Diagramme als zweidimensionale Bilder dargestellt, obwohl sie in Wirklichkeit dreidimensional gesehen werden müssen, da die chemischen Elemente dreidimensionale, kugelförmige Wesen sind und mit den großen 3D-Strukturen der Schöpfung wie der Galaxie, dem Sonnensystem usw. harmonieren.

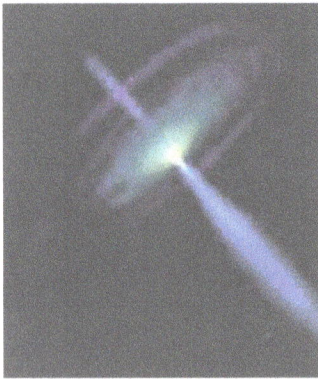

In „Der Überblick" habe ich die beiden wichtigsten Referenzstrukturen der Biodynamik vorgestellt. Diese sind das Kreiseldiagramm der „kosmischen" Sphären der Galaxie, des Sonnensystems, der Atmosphäre usw. und das Kreiseldiagramm des „sich bewegenden Wirbels", der zeigt, wie sich die Energiekörper Geist-, Astral-, Äther- und physische Körper – in lebenden Organismen organisieren. Jedes dieser Bilder muss also in 3D-Bilder umgewandelt werden.

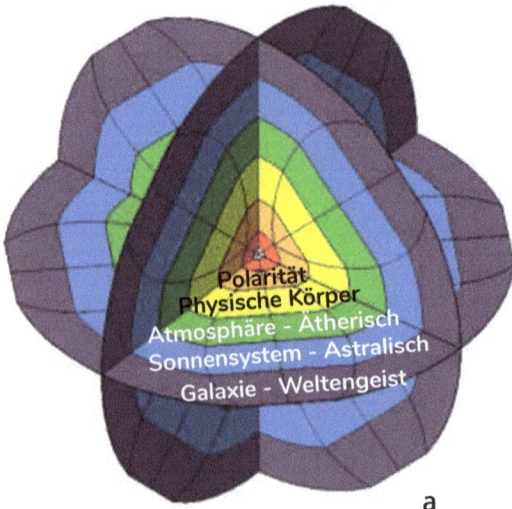

Polarität
Physische Körper
Atmosphäre - Ätherisch
Sonnensystem - Astralisch
Galaxie - Weltengeist

a

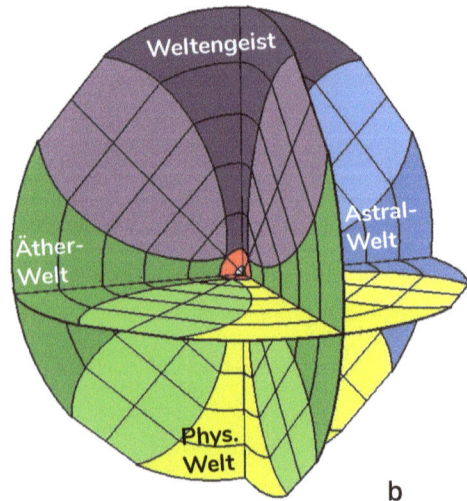

Weltengeist
Äther-Welt
Astral-Welt
Phys. Welt

b

Klassischerweise kann das Gyroskop als ein System mit drei Haupt-achsen beschrieben werden. Höhe, Breite und Tiefe. Zwei davon, Höhe und Tiefe, befinden sich auf der vertikalen Achse und stehen in einem Winkel von 90 Grad zueinander, während die Breite auf der horizontalen Achse liegt.

Innerhalb des biodynamischen Modells identifizieren wir die vertika-le(n) Ebene(n) mit den Prozessen der Kieselsäure und des Geistes / der Kraft, während wir die horizontale Ebene mit den Prozessen des Kalziums und der Erde / der Substanz assoziieren.

In der Astronomie bezeichnen wir die horizontale Ebene in Galaxien und Sonnensystemen als die Ebene des Materieaufbaus. Dies ist die flache Ebene, auf der sich die Sterne und Planeten in ihren jeweili-gen Strukturen befinden. Die vertikale Achse ist in der Astronomie oft unsichtbar, aber es ist die Ebene, in der die vertikalen Wirbel Kräfte und Materie in das Zentrum des „Organismus" ziehen, bevor sie ent-lang der horizontalen Ebene herausgeschleudert werden.

Die dritte Achse, die zweite vertikale Achse, ist in Galaxien oder Sonnensystemen normalerweise nicht zu sehen, aber neuere Foto-grafien von „gyroskopischen Galaxien" und Diagramme des Oort-Feldes zeigen die übliche flache Ebene einer Spiralgalaxie mit einem senkrechten Ring um sie herum.

Dies ist eine sehr interessante Form, die von besonderem Inter-esse sein wird, wenn wir die 3D-Organisation des Periodensystems beobachten werden. Für den Moment reicht es jedoch aus, dies als zweite vertikale Achse zu betrachten.

Wenn wir die „kosmischen" Ringkugeln unserer Umgebung als 3D-Bild zeichnen, erhalten wir das Bild (a). Natürlich sollten die Kugeln in die-sem Diagramm kreisförmig sein. Ich habe die geraden Linien in die-sen Diagrammen belassen, um die Kontinuität mit den früheren Dia-grammen zu gewährleisten.

Der gleiche Prozess kann auch für den Wirbelkreisel (b) durchgeführt werden, wo sich die Energiekörper selbst organisieren, sobald

Bewegung ins Spiel kommt. Diese zweite Organisation haben wir im Bild unten.

Diese 3D-Organisation des Wirbelkreisels hat zu einer interessanten Erkenntnis geführt, die bei der Betrachtung der 2D-Diagramme nicht sofort ersichtlich ist. In dem 2D-Diagramm, das ich auf Seite 53 vorgestellt habe, sind die primären vertikalen Achsen des Kreisels dort, wo die Physische Welt und der Weltgeist platziert wurden. Die Ätherische Welt und die Astralische Welt sind die entgegengesetzten Pole der horizontalen Ebene. Dies entspricht den Angaben von Dr. Steiner in „Die anthroposophische Betrachtungsweise der Medizin" (1922). Bei meinen Anwendungen dieses 2D-Diagramms, insbesondere bei der Anwendung auf das Periodensystem, wurde deutlich, dass bei Betrachtung des Diagramms aus einer auf die Nordhalbkugel der Sonne ausgerichteten Perspektive das Weltätherische auf der linken Seite des Diagramms und das Weltastrale auf der rechten Seite des Diagramms liegen würde. Damit stehen diese Diagramme im Einklang mit der vorherrschenden und verbreiteten Art der Orientierung von Geburtshoroskopen sowie mit der Orientierung vieler anderer Achteck-Kulturen. Siehe Seite 173 zur Diskussion über die Ausrichtung nach dem magnetischen Norden, anstatt nach Süden zur Sonne.

Beim Übergang zur 3D-Ebene bin ich davon ausgegangen, dass jede dieser drei Ebenen das grundlegende vierfache Organisationsmuster zur Grundlage hat. Wenn wir also diese einzelnen Ebenen in drei Dimensionen bringen, sehen wir, dass die vier primären Wirbel als vollständige Wirbel ihres jeweiligen Körpers beibehalten werden, d.h. ein geistiger Wirbel, ein astraler Wirbel, ein ätherischer Wirbel und ein physischer Wirbel, wie im 2D-Diagramm vorgeschlagen. Etwas anderes erscheint jedoch, **wenn die zweite vertikale Achse die horizontale Achse kreuzt**. Hier haben wir einen Bereich, in dem die physische Zone der horizontalen Achse (gelb) die ätherische Zone (grün) der vertikalen Achse am Nadir-Punkt kreuzt. Auf der anderen Seite des 3D-Diagramms überschneidet sich die astralische Zone der vertikalen Achse mit der geistigen Zone der horizontalen Achse im Zenit. Diese Anordnung spiegelt einen wichtigen Bezugspunkt im Leben wider.

Diese Körper arbeiten in Partnerschaften zusammen, äußerlich in der Natur, als Wasser- und Erdprozesse, die sich von der Erde nach oben bewegen und auf das Licht und die Wärme der Atmosphäre treffen. In ähnlicher Weise finden wir diese Polarität beim Menschen, wobei der Geist und das Astralische aus der Region der Nerven-Sinne kommen, während das Physische und Ätherische aus dem Stoffwechselsystem kommt.

An dem Punkt, an dem diese vier Elemente an der Meeresoberfläche zusammentreffen, sind die Blaualgen „entstanden" und haben die Evolution ausgelöst. In ähnlicher Weise funktionieren die Körper, die diese Elemente in sich tragen, in den verschiedenen Reichen der Natur und geben uns all die Erscheinungsformen, die wir sehen.

Eine eingehendere Untersuchung von RSs Verwendung des 3D-Gyroskops wird in Anhang 2 auf Seite 256 vorgestellt. Interessanterweise orientiert er sich in seiner Geschichte über Lebensmanifestationen eher am Zenit als am magnetischen Norden.

Das 3D-Periodensystem

Im Prozess der „Beobachtung" des Periodensystems gibt es drei Gruppen von Elementen, die jeweils mit einer anderen Frequenz schwingen. Dies deutet darauf hin, dass sie jeweils einen anderen harmonischen Bereich des Raumes bewohnen. Diese drei Dimensionen sind die acht Hauptelemente, die auf der vierten Harmonischen arbeiten, die 10 Spurenelemente, die auf der fünften Harmonischen arbeiten, und die 14 Actinoiden und Lanthanoiden, die auf der siebten Harmonischen arbeiten. Jedes dieser Elemente hat einige spezifische Eigenschaften. In meinen früheren Diagrammen habe ich sie übereinander gelegt, um ihre Wechselbeziehungen zu verdeutlichen, sie sollten jedoch als individuelle Aktivitäten innerhalb eines größeren Ganzen betrachtet werden.

Die Elemente der 4. harmonischen Haupttonart bilden die Grundlage der Manifestation. Sie sind die Basiselemente, die die Strukturen vieler Formen und Aktivitäten bilden. Sie sind auf jedem Ring des Periodensystems zu finden. Im Allgemeinen sind die Elemente in den inneren Ringen diejenigen, die das Leben am aktivsten unterstützen, während die Elemente immer giftiger werden, je weiter man in die Sphären vordringt. Nur sehr wenige der wichtigsten Elemente, die das Leben unterstützen, befinden sich jenseits der vierten oder ätherischen (grünen) Sphäre des Periodensystems.

Die Hauptelemente beginnen mit Wasserstoff, der sich im Zentrum des Periodensystems befindet. Diese zentrale Position, wenn sie in der Galaxie, im Sonnensystem oder im Menschen gefunden wird, ist die Position des verinnerlichten Geistes. Es ist der zentrale Kern der „Individualität", auf welcher Ebene auch immer. Dies ist das Zentrum oder

der Geist, um den sich alles in dieser Dimension organisiert. In der 3D-Form würden diese Hauptelemente – die Strukturelemente der vierten harmonischen Tonfolge – auf der vierfachen primären vertikalen Ebene des Gyroskops platziert.

Die Spurenelemente, die Elemente der 5. harmonischen Tonfolge, sind diejenigen, die als Katalysatoren in biologischen Prozessen aktiv werden und es ermöglichen, dass Lebensprozesse entstehen und aufrechterhalten werden. Sie tauchen im Periodensystem erst in der vierten, ätherischen Lebenskörper-Sphäre auf. Lebensformen können erst entstehen, wenn der Ätherkörper in der Schöpfung aktiv wird. Es ist dieses Lebenselement in allen Dingen, seine Inkarnation und sein Austritt (zusammen mit dem Geist), das das Schlüsselelement für den Unterschied zwischen Leben und Tod ist. In den organisierten Kreiselsphären unserer Umwelt erscheint die Materie immer in der horizontalen Ebene. So ist das Leben innerhalb des Kreisels auf der horizontalen Ebene zu finden, und daher sind die Übergangselemente am besten auf der horizontalen Ebene zu platzieren.

Die Actinoiden und Lanthanoiden sind Seltene Erden und radioaktive Elemente und befinden sich auf den äußersten Ringen des Periodensystems. Dieser äußere Ring, der die Galaxie darstellt, ist die Sphäre des kosmischen Geistes. Wenn das Zentrum dieser Diagramme die Einheit und die Platzierung des individualisierten Geistes darstellt, ist dieser äußere Ring der kosmische Geist.

Innerhalb der biodynamischen Referenz des Pflanzenwachstums werden uns zwei Silica-Prozesse präsentiert. Einer kommt von der Erde, durch das Innere der Pflanze, die sich nach oben bewegt, genannt der Prozess der kosmischen Kieselsäure / kosmischen Kräfte, und ein anderer kommt von der Umgebung in Form von Licht und Wärme, genannt die terrestrische Kieselsäure / kosmische Materie. Dieser äußere Licht- und Wärmeprozess beeinflusst stark die Schalenbildung der Frucht, während der innere Kieselsäureprozess in der Bildung des Samens innerhalb der Frucht zu finden ist. Dieser äußere galaktische Ring des Kreisels ist die „Haut", der grenzsetzende Einfluss der kosmischen Geistsphäre.

Da diese äußere Sphäre eine spirituelle Sphäre ist, würden wir erwarten, dass diese Elemente der 7. harmonischen Tonfolge auf einer vertikalen Achse liegen.

Der nächste Schritt besteht darin, diese drei Ebenen miteinander zu verbinden.

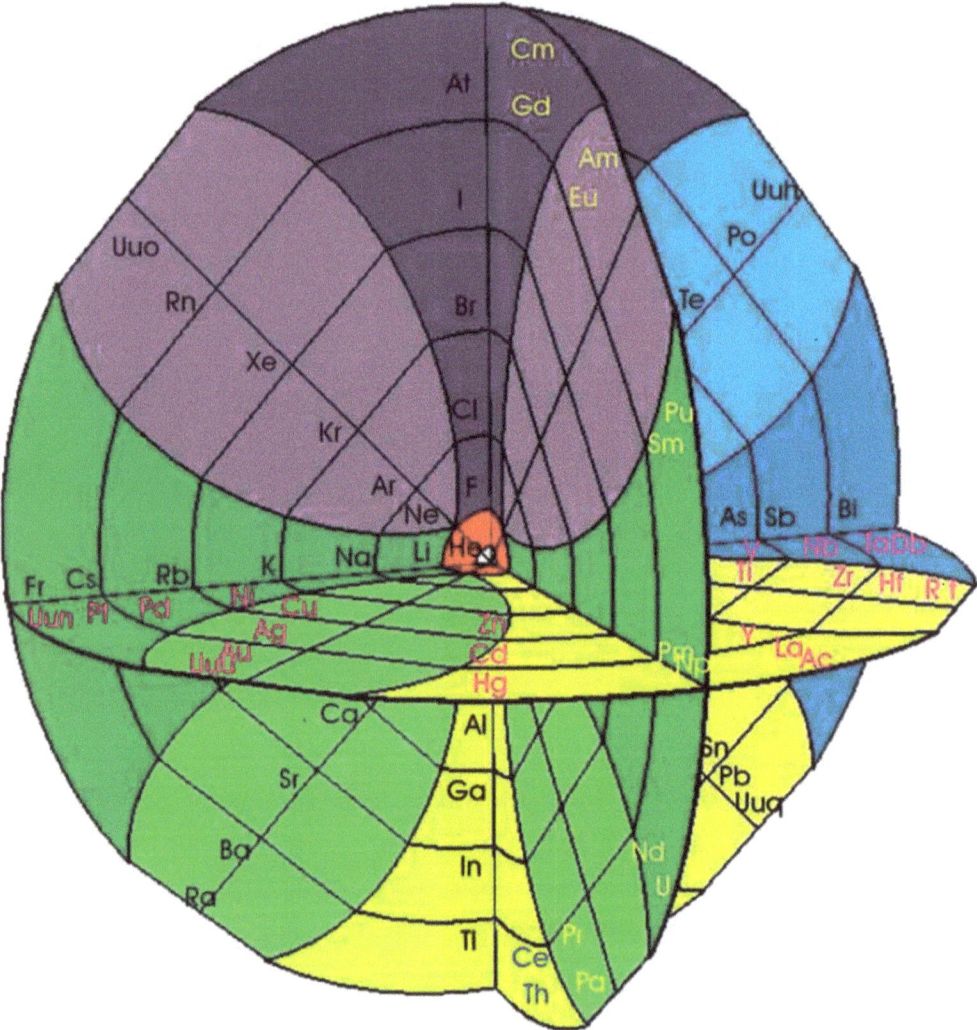

3D Periodensystem
Arme   Stufe 2

Zwei Ausrichtungen

Auf Seite 36 haben wir festgestellt, dass es zwei Ausrichtungen des Gyroskops gibt. Die Achse, die auf dem **magnetischen Norden basiert, und die Achse, die auf dem Zenit basiert**. Während dieser Unterschied für die Bewohner der südlichen Hemisphäre nicht von besonderer Bedeutung zu sein scheint, da beide Achsen im Grunde in die gleiche Richtung weisen und wir uns von Natur aus nach „Norden" orientieren, ist es für die Menschen auf der nördlichen Hemisphäre etwas ganz anderes. Sie orientieren sich von Natur aus an der Sonne und damit an der Zenitachse, was bedeutet, dass „alles" nach Süden ausgerichtet ist. Wenn man also etwas nicht nach dem magnetischen Norden ausrichtet, muss man es in die entgegengesetzte Richtung drehen.

Mein Weltbild hat sich aus meinen Studien der Astrologie entwickelt, die wiederum aus der langen kulturellen Tradition der Orientierung an der Sonne und ihrer Bewegungsbahn vor dem Tierkreis aus der Perspektive der nördlichen Hemisphäre entstanden ist. Zu Recht, könnte man sagen, aber mit dieser Akzeptanz geht auch eine besondere Ausrichtung auf die Welt einher, die ihre eigenen Schwierigkeiten mit sich bringt.

Als ich begann, kreisförmige Bilder aus meinen „biodynamischen" Wirbeldiagrammen zu entwickeln (was nur ein kleiner Teil des sphärischen Kreisels ist), fühlte ich mich natürlich zu dem Bezugsrahmen hingezogen, der im astrologischen Geburtshoroskop dargestellt ist. Es gibt mehrere Jahrtausende an Referenzmaterial, das rund um die Astrologie entwickelt wurde, so dass es eine Fülle von Informationen gibt, auf die man zurückgreifen kann, um die innere Natur des Kreises und, bis zu einem gewissen Grad, auch die des Kreisels zu finden.

Das heute gebräuchliche Geburtshoroskop ist jedoch ein sehr spezifisches Ding. Ich habe über seine Eigenheiten auf http://old.garudabd.org/books/4_6.html und in „BD questions Astrological Answers" geschrieben. Dort habe ich betont, wie sehr es sich von der astronomischen Realität entfernt. Das spezifische Problem, das uns hier beschäftigt, ist, dass das „Geburtshoroskop" eine Karte ist, die zeigt, **wo die Planeten zum Zeitpunkt der Geburt stehen, und zwar in Bezug auf den Hintergrund des Tierkreises, von der Erde aus gesehen**.

Bei der Betrachtung des Geburtshoroskops nach Hinweisen auf die Aktivität der verschiedenen „Häuser" ist es nützlich, darauf zu achten, wo sich der östliche Horizont bei der Geburt befindet. Dieser wird anhand der Geburtszeit an einem bestimmten Ort bestimmt. So können wir die „Häuser" abgrenzen. Diese Bereiche beginnen am Osthorizont und werden gegen den Uhrzeigersinn abgegrenzt. Da sie auf dem erdbezogenen Osthorizont basieren, zeigen die Häuser die verschiedenen physischen Bereiche unseres Lebens an, auf die eine bestimmte Planetenenergie einwirken wird, z. B. persönliche Finanzen, Haus, Arbeit, gesellschaftliche Interaktion usw.

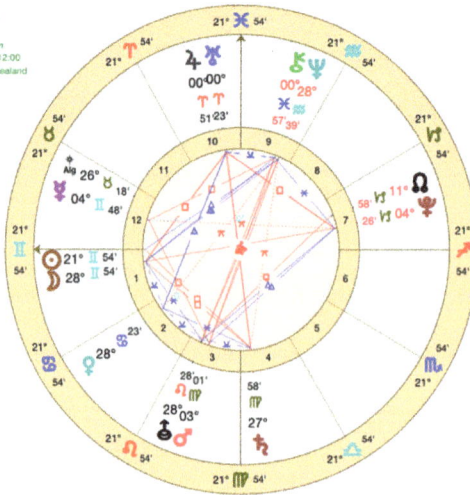

Indem wir den Weg der Planeten und der Sonne entlang der Ekliptik markieren, beobachten wir den Weg der Planeten durch die Nacht, der „unten" im Horoskop liegt, und den Weg, den sie durch den Tag zurücklegen, der „oben" im Horoskop liegt. Wo die Sonne während des Tages den höchsten Punkt am Himmel erreicht, nennen wir diesen Punkt den Zenit. Da dies der „höchste" Punkt der Sonnenreise ist, assoziieren wir dies mit dem Bereich, in dem wir am meisten auf die Welt einwirken. Symbolisch bedeutet dies, dass die Sonne, die den makrokosmischen Vertreter unseres verinnerlichten Geistes darstellt, ihren höchsten Ausdruck erreicht. Dies ist also der Ort, an dem die Richtung, das Ziel und der Einfluss des

Einzelnen liegen, was oft die Karriere ist. Es kann sich auch als die Karriere des Ehepartners zeigen.

Da wir den östlichen Horizont abgesteckt haben, haben wir auch den westlichen Horizont abgesteckt. Daraus ergibt sich die Vorstellung, dass der Zenit der Sonne ein „nördlicher" Punkt ist, während der Punkt der Nacht ein „südlicher" Punkt ist. Diese Assoziation ist besonders leicht herzustellen, wenn man auf der Südhalbkugel lebt, da wir immer nach Norden schauen, wenn wir auf die Ekliptik schauen.

Allerdings ist das Ganze etwas komplizierter. Die Astrologie hat sich in ihrer 5.000-jährigen Geschichte in der nördlichen Hemisphäre entwickelt. In der nördlichen Hemisphäre kreuzt die Ekliptik, also die Bahn der Sonne, den südlichen Teil des Himmels. Um ein Geburtshoroskop zu lesen oder mit einer am Tierkreis orientierten Perspektive zu arbeiten, die in der allgemein akzeptierten Ausrichtung der Nordhalbkugel erstellt wurde, müssen wir also zunächst nach Süden schauen. Dann haben wir den östlichen Horizont (Aszendent) zu unserer Linken und den westlichen Horizont (Deszendent) auf der rechten Seite. Dieser „nördliche" Punkt zeigt also eigentlich in den Süden.

Um dieses Horoskop richtig lesen zu können, muss man also zuerst zum Südpol schauen.

Geburtshoroskope sind zweidimensionale Diagramme, die auf Papier gezeichnet sind. Deshalb erleben wir die dreidimensionale Realität des gyroskopischen Sonnensystems nicht vollständig. Wir sehen weder die unterschiedlichen Entfernungen der Planeten von der Sonne noch die unterschiedlichen Neigungen der einzelnen Planeten gegenüber der Ekliptik. Wir müssen uns also nicht wirklich mit der Realität des Geburtshoroskops auseinandersetzen. Tatsächlich nehmen wir sehr viel als selbstverständlich hin, wenn wir das westliche Geburtshoroskop als den „normalen" Bezugspunkt akzeptieren. Ich sage nicht, dass es falsch ist, sondern nur, dass es ein sehr spezifisches Dokument ist, das uns sehr spezifische Informationen liefert.

Wie verhält sich nun das Geburtshoroskop zum Gyroskop?

Innerhalb eines Gyroskops gibt es drei Ebenen: den Höhenkreis, den Tiefenkreis und den Breitenkreis. Wir haben also zwei vertikale Ebenen und eine horizontale Ebene. Die vertikalen Ebenen sind auf den magnetischen Nordpunkt ausgerichtet, den wir Norden nennen. Daher haben wir Süden gegenüber. Wenn wir die Drehbewegung des Kreisels für einen Moment anhalten, können wir auch einen Ost- und einen Westpunkt im neunzigsten Grad zur vertikalen Achse erkennen. Die dritte Ebene liegt quer zur horizontalen Ebene. Diese horizontale Ebene kann zwar einen Ost- und einen Westpunkt haben, aber sie kann nie nach Norden oder Süden zeigen, da sie immer im 90-Grad-Winkel zu der Achse liegt, die den Norden definiert.

Diese Realität wird bedeutsam, wenn wir erkennen, dass unsere Planeten alle Manifestationen der horizontalen Ebene der gyroskopischen Natur der Sonne sind. Die Kreiselphysik besagt, dass der Kreisel der „Sonne" bei seiner Drehung Materie und Kräfte an den Nord- und Südpolen ansaugt und dann entlang des Äquators ausstößt. Die Magnetfelder der Sonne ordnen diese Substanz dann in Ringen an, die sich im Laufe der Zeit zu kreiselartigen Kugeln, den Planeten, geformt haben. Diese wiederum saugen über ihre Nord- und Südpole kosmischen Staub und anderen „Sonnenmüll" an und verfestigen ihn zu ihrer planetarischen Substanz. So sind die Planeten entlang der horizontalen Ebene aufgereiht.

In einem perfekten Sonnensystem würden sich alle Planeten entlang einer Horizontlinie bewegen, aber das tun sie nicht. Meistens bewegen sie sich jedoch innerhalb von 5 Grad beiderseits der Horizontalen. Ein wichtiger Punkt, den wir berücksichtigen müssen, ist, dass die Erde um 23 Grad gegenüber ihrer wahren Nord-Süd-Achse geneigt ist. Auf unserer täglichen Umlaufbahn sehen wir also, wie sich die Sonnenebene am Himmel höher und tiefer bewegt, und dieser Winkel sorgt im Laufe des Jahres für unsere Jahreszeiten.

Dies bringt uns zu den Tierkreiszeichen. Das ist das Sternenband, vor dem sich die Sonne und die Planeten bewegen. Das Sternenband, das um die horizontale Ebene des Kreisels der Sonne oder der Erde gewickelt ist, je nachdem, welche Orientierung – heliozentrisch oder geozentrisch – man wählt.

Während wir also den Mittagspunkt der Sonne als den höchsten Punkt der Sonnenbahn bezeichnen und seine „nördlichen" Eigenschaften erkennen, ist dies nicht wirklich richtig. Erstens schaut man auf der Nordhalbkugel nach Süden, und selbst auf der Südhalbkugel ist der Nordpol immer noch 90 Grad von dem Punkt entfernt, auf den wir schauen, wenn wir den Zenit sehen.

Für die Nordhalbkugel ergibt sich ein weiteres Problem. Wenn wir nach Süden schauen, um die Sonne zu sehen, befindet sich der Osten auf der linken und der Westen auf der rechten Hand. Aus dieser Orientierung entwickeln wir dann ein Bezugssystem, das weitgehend auf astronomischen und natürlichen Beobachtungen beruht. Wir leiten daraus ab, dass der Tagesbereich (oben) des Horoskops auf eine extrovertierte Persönlichkeit hinweist, wenn dort eine überwiegende Anzahl von Planeten platziert ist. Der nächtliche Bereich, in dem die Planeten überwiegen, deutet auf eine introvertierte Ausrichtung hin. Wir folgen dann den Quadranten des Kreises, die in kollektive (linke) und persönliche (rechte) Lebensbereiche eingeteilt sind, was uns zu allen Hausdefinitionen führt, und so weiter. Das ist alles sehr gut, und in den letzten paar tausend Jahren sind viele schöne Dinge aus diesem Bezug entwickelt worden. Der entscheidende Gedanke ist jedoch, dass diese Ausrichtung auf die horizontale Ebene der Sonne ausgerichtet ist.

Das ist alles gut und schön, aber es gibt noch eine andere, sehr lohnende Orientierung, die man in Betracht ziehen sollte, wenn man als Wesen auf dem Planeten Erde lebt, und das ist die Orientierung nach dem wahren magnetischen Norden.

Als elektromagnetische Wesen haben wir eine natürliche Nord-Süd-Polarisation in unserem Magnetfeld – Kopf nach Norden, Füße nach Süden – und manche sagen, dass es eine wohltuende Erfahrung ist, sich am Erdmagnetfeld auszurichten, besonders während des Schlafs, was dazu beiträgt, die statische Elektrizität in unserem Körper wieder in eine natürliche harmonische Resonanz zu bringen.

Wenn wir uns die Erdskulpturen alter Kulturen ansehen, allen voran die gotischen Kathedralen, stellen wir fest, dass sie durch die Nord-/ Süd-, Ost-/West-Achse ausgerichtet sind, wobei der Schwerpunkt ihrer Haupthalle oft auf der Ost-West-Achse liegt. Ältere Kulturen, wie die amerikanischen Indianer mit ihrem Medizinrad, die buddhistischen Mandalas und der Maya-Kalender, orientieren sich ebenfalls an der Nord-Süd-Achse der Erde. Das ist sinnvoll, denn wir sind in erster Linie Erdenwesen, warum sollten wir uns also nicht an unserer Umgebung orientieren. Dennoch gibt es in all diesen Strukturen eine gewisse Verwirrung. Viele legen eine dominante Qualität auf den Süd-Zenit-Sommer-Bezug, wodurch die Rolle des Nordpols geschmälert wird. Daher ist der jahreszeitliche Bezug in all diesen Kulturen in der Regel vorherrschend.

Wie sind wir von der Nordausrichtung zur Südausrichtung gekommen? Natürlich hat die Wärme der Sonne unsere Aufmerksamkeit erregt, aber das scheint erst in der späten ägyptischen Periode geschehen zu sein.

Wenn wir uns am Nordpol orientieren, spielt es keine Rolle, wo auf der Erde wir uns befinden, wir werden immer nach Norden schauen, und deshalb wird der Osten auf der rechten und der Westen auf der linken Seite sein. Während dies für die Menschen auf der Südhalbkugel kein Problem darstellt, ist es für die Menschen auf der Nordhalbkugel ein Problem, da sie sich umdrehen und in den kalten Norden schauen müssen, anstatt in den warmen Süden. Es bringt auch die Ausrichtung der nordhemisphärisch orientierten Geburtshoroskope und alles, was daraus abgeleitet wird, durcheinander. Nicht in Bezug auf den Wert und die Bedeutung der Informationen, sondern in Bezug auf die Ausrichtung dieser Informationen in erster Linie auf den Wechsel zwischen linker und rechter Hand, vor allem, wenn wir die linke Hand für die Intuition und die rechte Hand für unsere rationalen bewussten Qualitäten halten.

Dieses Orientierungsproblem war kein Problem, solange ich meine Diagramme innerhalb einer bestimmten Referenz – der nördlichen Hemisphäre – entwickelte. Als ich jedoch begann, denselben Kreiselbezug in den Kunstwerken vergangener Kulturen und in irdischen Monumenten wie Kathedralen und insbesondere im Labyrinth von Chartres zu finden, wurde die Frage, wie die astrologischen Informationen mit den erdorientierten Strukturen in Einklang zu bringen sind, zu einem Problem.

Indem ich diesen Unterschied klarstelle, bezeichne ich nicht die eine Orientierung als richtig und die andere als falsch, ich stelle nur klar, dass sie unterschiedlich sind. Die Bedeutung dieses Unterschieds wird weiter untersucht werden, wobei ich mich auf RSs Kommentare zu diesem Thema beziehen werde (S. Anhang 2 „Die drei Dimensionen des Raums").

Meine Diagramme

Die Auswirkungen auf meine Diagramme sind jedoch relativ bedeutend. Mein gegenwärtiges Interesse (2010) besteht darin, die magnetische Organisation des Gyroskops auf die Erde und auf die bestehenden „Erdmonumente" anzuwenden, die wir in Dingen wie den keltischen Steinkreisen, dem Labyrinth von Chartres, den gotischen Kapitelsälen und vielen anderen Templerstrukturen in ganz Europa finden. Diese „Formen der Erdkraft" können überall leicht geschaffen werden, wobei jeder Kreis oder jede achteckige Form ein Manifestator dieser Organisationskräfte ist.

Bis jetzt und in diesem Buch sind meine Diagramme mit Bezug auf die nördliche Hemisphäre gezeichnet. Das bedeutet, dass der nächste Schritt darin besteht, viele meiner Diagramme von der Ausrichtung des Zenits auf die Ausrichtung des Nordens umzustellen. Wenn man also nach Norden schaut, müssen die „alten" Diagramme horizontal gedreht werden, was bedeutet, dass man sie nicht sehen kann, oder man muss sie über den Kopf halten. Der Nord-Süd-Pol bleibt derselbe. Ost und West werden umgedreht. Ich habe mit diesem Prozess am 21. März 2010 begonnen. Meine früheren Diagramme sind nicht falsch, sie sind nur etwas schwierig zu handhaben, wenn man sie auf die Steinkreise anwendet. Die Informationen, die aus ihnen gewonnen wurden, sind an sich immer noch relevant, aber wir müssen uns bewusst sein, dass sie aus der Ekliptik, von der nördlichen Hemisphäre aus gesehen, entwickelt wurden.

Die Reise, die ich von den astrologischen zu den erdbasierten Bezugssystemen unternommen habe, verläuft in die entgegengesetzte Richtung zu dem Weg, den die Menschheit im Laufe ihrer Geschichte zurückgelegt hat. Die Menschheit orientierte sich zuerst nach Norden, mit Bezug auf viele verschiedene Sterne am Himmel (3000 v. Chr.). Erst viel später (200 n. Chr.) gingen „wir" zu einer sonnenbezogenen Orientierung über. Verschiedene Kulturen orientierten sich zunächst an den Plejaden, Sirius, Wega, Canopus usw. Das sind alles Sterne, die nicht im Tierkreis zu finden sind.

Die Geschichte des ägyptischen Pharaos Echnaton zeigt, welche Schwierigkeiten diese Umstellung auf die Sonne mit sich brachte. Er war „ein Pharao der achtzehnten Dynastie Ägyptens, der 17 Jahre lang regierte und 1336 oder 1334 v. Chr. starb. Er ist vor allem dafür bekannt, dass er den traditionellen ägyptischen Polytheismus aufgab und die Anbetung des Aton einführte, die manchmal als monotheistisch oder henotheistisch bezeichnet wird. Eine frühe Inschrift vergleicht ihn mit der Sonne im Vergleich zu den Sternen, und der spätere offizielle Sprachgebrauch vermeidet es, den Aton als Gott zu bezeichnen und gibt der Sonnengottheit einen Status über den reinen Göttern." (Quelle: https://de.wikipedia.org/wiki/Aton) Nach dem Tod seines Sohnes wurden viele Hinweise auf Echnaton aus den Hieroglyphen entfernt, und der Polytheismus wurde in Ägypten wieder eingeführt.

Was bedeutet die Neuausrichtung der Menschheit?

Unter Bezugnahme auf mehrere meiner früheren Artikel (S. 282, 10) möchte ich Ihre Aufmerksamkeit auf den interessanten Prozess der Polarität lenken, den wir überall um uns herum finden. Überall, wo wir zwei Dinge gegeneinander stellen, tropische Zeichen - siderische Konstellationen, geozentrisch - heliozentrisch, der Tierkreis Krebs/ Löwe im Gegensatz zum Tierkreis Widder/Fische und so weiter. Diese „Unterschiede" spiegeln die Dualität von Geist und Materie oder Kraft und Substanz, kosmischen und irdischen, äußeren und inneren Organisationen wider, wie sie in den dualen, magnetischen und jahreszeitlichen Kreuzen zum Ausdruck kommt. Die Schlussfolgerung aus diesen Untersuchungen ist: Je mehr wir mit dem arbeiten, was astronomisch real ist, desto näher sind wir dem Archetyp oder der Urschwingung und damit dem Geist, während wir uns, je weiter wir uns von den realen astronomischen Phänomenen entfernen und uns auf etwas zubewegen, das von der menschlichen Wahrnehmung erdacht wurde, wie die Tierkreiszeichen, desto näher sind wir der Materie oder einem abstrakten Aspekt der Materie. Im Fall der Sternbilder gegenüber den Tierkreiszeichen beschreibt die archetypische Information der Sternbilder sehr unbewusste und sogar kollektive Aspekte des Menschen, z. B. unsere biologische Entwicklung und Funktion, während die abstraktere Referenz, z.B. die Tierkreiszeichen, weniger über die Organisation unseres Körpers sprechen, sondern mehr über die psychologische Organisation des Menschen, die im Kontext des physischen Universums eine sehr abstrakte Sache ist.

Bei den beiden Ausrichtungen dieses Artikels konzentrieren wir uns zum einen auf den magnetischen Nordpol der Erde und zum anderen auf die scheinbare Bahn der Sonne um die Erde und den kleinen Sternenring hinter ihr. Das Hauptmerkmal dieses Wechsels ist, dass wir von einem rein erdbezogenen Phänomen zu einem Phänomen übergehen, das auf der Sonne und den Tierkreiszeichen basiert. Es findet also eine Verlagerung von unserem einzigen Stern, der Sonne, die den individualisierenden Aspekt der Weltengeistsphäre darstellt und sich daher metaphorisch auf unseren verinnerlichten individualisierten Geist bezieht, zu etwas eher Physischem, aber dennoch sehr astronomisch Realem statt.

Ursprünglich konzentrierte sich die Menschheit auf die Sterne in einer allgemeinen Weise, die ihre Beziehung zum kosmischen und kollektiven Weltgeist aufzeigte, was sich mit dem Prozess der Konzentration der Menschheit auf unsere Sonne als DIE Gottheit änderte. Dieser Wandel erreichte seinen Höhepunkt, als wir von einer polytheistischen Religion zu einer monotheistischen Religion übergingen, mit einem einzigen Gott, der als irdischer Repräsentant des Sonnenwesens betrachtet wurde. Während Echnaton dies versuchte (das Judentum hat nicht-solare monotheistische Tendenzen), setzte sich der solare Monotheismus erst mit der Inkarnation Christi und seiner Erwähnung als Sonnengottheit wirklich durch.

Die evolutionäre Bedeutung dieses Wandels liegt in der Neuausrichtung unseres Fokus, weg vom Menschen, der den Göttern ausgeliefert ist (griechischer Polytheismus), hin zu uns als Individuen, zunächst in direkter Beziehung zu DEM Gott (Post-Luther-Christentum), und dann zu uns als direkte persönliche Repräsentanten DES solar verinnerlichten Gottes. Wir sind vom Kollektiven zum Persönlichen übergegangen. In Übereinstimmung mit dieser Entwicklung können wir verfolgen, dass wir uns von einem empathischen „hellsichtigen" Bewusstsein zu einem rationaleren wissenschaftlichen und definierenden Bewusstsein bewegt haben. So haben wir uns von der Erde innerhalb der kosmischen Kuppel mit vielen Sternen wegbewegt, hin zur Sonne als eigener zentraler Referenz.

Meine Kapitel über das „Geburtshoroskop" (S. 282, 10) zeigen, wie weit wir im Prozess der Identifizierung des karmischen Lebens unseres persönlichen Bewusstseins hier auf der Erde gereist sind.

Der Schritt „vorwärts" zu einer astronomischen Erdausrichtung, die auf dem Magnetpol der Erde basiert, kann entweder als eine weitere Verinnerlichung des Geistes gesehen werden, also als „Individualisierung der Erde", und als Symbol für eine weitere Verinnerlichung des

Sonnenprinzips und damit für die volle spirituelle Verantwortung für sich selbst. Oder es ist einfach ein Schritt zu praktischeren und physischen Anwendungen, die nützlich werden, um Dinge auf der Erde zu tun, wie der Umgang mit Chemie, Landwirtschaft und Energieorganisation.

Mein Interesse an diesem Thema ist zweifach. Erstens haben wir die energetische Realität des elektromagnetischen Feldes der Erde. Dies ist eine freie Energiequelle, die immer vorhanden ist und sich allein durch die Bewegung der Erde durch den Raum ständig erneuert. Es handelt sich also um ein Energiefeld, das uns 24 Stunden am Tag überall auf dem Planeten zur Verfügung steht. Warum sollten wir es nicht als energetische Aufladequelle für die unbewussten Prozesse, die in unseren Körpern noch aktiv sind, nutzen? Vor allem für die Wesen, die noch vollständig in diese Matrix eingebettet sind, die Erde, die Pflanzen und die Tiere.

Zweitens, weil wir viele auf die Erde ausgerichtete Strukturen haben, die über den Planeten verstreut sind und von vergangenen Zivilisationen geschaffen wurden, die von dieser „freien" Kraft wussten. Diese alten Stätten befinden sich an Punkten mit verstärkter Erdenergie, was sie besonders sehenswert macht. Das größte Problem ist jedoch, dass wir kaum bewusste Informationen darüber haben, was diese Orte sind und was sie bewirken können.

Der archetypische Organisationsbezug, den ich auf der astrologisch-biodynamischen Reise entwickelt habe, steht in direktem Zusammenhang mit dem Erdmagnetfeld und liefert daher ein interpretatives Bild der Organisation, die innerhalb dieser Erdstrukturen existiert. So können wir uns ein Bild von der Funktion des vorhandenen Energiekomplexes machen, wann immer wir einen Kreis oder ein Achteck zeichnen.

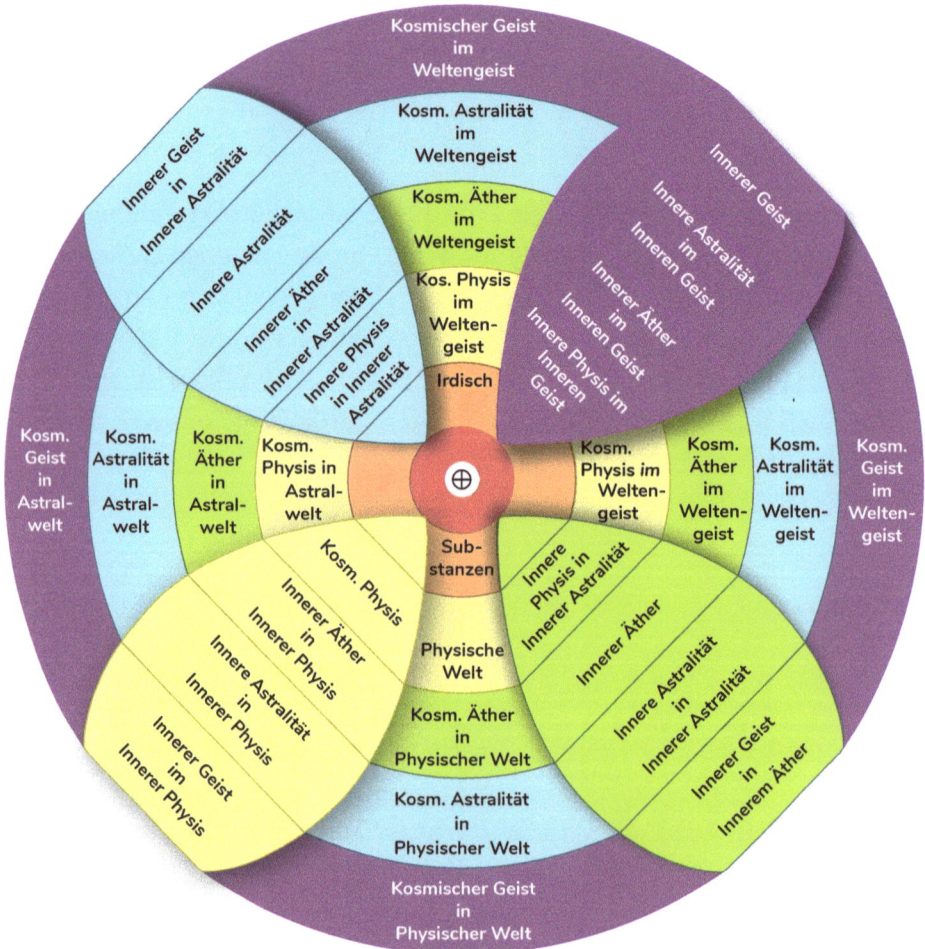

Orientierung nach dem magnetischen Norden

Die bisher in diesem Buch vorgestellten Diagramme gehen alle auf die traditionelle Vorliebe der nördlichen Hemisphäre zurück, die meisten Dinge nach der Sonne auszurichten, und so muss man mit dem Gesicht nach Süden stehen, damit der Osten auf der linken Seite ist. Im Jahr 2010 bin ich dazu übergegangen, mich selbst und damit auch meine Diagramme nach dem magnetischen Norden auszurichten, und habe in „Vom Doppelkreuz zum Gyroskop", Anhang 2, weitere Überlegungen dazu angestellt. Diese Ausrichtung ergibt sich ganz natürlich daraus, alles so realitätsnah wie möglich zu gestalten.

Alchemistische Chemie

In den vorangegangenen Kapiteln wurde die strukturelle Grundform des Periodensystems in kreisförmiger und dann in gyroskopischer Form skizziert. Daraus konnten **die energetischen Qualitäten aller Elemente des Periodensystems** in der Sprache und im Kontext der Weltsicht von Dr. Rudolf Steiner (RS) **identifiziert werden**.

Es gibt viele praktische Anwendungen, die daraus abgeleitet werden können. Nach einem „Warte, da ist noch mehr"-Moment in meinem Prozess wurde jedoch offensichtlich, dass ein weiterer relativ offensichtlicher und einfacher Schritt eine ganz andere Sichtweise für die Anwendung der Organisation des Periodensystems eröffnen kann. Bei der Verfolgung des Ziels, praktische Wege zu finden, um all dies auf die Natur anzuwenden, kam der Gedanke auf, dass wir, **wenn wir dieses Bild und seine Informationen stärker auf das physische Leben ausgerichtet sehen wollen, die Ausrichtung des Kreisels von dem weltphysikalischen Arm, wo er uns die archetypische äußere Ordnung und Funktionsweise zeigt, auf den verinnerlichten physikalischen Arm ändern könnten, wo er zeigen sollte, wie die Elemente auf die innere Chemie der Lebensformen wirken**. Ich habe dieses Bild zum ersten Mal um das Jahr 2000 in meiner Gedankenform „Biodynamische Landwirtschaft" auf der Website garudabd.org vorgestellt. Aber erst 2013, in einer Diskussion mit Mark Moodie darüber, wie man **„das Dreifache verdreifachen"** oder drei Aspekte jedes der „alten" alchemistischen Bezüge, Sal, Quecksilber und Schwefel, finden könnte, kam dieser Schritt wirklich zur Geltung. Ich hatte lange nach „dem Weg" ins Periodensystem gesucht, wo alles „einfach Sinn macht". Das war von Anfang an, 1996, beabsichtigt, aber mein Grundwissen reichte nicht aus, um es zu „sehen".

Als die Zeit reif war, wurde klar, wie sich diese Orientierung zu Dr. Steiners medizinischen Vorträgen verhält, insbesondere zu den Serien von 1920 und 1921, wo RS seine Aufmerksamkeit auf den alten alchemistischen „dreifachen" Bezug der Schöpfungsprozesse richtet. Wie üblich gibt er dem Ganzen seinen eigenen Dreh, der nicht unbedingt den Erwartungen „einiger Alchemisten" entspricht, aber seine Sichtweise steht im Einklang mit seiner Auffassung von der

„Landwirtschaftlichen Individualität" und den Hinweisen des astrologischen Modells.

Innerhalb des „biodynamischen Modells", das in „Biodynamic Decoded" (S. 282, 8) vorgestellt wird, wurde die dreifache Stufe als der dominierende Prozess innerhalb des physischen Körpers identifiziert. In der Astrologie ist dies die Ebene der „Modi" und wird charakterisiert als die konsolidierenden, fixen Aktivitäten, die expansiven, kardinalen Prozesse und die „dazwischen liegenden" veränderlichen Prozesse, die als dynamischer Ausdruck der Interaktion der ersten beiden Prozesse entstehen. Dasselbe Bild verwendet RS in seiner Beschreibung der physischen Prozesse, wo er die Nerven-Sinnesprozesse, die in unserer Kopfregion zentriert sind, als kontraktiv und die Stoffwechselaktivität, die in unserem „Bauch" zentriert ist, als expansiv beschreibt. Das Rhythmische System, zu dem unser Kreislauf und unsere Atmung gehören, bildet die mittlere Sphäre, die zwischen der Aktivität der beiden Pole vermittelt. Die Mitte ist nur gesund, wenn die Pole richtig zusammenarbeiten.

Diese Aktivität wurde abgebildet als:

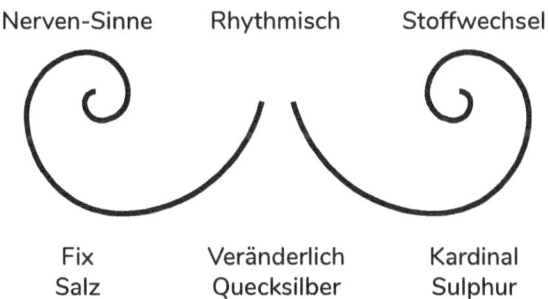

Nerven-Sinne	Rhythmisch	Stoffwechsel
Fix	Veränderlich	Kardinal
Salz	Quecksilber	Sulphur

Die auf den folgenden Seiten dargestellten Entwicklungen gehen noch einen Schritt weiter und betrachten, wie jeder dieser drei Bausteine der physischen Form in drei Teile geteilt werden kann.

Das Ergebnis dieser ganzen Reise ist ein sehr praktischer, sicherer und potentiell kostenloser Weg der Gesundheitspflege für alle, die sich die Mühe machen können, sie zu verstehen. Gerade wegen all dieser Qualitäten und der Tatsache, dass RS in seinen Vorträgen die Grundlagen der Anwendung bereits zur Verfügung gestellt zu haben scheint, halte ich es für notwendig, diese „koordinierende" Information jedem zugänglich zu machen, der sie haben möchte. Der potenzielle Wert für die Menschheit überwiegt bei weitem mein Bedürfnis, exklusiv davon zu profitieren.

Ich werde die verschiedenen Stufen der logischen Entfaltung des Verständnisses skizzieren, die zur endgültigen Anordnung führen. Dieses System entspringt nicht dem Glauben oder der Mystik. Es ist **eine rationale wissenschaftliche Entwicklung einer Tatsache nach der anderen**, wenn auch unter Verwendung eines Bezugssystems, das über das hinausgeht, was der Materialismus selbst zulässt, aber dennoch folgt es sequentiell einem Weg, der Klarheit und Anwendung auf RSs Angaben bietet.

Ich danke ihm von ganzem Herzen für das, was er hinterlassen hat, denn ich bezweifle sehr, dass meine Bemühungen ohne ihn diesen Punkt hätten erreichen können. Für mich ist er in der Tat der „Heilige Rudolf".

Das Periodensystem des Lebens

In früheren Kapiteln wurde das kreisförmige Periodensystem so dargestellt, wie es in der Schöpfung steht.

Zunächst wurde es so dargestellt, als ob wir auf der Nordhalbkugel auf die Ekliptik der Sonne blicken würden. Das bedeutet, dass wir nach Süden schauen, mit dem Osten auf der linken Seite - wie es in vielen Kulturen des Fischezeitalters Tradition ist. Das Wichtigste ist jedoch, dass die vertikale Hauptachse die Achse zwischen der Physischen Welt und dem Weltengeist ist.

Der nächste Schritt (S. 173) bestand darin, die Ausrichtung der nördlichen Hemisphäre auf die Sonne zu ändern und dieselbe vertikale Achse auf den magnetischen Norden zu konzentrieren. Die Chemie als Ausdruck der elektromagnetischen Natur der Schöpfung entspricht der tatsächlichen elektromagnetischen Natur unserer Erde. Sie entspricht nicht unserem menschlichen Wunsch, warm zu sein oder einen Sonnengott anzubeten. Diese Änderung der Orientierung ist also notwendig, sobald wir anfangen, praktisch mit dem Periodensystem zu arbeiten.

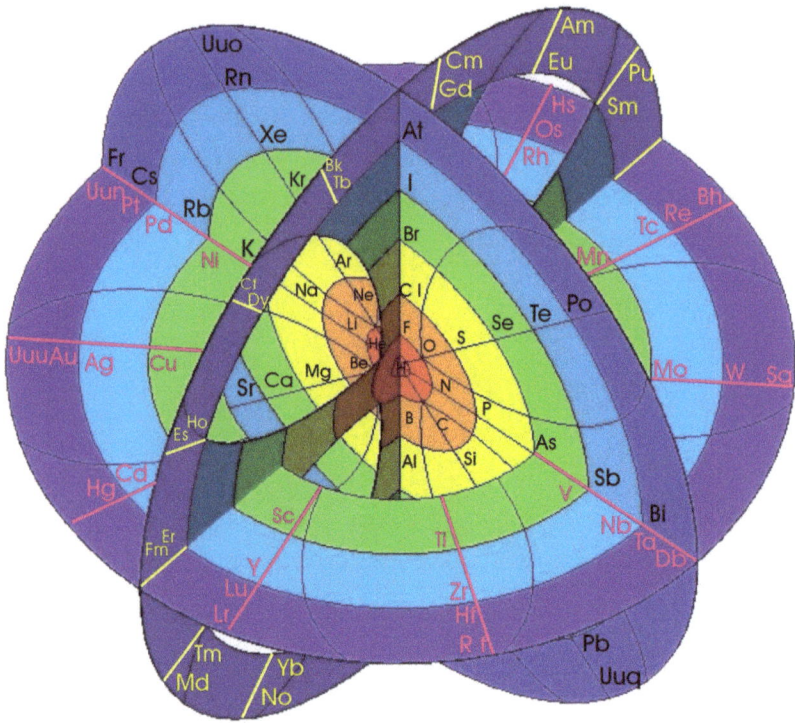

Ein weiterer Schritt wurde getan, als die 2D-Darstellungen des Periodensystems in die 3D-Kugelform erweitert wurden. In Anhang 2 erforsche ich die dreidimensionale Natur des Raumes und gebe Hinweise für die praktische Anwendung dieser 3D-Form. Ich habe diese Form zu einer hängenden Skulptur verarbeitet, die auf die später beschriebene Weise praktisch verwendet werden kann.

Im ersten Teil dieses Buches ging es um die Beschreibung dessen, **„was da ist"**. Die energetische Aktivität der einzelnen Elemente wurde identifiziert, und es wurden einige Bilder der Wechselwirkungen und Beziehungen der Elemente zueinander bereitgestellt. Praktische Experimente haben gezeigt, dass es viele Anwendungsmöglichkeiten gibt, die energetische Aktivität der Elemente zu nutzen, um den Körper zu bewegen, ähnlich wie es die potenzierten biodynamischen (BD) Präparate tun.

Es stellt sich jedoch die Frage, was getan werden kann, um unseren Blick stärker darauf zu lenken, wie sich dies alles auf die Lebensprozesse auf der Erde auswirkt?

Wenn wir mehr darüber erfahren wollen, wie die chemischen Elemente auf den verinnerlichten physischen Körper der Lebensformen wirken, dann können wir **die vertikale Ausrichtung des Kreises vom physischen Weltkörper zum inneren physischen Körper verschieben**. Das folgende Diagramm ist das Ergebnis. Dabei ändern wir die Ausrichtung vom primären archetypischen Kreuz zum sekundären manifesten Kreuz. Bitte beachten Sie, dass auch dieses Bild nach dem magnetischen Norden ausgerichtet ist und somit Osten auf der rechten Seite liegt.

Eine kleine Anmerkung am Rande: Eine genaue Betrachtung von Dr. Hauschkas Tierkreisbeziehungen zu seinen 12 Elementen zeigt, dass sein Tierkreiszyklus (S. 283, 18, S. 155) so angeordnet ist, als ob man nach Norden schaut. Sie würden aus dem Osten aufsteigen und sich nach links bewegen, anstatt sich nach rechts zu bewegen, wenn man nach Süden schaut. Ich kann mich nicht daran erinnern, dass er sich in seinem Text dazu geäußert hätte. Das deutet darauf hin, dass er sich der Notwendigkeit bewusst war, die Chemie auf die magnetische Realität auszurichten.

Sobald die Achsenverschiebung vollzogen ist, können wir mit dem Wahrnehmungsprozess dessen beginnen, **was zu sehen ist**. Das erste, was mir auffällt, ist, dass an der „Basis" des physischen Arms das Element Kohlenstoff liegt, gefolgt von Kieselsäure. Kohlenstoff ist das Grundelement des organischen Lebens. Wir alle sind kohlenstoff-basierte Lebensformen, während Kieselerde das Element ist, das das „formative" Gerüst bildet, auf dem der Kohlenstoff aufliegt. Kohlenstoff ist insofern ein ganz besonderes Element, als er zwar als Gas und in physischen Formen wie Kohle vorkommt, der Kohlenstoff, den wir haben, aber Ablagerungen von Lebensformen sind. Er verbindet sich nicht ohne Weiteres mit anderen Elementen als seinen „Schwestern" in Proteinen, Stickstoff, Sauerstoff und Wasserstoff. Er ist also ein Element, das eng mit den chaotischen Prozessen des Lebens verbunden ist und in vielerlei Hinsicht die formgebende Substanz ist, die zu einem Ausdruck der Umgebung wird, in der er sich befindet.

Dem inneren physischen Arm gegenüber steht der innere geistige Arm der Edelgase. Diese Gase haben einen vollständigen äußeren Elektronenring (S. 282, 8) und können daher nicht ohne weiteres mit anderen Elementen in Wechselwirkung treten. Ihr Motiv ist das des autistischen Spektrums der menschlichen Psychologie. Es handelt sich um Personen, die nicht das Bedürfnis haben, mit anderen in Kontakt zu treten oder zu interagieren, aber wie wir wissen, haben Autisten durchaus Einfluss auf ihre Umgebung. So mögen die Edelgase mit niemandem „reden", aber sie verleihen ihrer Umgebung „atomares Gewicht", wie und wann sie es für richtig halten. Auch sie deuten also darauf hin, dass sie als chaotische Elemente agieren können, die auf die Umgebung, in der sie sich befinden, und damit auf die Bedürfnisse der Zeit reagieren.

Daher kann die vertikale Achse dieses Diagramms als veränderlich betrachtet werden, d. h. sie reagiert auf ihre Umgebung. Was ist diese Umgebung?

Wenn wir uns nur die organisierte Struktur ansehen, die uns präsentiert wird, können wir erkennen, dass Ton aus Aluminiumsilikat besteht, das Phosphor leicht einschließt. Darüber befindet sich eine Schicht mit Bor, Kohlenstoff und Stickstoff. Diese drei Elemente sind Hauptbestandteile von Humus, dem zentralen Bestandteil der „lebenden" Bodenschicht. Humus liefert uns die stabilsten und am besten nutzbaren Quellen für Bor und Stickstoff für die Landwirtschaft.

In der nächsthöheren Schicht befinden sich Kalzium, Magnesium, Sauerstoff und Schwefel, die alle für die richtige Entwicklung des Blattwachstums wichtig sind. Magnesium ist das zentrale Element der Photosynthese, die vor allem in den Blättern stattfindet, während Kalzium zusammen mit Sauerstoff die Träger der ätherischen Aktivität und notwendig sind, um große und nahrhafte Blätter für Futtermittel wachsen zu lassen. Schwefel hingegen ist notwendig, um die vielen biochemischen Prozesse zu aktivieren, die für das Leben notwendig sind.

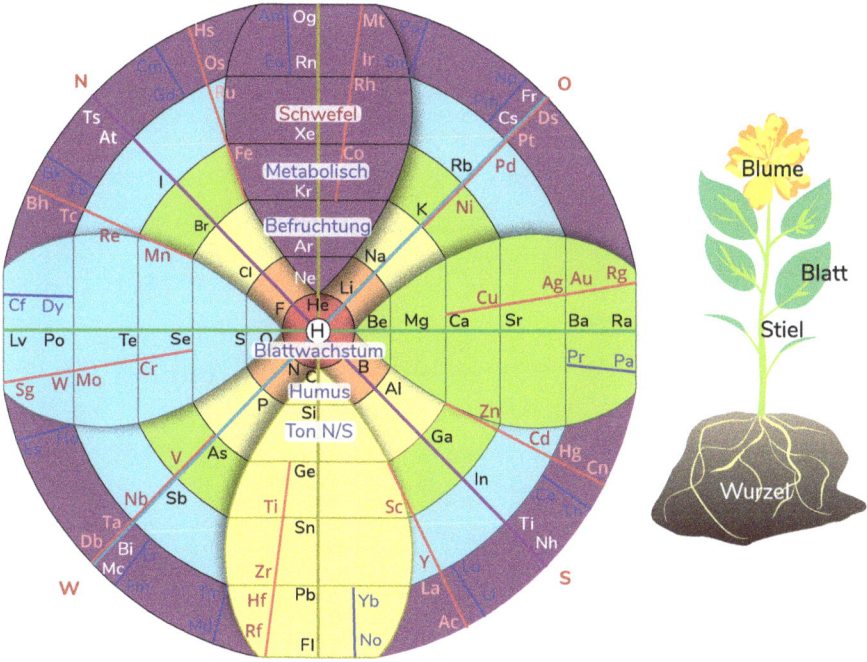

Die nächste Schicht aus Lithium und Fluor (das Siliziumdioxid ver-flüssigt) findet in der Landwirtschaft keine große Verwendung. Die nächsten beiden Schichten Natriumchlorid und Kaliumchlorid hingegen schon. Natriumchlorid ist für die Regulierung der Magensäure des Verdauungssaftes unerlässlich, während Kaliumchlorid in der Landwirtschaft für die Entwicklung und Größenbestimmung von Obst verwendet wird. RS zeigt, dass die Alkalien einem pflanzlichen Prozess innerhalb unserer Stoffwechselfunktion ähnlich sind.

Im Periodensystem selbst findet sich also die Form der dreifachen Pflanze und des Menschen. Unterhalb der Mittellinie befindet sich der „Nervensinn"-Boden, und darüber die „Stoffwechsel"-Atmosphäre. Daher können wir feststellen, dass die untere Region die kontraktiven Sal-Qualitäten des Nerven-Sinn-Systems trägt, während der obere Abschnitt des Periodensystems die expansiven Sulf-Qualitäten trägt.

3-fach x 3-fach

In dem vorherigen Bild haben wir die dreifachen Qualitäten in das Periodensystem eingefügt, aber **ist es möglich, diese dreifach zu falten?**

Lassen Sie uns zunächst feststellen, dass die dreifache Organisation bisher die vertikale Struktur auf den Armen von Siliziumdioxid und Argon festgelegt hat und dass die „Mittelachse" dieses Bildes aus drei Armen besteht. Dies deutet auf ein sehr wandelbares und reaktions-fähiges „Wesen" hin – die Vertikale –, die darauf wartet, von etwas „außerhalb" seiner selbst beeinflusst zu werden.

Wir sind auf der Suche nach praktischen, physischen Anhaltspunkten, also können wir den kosmisch-physischen (gelben) Ring des vor-herigen Diagramms betrachten. Hier finden wir Silica an der Basis und sein polares Gegenstück ist Argon darüber. Zu beiden Seiten davon befinden sich zwei Gruppen von drei Elementen. Auf der rechten Seite finden wir Natrium (Na), Magnesium (Mg) und Aluminium (Al), während auf der anderen Seite die Elemente Chlor (Cl), Schwefel (S) und Phosphor (P) zu finden sind.

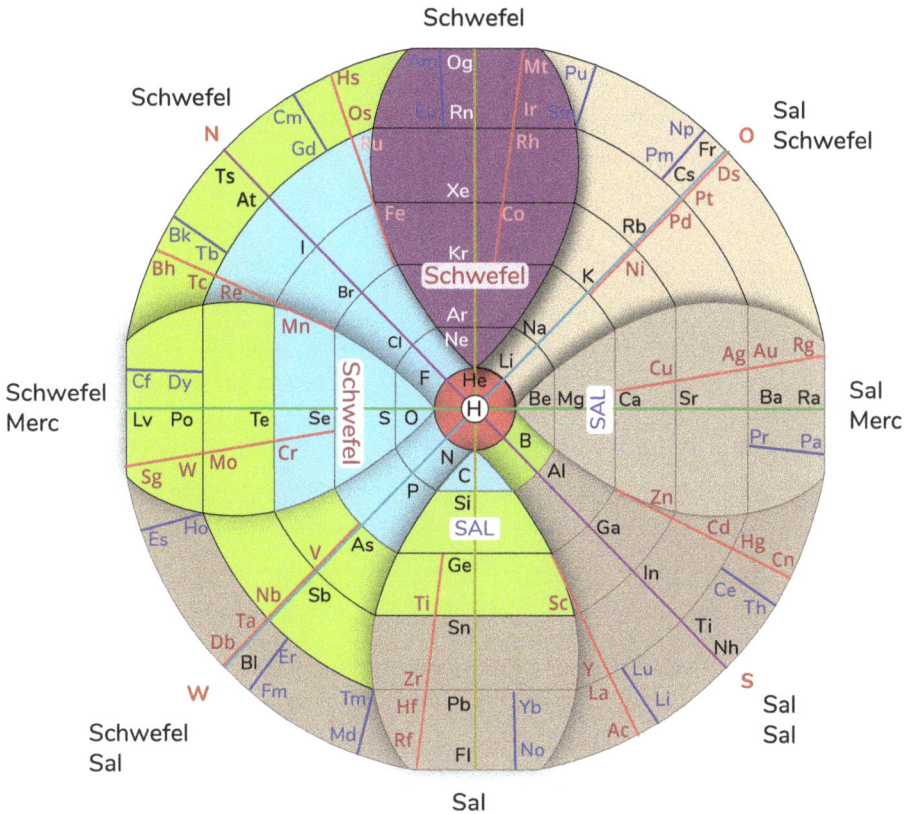

Wir können feststellen, dass es sich bei der ersten Gruppe um positiv geladene Kationen und bei der linken Gruppe um negativ geladene Anionen handelt.

Aus unserer nächsten Beobachtung folgt, wenn wir das Diagramm betrachten, dass es so gefärbt ist, dass es **die „metallischen Zustände" der Elemente** anzeigt. Alle braun gefärbten Elemente sind Metalle verschiedener Natur. Die grünen Elemente sind „Zwischen"-Elemente metallischer und nichtmetallischer Natur, während die blauen Elemente alle Nichtmetalle sind. Die lilafarbenen Elemente sind die Edelgase.

Aus diesem Bild wird deutlich, dass die Elemente auf der rechten Seite viel dichter und fester sind und daher mit einem Sal-Prozess in Verbindung gebracht werden. Die Elemente auf der linken Seite sind weicher und reaktiver und werden daher eher mit den aktiven Sulf-Prozessen in Verbindung gebracht.

Aus der Anordnung des Diagramms können wir erkennen, dass die dreifachen Sul-Elemente wie folgt zu beobachten sind: P wirkt als Sulf-Sal-Qualität, S ist eine Sulf-Merc-Qualität, während Cl eine Sulf-Sulf-Qualität aufweist. In ähnlicher Weise hat Al eine Sal-Sal-Qualität, Mg hat eine Sal-Merc-Qualität, während Na das Sal-Sulf-Element ist.

Diese Assoziationen haben sich entwickelt, als wir das Diagramm des kreisförmigen Periodensystems betrachteten, und sahen, was dort steht, und Entsprechungen zu Informationen herstellten, die wir während unserer biodynamischen Reise bereits gesammelt haben.

Eine dieser Informationen ist, dass Hauschka über die archetypische Bedeutung der kombinierten Elemente Aluminiumphosphat (und ihrer Partner Kalzium und Silizium) spricht, die die Geosphäre bilden, während Magnesiumsulfat und Natriumchlorid die vier Elemente sind, die die Hydrosphäre bilden, während Wasserstoff, Stickstoff, Sauerstoff und Kohlenstoff die Atmosphäre bilden. Alle diese Elemente spielen auch in dieser Geschichte eine zentrale Rolle. Alles, was er über diese Beziehungen sagt, können wir hier in unser Verständnis aufnehmen.

Wir können die Eigenschaften und Beziehungen, die über diese Elemente bekannt sind, weiter untersuchen, um diesem Bild Tiefe, Struktur und Kontext zu verleihen. Glücklicherweise haben wir Dr. Steiners medizinische Vorträge aus den Jahren 1920 und 1921, auf die wir zurückgreifen können, um diesem Bild noch mehr Gewicht zu verleihen.

Ich würde gerne ausführliche Zitate von RS zur Verfügung stellen, um seine Assoziationen zu veranschaulichen, aber dieser Prozess muss der nächsten Ausgabe dieses Buches überlassen werden. Ich werde all diese etwa 30 Vorträge noch einmal lesen und eine akademischere Darstellung dieses Materials erarbeiten müssen, was einige Zeit in Anspruch nehmen wird. Im Moment möchte ich einen Überblick über diese Studie geben.

Daher kann ich in einer gekürzten Version einige der Bilder, die RS für diesen Überblick liefert, mit Verweisen darauf, wo man sie im Detail finden kann, zur Verfügung stellen.

Wenn wir mit den Elementen des physischen Körpers fortfahren, können wir uns ein Bild von den Referenzen machen. In diesem Diagramm befinden sich einige der von RS genannten Elemente.

Bild: Alchemistische Chemie

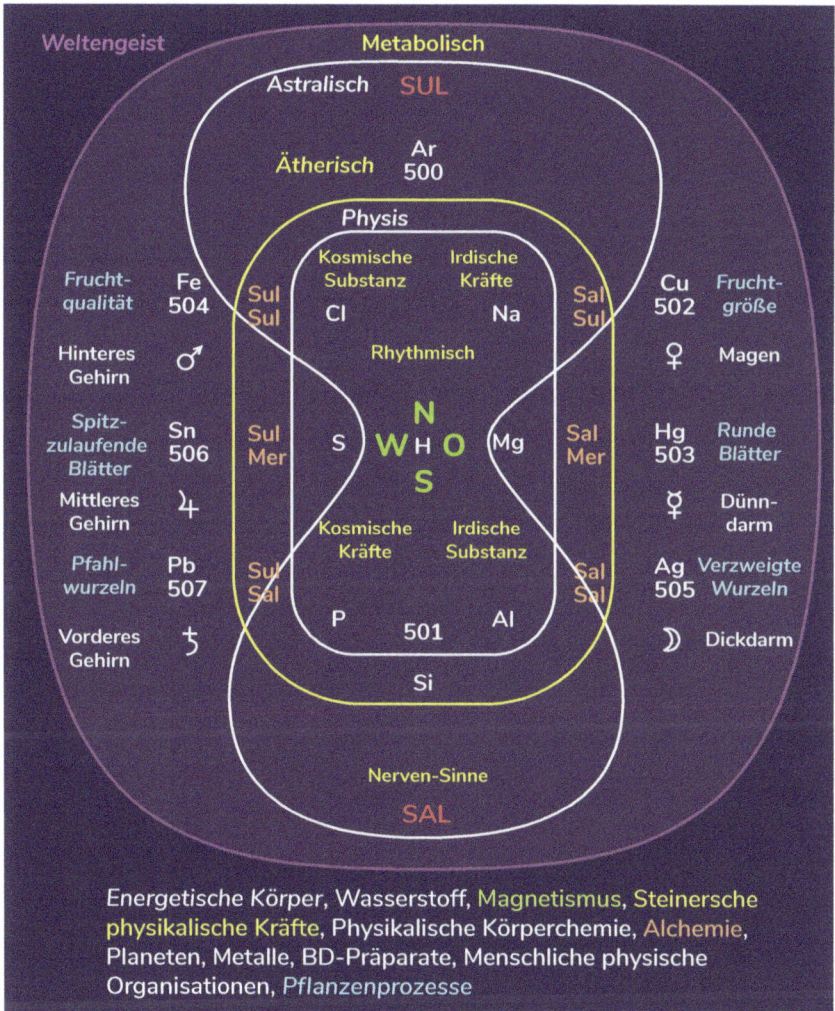

Weltengeist — Metabolisch

Astralisch — SUL

Ätherisch — Ar 500

Physis

		Kosmische Substanz	Irdische Kräfte			
Frucht-qualität	Fe 504	Sul Sul	Cl	Na	Sal Sul	Cu 502 — Frucht-größe
Hinteres Gehirn	♂		Rhythmisch			♀ — Magen
Spitz-zulaufende Blätter	Sn 506	Sul Mer	S	Mg	Sal Mer	Hg 503 — Runde Blätter
Mittleres Gehirn	♃		N W H O S			☿ — Dünn-darm
Pfahl-wurzeln	Pb 507	Sul Sal	Kosmische Kräfte	Irdische Substanz	Sal Sal	Ag 505 — Verzweigte Wurzeln
Vorderes Gehirn	♄		P 501 Al			☽ — Dickdarm

Si

Nerven-Sinne

SAL

Energetische Körper, Wasserstoff, Magnetismus, Steinersche physikalische Kräfte, Physikalische Körperchemie, Alchemie, Planeten, Metalle, BD-Präparate, Menschliche physische Organisationen, Pflanzenprozesse

Im Jahr 1920 spricht RS von den dreifachen Prozessen als Sal, Queck-silber und Phosphor. In der Alchemie wurde Phosphor traditionell zum „Schwefel" gezählt. Ich habe zwar keine Beweise dafür, dass er das Bild, das ich hier präsentiere, tatsächlich hatte, aber er hatte es offensichtlich in irgendeiner Form in der Vorstellung. Seine Betonung von Phosphor beschreibt genau die Sulf-Aspekte der Nerven-Sinnen-Aktivitäten des Kopfes, auf die er sich oft bezog. Aus seinen Beschreibungen und der Tatsache, dass Natrium das Wasser und damit die ätherischen Aktivitäten des Organismus kontrolliert, können wir erkennen, dass er in seinen ursprünglichen Geschichten im Allgemeinen die weniger offensichtlichen „Extreme" von Sulf und Sal beschreibt. Es ist wichtig zu verstehen, dass in den ursprünglichen alchemistischen Geschichten nicht von der eigentlichen Substanz Sal oder Schwefel die Rede ist, sondern von einem Prozess, der um 1600 am deutlichsten in diesen beiden Substanzen zum Ausdruck kam. RS hat sich entschieden, sich auf Phosphor als Schwefelelement zu konzentrieren, und viele seiner Kommentare dazu sprechen von seiner Funktion im Nerven-Sinnen-System, anstatt im Stoffwechselsystem, wie wir es erwarten würden.

In verschiedenen späteren Vorlesungen werden Teile dieser 6-fachen Geschichte erzählt. In Vortrag 6 (1920) spricht er von den Planeten, dann in Vortrag 7 davon, wie die Metalle mit dieser Referenz in Beziehung stehen, aber die konsequentesten Beispiele, die er gibt, sind die Beziehungen dieser sechs Aktivitäten zu denen des Kopfes und der Verdauung. RS betonte die exakten Entsprechungen, die zwischen diesen beiden Systemen stattfinden, und dass ein Teil des einen Systems nur aufgrund der Entwicklung des anderen existieren kann. In der Vorlesung 4 (S. 65) sagt er: „Es wird im Allgemeinen vergessen, dass der Mensch eine Dualität aufweist, so dass jenes, was in der unteren Sphäre entsteht, immer ein komplementäres Organ in der oberen Sphäre hat, und dass bestimmte Organe der oberen Sphäre sich nicht ohne ihre komplementären Organe, fast ihre entgegengesetzten Pole,

in der unteren entwickeln könnten. Je mehr sich das Vorderhirn der Form annähert, die es beim Menschen erreicht, desto mehr entwickelt sich der Darm in Richtung des Prozesses der Ablagerung von Abfallstoffen. Es besteht eine enge Übereinstimmung zwischen Gehirn- und Darmbildung; wenn der Dickdarm und der Blinddarm im Laufe der tierischen Evolution nicht auftauchen würden, wäre es nicht möglich, dass der denkende Mensch auf körperlicher Grundlage entstehen könnte; denn der Mensch besitzt das Gehirn, das Organ des Denkens auf Kosten - ich wiederhole, ganz auf Kosten seiner Darmorgane, und die Darmorgane sind die genaue Kehrseite der Gehirnteile. Ihr seid von der Notwendigkeit körperlicher Tätigkeit befreit, um denken zu können; aber stattdessen ist euer Organismus mit den Funktionen des hoch entwickelten Dickdarms und der Blase belastet. Die höchsten Tätigkeiten der Seele und des Geistes, die sich in der physischen Welt durch den Menschen manifestieren, sind also, soweit sie von einer vollständigen Gehirnbildung abhängig sind, auch von der entsprechenden Struktur des Darms abhängig." Hier sehen wir die polare Beziehung der Mond-Saturn-Beziehung im Nerven-Sinnen-System.

Andere Geschichten beleuchten diesen grundlegenden Bezug genauer. RS macht mehrere Bemerkungen über die Rolle des Phosphors. Erstens haben wir in den Prozessen des Darms die Sekrete der Galle und der Bauchspeicheldrüse, die beim Abbau von Fetten helfen. Diese beiden Organe sind für die Produktion dieser Ausscheidungen auf eine Phosphorchemie angewiesen. Wenn wir zum Kopf kommen, spricht RS von den drei Abschnitten des Gehirns, dem Hinterhirn, dem Mittelhirn und dem Vorderhirn. Er spricht vom Hinterhirn als dem Wahrnehmungshirn. Es ist der Bereich, der all die „kosmischen Imaginationen" oder die elektromagnetischen Schwingungen auf-nimmt, die an uns vorbeiziehen. Wir können diese Eindrücke registrieren oder auch nicht, aber im Allgemeinen erleben wir sie als diese zufälligen Visionen, die vor unserem „geistigen Auge" auftauchen und wieder verschwinden. RS bemerkt, dass wir diese Eindrücke in klare, rationale Gedanken umwandeln müssen, wenn wir sie in unser Vorderhirn bringen wollen, und das geht nur, wenn wir genügend Phosphor (P) zur Verfügung haben. Es ist das P, das als inkarnierendes Element des Geistes in unserem Nerven-Sinnen-System wirkt. Er beschreibt weiter, dass P ein „auflösendes Mittel" ist und dass, wenn es nicht stark genug wirkt, die natürliche kontrahierende, konsolidierende und kristallisierende Aktivität des Kopfes dominiert und wir eine Sklerose des Gehirns erleben werden. Hier haben wir ein Bild für das Verhältnis von Aluminium und Phosphor in unserem Kopf. Wenn das P nicht aktiv ist, sammelt sich das Al an und wir leiden an Demenz. Eine „Heilung" für Demenz ist „Gehirngymnastik".

Geistige Übungen wie Kreuzworträtsel, um das Gehirn aktiv zu halten. Mit anderen Worten: Wenn Sie Ihre rationale Aktivität trainieren, erhöhen Sie den P-Spiegel in Ihrem Gehirn, so dass es das Al auflösen kann. Das P sorgt also für die expansiven aktiven Prozesse vom Sulf-Pol zum natürlich kristallisierenden Sal-Pol.

Um eine weitere Referenz von RS einzubringen, können wir über seine Beschreibungen in „Der Mensch als Symphonie des schöpferischen Wortes" nachdenken, wo er vom Stoffwechselsystem spricht, das durch eine Kuh dargestellt wird, während das rhythmische System durch die Katzenfamilie oder den Löwen ausgedrückt wird, während die Kopfregion durch die Vögel und insbesondere den Adler ausgedrückt wird. Daraus lässt sich schließen, dass Menschen, die von ihrem Rückenhirn aus arbeiten - aufgrund der hohen Chloraufnahme - ein „Kuhhirn" haben, während starke Denker ein „Adlerhirn" haben.

Als Gegenbeispiel zu Phosphor liefert RS in der 5. Vorlesung (S. 72) ein Bild von Salz, Natriumchlorid: „Es ist von grundlegender Bedeutung, dass bestimmte Individuen, bei denen das Geist- und Seelenprinzip zu eng mit dem Äther- und dem physischen Körper verbunden ist, einen organischen Hunger oder Durst nach Salz (NaCl) haben; das heißt, dass sie dazu neigen, den Prozess der Salzablagerung umzukehren. Sie wollen den Prozess der Erdbildung in ihrem eigenen Körper rückgängig machen und das Salz in einen früheren, primitiveren Zustand zurückversetzen als den, in dem sich die Erde verfestigt hat ... Und was bedeutet dieser Widerstand gegen die erdverfestigenden Kräfte? Es bedeutet im Grunde nichts anderes als die Befreiung des niederen Menschen vom Seelen- und Geistprinzip, die Vertreibung dieses Prinzips aus der unteren Sphäre in die obere. In allen Fällen, in denen ein ausgeprägter Appetit auf Salz besteht, strebt also die untere organische Sphäre irgendwie nach Befreiung von der zu starken Aktivität der Seele und des Geistes in ihr und versucht sozusagen, diese Aktivität in Richtung der oberen organischen Sphäre fließen zu lassen."

Um diesen Satz für diejenigen zu interpretieren, die mit seiner Terminologie nicht vertraut sind, sagt er, dass die Astral- und Geistaktivität in der Bauchregion zu stark ist und dass die Zugabe von Salz die **Stoffwechselzone genug stärkt**, um die Astral- und Geistaktivität zurück in die Kopfregion zu drängen, wo sie hingehört. Dieser Zustand, in dem Astralität und Geist zu stark inkarniert sind, in diesem Fall direkt in der Verdauung, führt das zu Schlaflosigkeit und auch zu Verstopfung. Bei Schlaflosigkeit können wir nicht schlafen, weil sich Astralität und Geist nicht richtig trennen und somit unsere Denkprozesse im Stirnhirn nicht aufhören. Wir können auch schlussfolgern, dass wir aufgrund der astralischen und geistigen Aktivität zu viel P-Aktivität haben. Daher müssen wir Astralität und Geist verdrängen, was bedeutet, dass wir unsere Hinterkopffunktion stärken müssen, und RS sagt, dass wir dies durch eine Erhöhung der NaCl-Dichte tun sollen.

Der Hinweis auf Verstopfung bringt die Geschichte unseres Verdauungssystems ins Spiel. Bei der Verdauung können wir drei Teile identifizieren, wir haben den Magen, den Dünndarm und den Dickdarm. Der Magen ist der einzige Teil des Körpers, in dem wir Chlor in Form von Salzsäure finden. Diese Säure im Magen hat die Aufgabe, die Kohlenhydratbasis der Nahrung aufzulösen. In der Sprache von RS ist es die HCl, die die ätherischen Kräfte der Nahrung, die wir zu uns nehmen, „töten" muss. Dies wird durch eine Aktivierung unserer eigenen inneren ätherischen Aktivität erreicht, und so erfahren wir durch das Training dieses „ätherischen Muskels" eine Zunahme der ätherischen Aktivität. Ich weiß, das ist ein ziemlich seltsames Bild, aber das ist es, was er sagt. RS sagt, dass die ätherischen Kräfte anderer Wesen zu viel für uns sind, so dass wir sie überwinden müssen, bevor sie für uns von Nutzen sind. Es wäre sicherlich ein einfacheres Bild, wenn wir die ätherischen Kräfte anderer Wesen verschlingen würden, aber nein, das ist nicht RSs Geschichte. In jedem Fall ist es also das HCl, das dieses auflösende „ätherische" Stadium im Magen erreicht, und es ist die

Rolle des Salzes (NaCl), die Menge des HCl zu kontrollieren, die wir in unserem Magen haben. Mehr Alkalinität kommt vom Natrium und mehr Säure vom Chlor.

Die zweite Phase unserer Verdauung findet im Dünndarm statt. Hier verdauen wir durch die Schwefelchemie die Proteine, die wir essen. Da Proteine durch die Einbeziehung des Astralkörpers und des Stickstoffs entstehen, ist dies die Phase, in der die astralischen Kräfte „verdaut" werden. Während die P-Chemie in der Galle, der Bauchspeicheldrüse und im Dünndarm ins Spiel kommt, ist die P-Chemie im Dickdarm bei der Verdauung von Resten und Fetten aktiv, und daher ist dies die Phase der Verdauung, in der die geistigen Kräfte assimiliert werden. Die Freiheit, die uns der Dickdarm als Speicherorgan bietet, ist auch ein Bild für die Aktivität des Geistes.

Wenn diese Prozesse gestört sind, können wir sehen, dass, wenn die Magentätigkeit zu dominant ist, sich die schlammige, wässrige Natur des Magens als Durchfall zeigt, wenn die Eiweißverdauung gestört ist, haben wir Blähungen. Je stärker die Störung, desto mehr stinkt es, und wenn die dritte Stufe gestört ist, indem ein zu starker kontraktiver Prozess dominiert, haben wir Verstopfung.

Um dieses Bild zu vervollständigen, können wir über weitere Informationen über das 3-fache Kopfsystem nachdenken. Wir haben gesehen, wie Natrium mit dem Magen zusammenhängt, und ein Zitat aus dem Jahr 1920 verdeutlicht seine Beziehung zum Kleinhirn, dem Prozess der grauen Substanz. „Es ist ein völliger Irrtum, anzunehmen, dass die Substratsubstanz des Denkens hauptsächlich in der grauen Substanz des Gehirns gegeben ist. Dies ist nicht der Fall. Die graue Substanz dient in erster Linie dazu, dem Gehirn Nahrung zuzuführen. Sie ist im Wesentlichen eine Kolonie des Verdauungstraktes, die das Gehirn umgibt, um es zu ernähren, während die weiße Substanz des Gehirns als Substratsubstanz des Denkens von großer Bedeutung ist." (RS S. 79) Dies wird nur in Anwesenheit von Phosphor erreicht.

Wenn der Natriumprozess zu stark wird und seinen kleineren Bruder Lithium dominiert, treten Krankheiten aus dem Spektrum der bipolaren Störungen auf. Interessanterweise ist die Behandlung Lithiumnitrat, die, wie wir im Periodensystem sehen können, genau entgegengesetzt zueinander sind. Dieser Prozess der Gegensätzlichkeit der Elemente stimuliert im Allgemeinen die Aktivität beider Elemente.

Bei Störungen der Magnesiumaktivität wird der Gehirnrhythmus gestört, und es kommt zu Epilepsie, während wir vorhin gesehen haben, dass Störungen des Frontalhirns zu Demenz und Alzheimer führen, die durch eine Ansammlung von Aluminium im Gehirn verursacht werden. Die Lösung für Schlaflosigkeit und Verstopfung ist also die Stimulierung des Gegenpols durch NaCl, während die Lösung für Verträumtheit und Durchfall Aluminiumphosphat ist. **Die Alzheimer-Krankheit könnte mit Magnesiumphosphat behandelt werden**.

Dies sind die Schlussfolgerungen, die sich natürlich ergeben, wenn man den Anweisungen von RS aus den Vorträgen von 1920 folgt, wenn man sie im Kontext der Biodynamik und im Stoffkreislauf betrachtet.

Die Beispiele, die ich hier angeführt habe, stammen aus meiner Erfahrung. Ich habe diese Heilmittel „getestet" und festgestellt, dass sie wie beschrieben wirken.

Der nächste Schritt

Die vorangegangene Diskussion konzentrierte sich auf die Funktionsweise der Elemente, die sich auf dem physikalischen Ring des kreisförmigen Periodensystems befinden. Dies ist der gelbe Kreis. **Anhand des Diagramms (S. 205) können wir vermuten, dass wir durch die Verwendung von Elementen, die mit den hier besprochenen Elementen verwandt sind (derselbe Arm), auf den anderen Kreisen in der Lage sein sollten, die Aktivität der anderen Körper nach demselben Muster zu identifizieren und zu beeinflussen**. Mit den Elementen des grünen Kreises können wir die Arbeitsweise des Ätherkörpers in den drei physischen Zonen direkt beeinflussen, während die Elemente des blauen Kreises die Astralität und die Elemente des violetten Kreises die Aktivität des Geistes in den drei Zonen beeinflussen.

Ich habe einige Experimente dazu durchgeführt und finde, dass es ein lohnender Weg der Erforschung ist. Meine Erfahrungen stimmen mit dem überein, was ich erwarten würde. Zweifellos wird die zukünftige Ausgabe dieses Buches mehr Erfahrungen enthalten. Für den Moment ist dieser „Hinweis" ausreichend.

Die hier angebotenen Korrespondenzen, sowohl durch die weltphysikalische als auch durch die innerphysikalische Orientierung,
sollten eine vollständige Referenz für den Gebrauch aller chemischen
Elemente im Kontext von Dr. Steiners Weltanschauung darstellen. So
sehr ich mir wünschen würde, dass die Aufgabe, die RS-Angaben zur
Chemie zu erweitern, damit abgeschlossen wäre, wird es zweifellos
noch einige „Warte, da ist noch mehr"-Momente geben.

Während die Weltphysikalische Orientierung die Referenzen für die
Identifizierung der vielen Ebenen der energetischen Aktivität eines
Elements liefert, bringt diese „alchemistische" Erweiterung dieser
Arbeit diese Aktivitäten direkt in die körperlichen Prozesse. Dadurch
wird ein Weg für weitere sehr praktische Anwendungen eröffnet.

Der Jahreszeitenkomplex

Zusätzlich zu Dr. Steiners medizinischen Vorträgen können wir drei
Vorträge aus dem landwirtschaftlichen Lexikon einbringen, die die
alchemistische Chemie mit den Jahreszeiten verbinden. Das Ergebnis
ist das, was ich den **Jahreszeiten-Komplex** genannt habe (S. 209). Ich
habe eine detailliertere Geschichte davon als Teil meiner „RS Pflanzen-
wachstumsgeschichte" vorgestellt. Die drei Vorlesungen, die ich für
das Verständnis der landwirtschaftlichen Weltanschauung von RS als
zentral erachte, sind

- **Kosmisches Wirken in Erde und Mensch, Vortrag 5,**
  gehalten am 31. Oktober 1923
- **Der Mensch als Symphonie des schöpferischen Wortes,**
  Vorlesung 7, gehalten am 7. November 1923
- **Landwirtschaftlicher Kurs, Vorlesung 2, gehalten am**
  10. Juni 1924.

Alle diese Vorlesungen vermitteln ein Bild der Kräfte, die während

des jährlichen Wachstumszyklus wirken, doch interessanterweise
verwenden sie jeweils eine andere Bezugssprache. Daher müssen
sie so gut wie möglich zusammengebracht und als eine Geschichte
betrachtet werden.

Der erste Vortrag stammt aus dem fünften Vortrag „Das kosmische Wirken in Erde und Mensch", gehalten am 31. Oktober 1923. In diesem Vortrag geht es um die SAP-Geschichte des Pflanzenwachstums, an der drei Hauptakteure beteiligt sind: der „Baumsaft", der von unten kommt, der „Lebenssaft", der durch die Lichtaktivitäten entsteht und das Blatt und das Laub bildet. Wenn der Lebenssaft stark genug ist, zieht er die von den Sternen kommende „Kambium"-Kraft an. Dieser Strom wird durch die Frequenzen der äußeren Planeten und durch die kosmischen Wärmeprozesse entlang der Kambiumbahnen der Pflanze zum Zentrum der Erde getragen, wo der Weltgeist des Pflanzenreichs wohnt. Während des Winters verbindet die Reifung des Baumsaftes im Boden einen Teil dieser „geerdeten Kambium-Sternkräfte" mit den mineralischen Erdkräften, und zusammen schieben sie den Baumsaft im Frühjahr nach oben.

Bild: Alchemistische Chemie Periodensystem

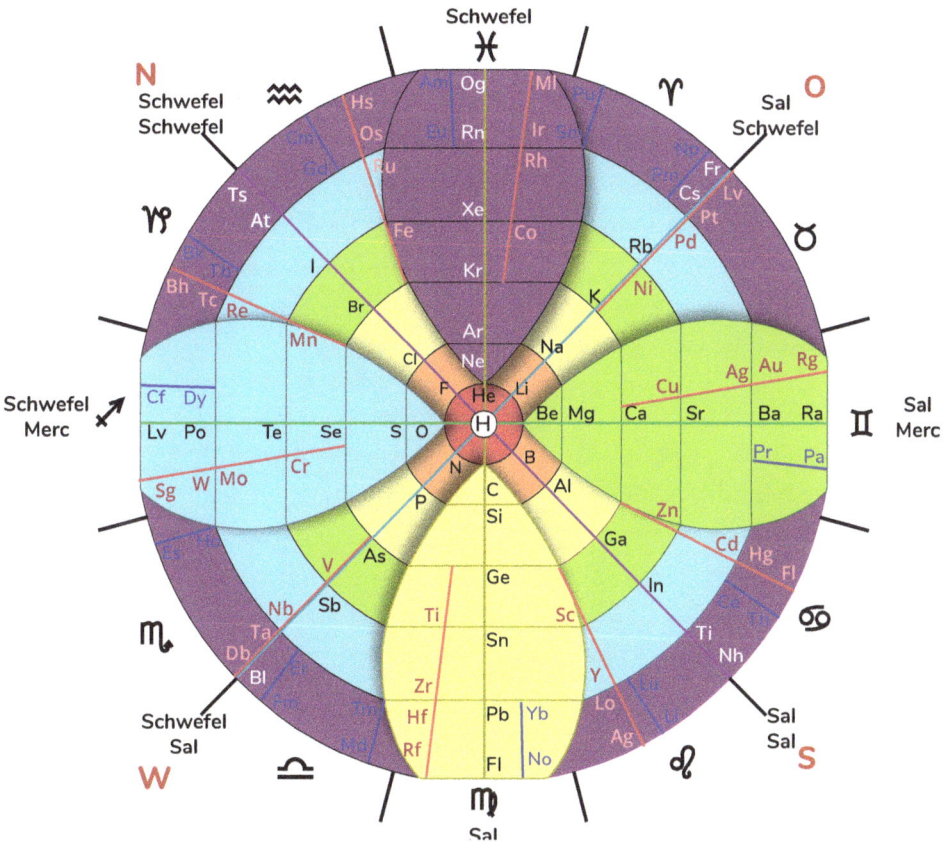

Der zweite Vortrag stammt aus „Der Mensch als Symphonie des schöpferischen Wortes" und ist Vortrag sieben, gehalten am 2. November 1923. Hier spricht Rudolf Steiner darüber, wie die Äther durch die Jahreszeiten wirken und wie die Elementarwesen als Umwandlungsagenten bei der Entwicklung und Synthese dieser Ätherprozesse wirken. Er skizziert den Fluss der Aktivitäten innerhalb des Ätherkörpers der Erde. Indem er die Erdoberfläche als Zwerchfellmembran zwischen dem Oben und dem Unten benutzt, wird uns erklärt, wie sich die verschiedenen Äther über die Erdoberfläche bewegen und damit in einer Hemisphäre direkt auf die Natur einwirken. Bevor sie sich wieder in das Innere der Erde zurückziehen und dort anschließend auf der anderen Hemisphäre aktiv werden. Aus meiner Erfahrung kann ich sagen, dass diese Bewegung in der Natur zu sehen ist. RS erzählt auch, wie die Elementare dazu beitragen, die Interaktion der primären Kräfte zu erleichtern, seien es Äther, Säfte oder kosmische und irdische Kräfte und Substanzen.

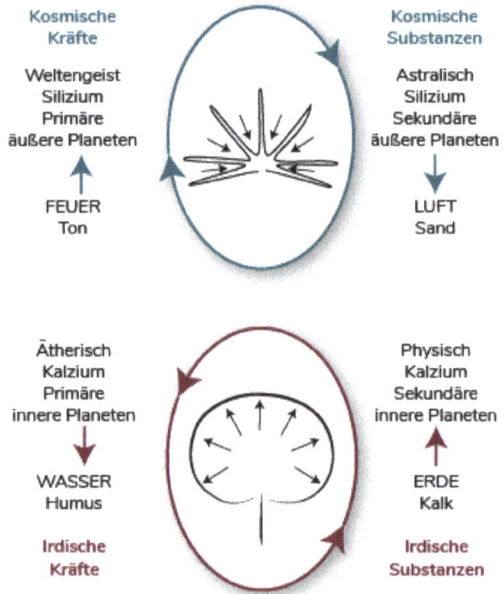

Der dritte Vortrag in dieser Reihe ist der zweite Vortrag aus dem Landwirtschaftskurs, gehalten am 10. Juni 1924. Dies ist etwa 8 Monate später als die beiden vorangegangenen Vorlesungen, stellt aber die dritte Ansicht des energetischen Pflanzenwachstums dar. In diesem Vortrag wird uns eine Sichtweise der Pflanze vorgestellt, die sich innerhalb dessen befindet, was wir „die dreifache landwirtschaftliche Individualität" nennen. Zu Beginn des Vortrages macht uns Dr. Steiner klar, dass die Pflanze in der Erde wie ein auf den Kopf gestellter Mensch ist. Also das Nervensystem ist in der Erde, und das Stoffwechselsystem ist oberhalb der Pflanze. Oberhalb der Blätter bis zur Spitze der Pflanze, und sogar in die Atmosphäre um die Pflanze herum, wird der Stoffwechselbereich der Pflanze betrachtet. Die Blattzone ist das Rhythmische System, das dem menschlichen Brustbereich entspricht. Dieses dreifache Bild ist eine archetypische Organisationsstruktur, die wir im gesamten physischen Körper aller manifestierten Wesen finden.

Da diese Geschichte nur etwa zwei Seiten in Anspruch nimmt, wird im Rest der Vorlesung über die Physikalischen Formativen Kräfte (PFK) gesprochen. Die meisten Leser des Kurses erinnern sich an die Zeile „das ABC von allem ist das Kosmische und das Irdische". Dies ist eine zentrale Aussage, aber viele Studenten kommen nur so weit, dass sie das Kosmische und das Irdische als eine einfache Polarität sehen, zwischen dem, was oben und dem, was unten ist, und getragen von Kalzium und Silizium. Im zweiten Teil dieser Vorlesung haben wir eine komplizierte Geschichte der Prozesse von Kalzium und Silizium, die sowohl als Kräfte als auch als Substanzen wirken. Es sind also vier Prozesse zu berücksichtigen. Kosmische Kräfte und kosmische Substanzen, zusammen mit irdischen Kräften und irdischen Substanzen. Jedes Paar bildet einen kreisförmigen Prozess. Ein Teil des Prozesses bewegt sich auf die Erde zu und der zweite Teil entfernt sich von der Erde. Dies geschieht in beiden Gruppen. Das eigentliche Geschenk des zweiten Vortrags besteht darin, dass RS uns die physischen Träger dieser vier Aktivitäten nennt, die uns zur Verfügung stehen und die wir nutzen können. Er spricht davon, dass die kosmischen Kräfte durch die Lehm-Substanz gestärkt werden, die kosmische Substanz wird durch die physische Präsenz von Sand gestärkt. Die irdische Substanz wird durch das gestärkt, was er Kalk nennt, was auch als Kationen im Allgemeinen zu verstehen ist. Dann werden die irdischen Kräfte durch die Aktivität des Humus gestärkt, genauer gesagt durch den Kohlenstoff und alle Prozesse, die mit der Kohlenstoffchemie in der Landwirtschaft verbunden sind.

Diese Geschichte wird in einem jahreszeitlichen Kontext erzählt, so dass ein Bezug zu den beiden vorangegangenen Vorlesungen hergestellt werden kann. In dieser Vorlesung wird uns aber auch ein Bild davon vermittelt, wie diese physikalischen Gestaltungskräfte als Steuerhebel in die Prozesse des Pflanzenwachstums eingreifen.

In den früheren Vorlesungen wurden uns keine besonderen Präparate an die Hand gegeben, die wir zur Steuerung dieser Prozesse verwenden könnten. In dieser Vorlesung werden uns jedoch die vier grundlegenden Elemente gegeben, mit denen wir den jahreszeitlichen Energiefluss „aushebeln" und damit alles beeinflussen können, was in diesen drei Vorlesungen besprochen wurde.

Der Rest der Landwirtschaftsvorträge spricht mehr über die physische Ebene der Manifestation der formativen Kräfte, zusammen mit Geschichten über die primären energetischen Aktivitäten, die den Weltsphären entstammen. Interessanterweise gibt es im Landwirtschaftskurs nur einen signifikanten Hinweis auf den Äther. Der größte Teil des Kurses spricht von diesen beiden anderen Aktivitätsebenen. Das scheint der Grund zu sein, warum die Menschen, die den Äther als zentrale Referenz für das Verständnis der Biodynamik verwenden, große Schwierigkeiten haben, den Landwirtschaftskurs zu verstehen. Seine Geschichte wird in der Vortragsreihe „Der Mensch als Symphonie" erzählt. Ich sehe, dass die Menschen, die ersten beiden Vorlesungen studiert und damit gearbeitet haben, aber ich sehe nicht viel Literatur oder Arbeit über die Geschichte der physikalischen Bildungskräfte. Es ist eine andere Geschichte als diese, aber extrem kompatibel mit diesen anderen Geschichten, und jetzt haben wir einige physikalische Hebel, mit denen wir alle drei Geschichten kontrollieren können. Die biodynamischen Präparate bieten weitere Hebel, die durch die primären energetischen Aktivitäten wirken, die in und durch die unteren Ebenen des Äther und PFK wirken.

Mein Bild des „saisonalen Komplexes" ist das, in dem ich diese drei Geschichten in eine Dynamik integriere.

Der saisonale Komplex

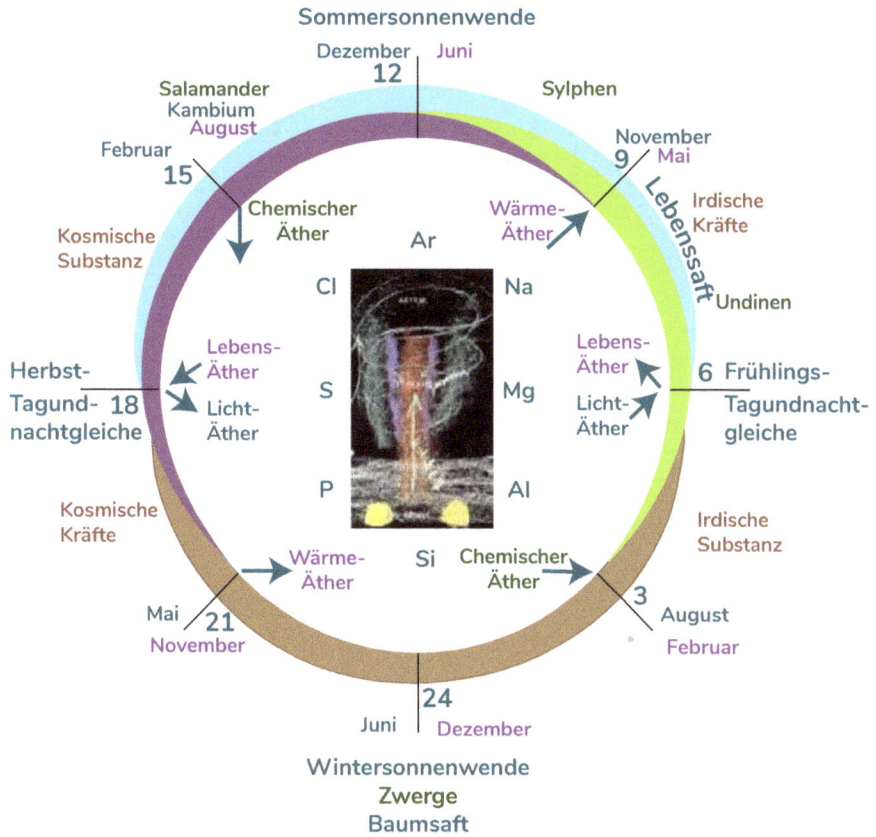

Sommersonnenwende
Dezember | Juni
12

Salamander
Kambium
August

Sylphen

Februar
15

November
9 / Mai

Chemischer
Äther

Wärme-
Äther

Irdische
Kräfte

Kosmische
Substanz

Ar

Cl   Na

Undinen

Lebens-
Äther

Lebens-
Äther

Herbst-
Tagund- **18**
nachtgleiche

Licht-
Äther

S   Mg

Licht-
Äther

6 Frühlings-
Tagundnacht-
gleiche

Kosmische
Kräfte

P   Al

Irdische
Substanz

Wärme-
Äther

Si   Chemischer
Äther

Mai **21**
November

3
August
Februar

Juni **24** Dezember

Wintersonnenwende
Zwerge
Baumsaft

Walter Russells Subatomare Teilchen

Ein Mitreisender auf meinem Weg ist Walter Russell (WR), ein amerikanisches Genie des 20. Jahrhunderts. Er hatte viele Talente, eines davon war die Chemie. Er vollbrachte nicht nur Wunder wie die Umwandlung eines Elements in ein anderes, sondern sagte auch den Platz einiger Elemente voraus. Er schlug vor, dass es vier Ringe von Elementen gibt, die unterhalb von Helium liegen, subatomare Elemente. Charles Walters stellt eine Verbindung zwischen ihnen und den anerkannten subatomaren Teilchen her.

Das Russel-Periodensystem der Elemente, Nr. 1

The Russell Periodic Chart of the Elements, No. I

© Copyright, 1926, by Walter Russell
© Copyright, 1951, by The Walter Russell Foundation
© Copyright, 1933, 1963, 2008, by The University of Science and Philosophy

Distributed by
The University of Science and Philosophy
www.Philosophy.org

Norden

Ähnlich wie bei Jan Scholten ist WRs Diagramm nicht kreisförmig, sondern in Form eines flachen Spiralwirbels gezeichnet. Oben auf seinem Diagramm, in der linken Ecke, sind die subatomaren Elemente dargestellt.

Hier ist mein Vorschlag, wie man sich diesen Elementen nähern und was ihre möglichen Funktionen und Verwendungen sein könnten.

Phase 1 ist der rote Kreis in der Mitte meines normalen Periodensystems, der vergrößert wurde, um WR-Subatome zu berücksichtigen.

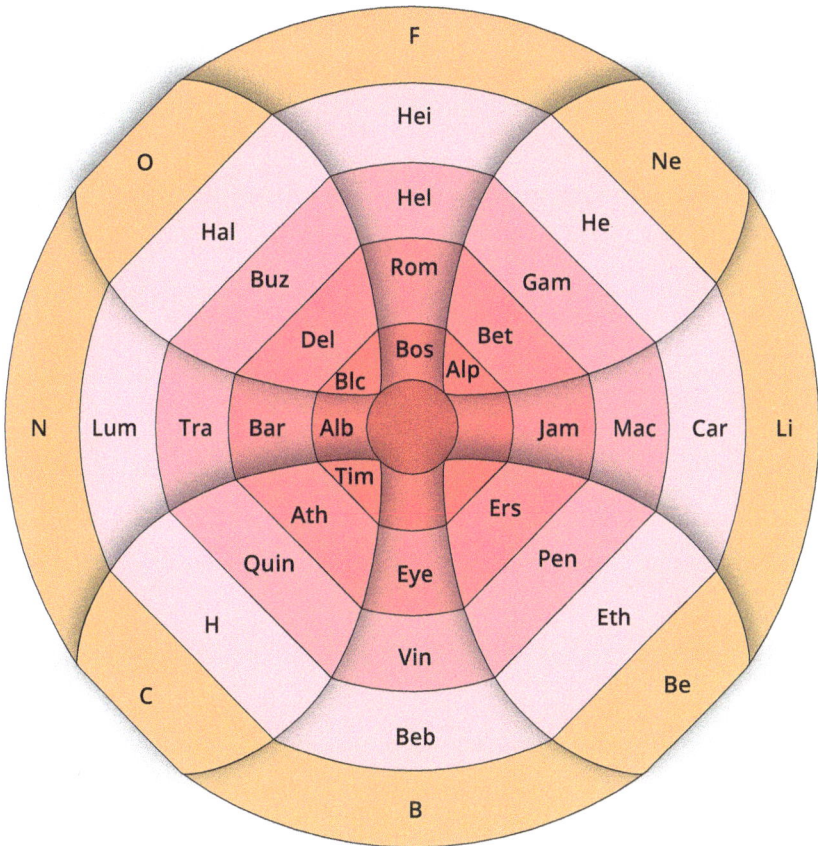

Walter Russel Subatomare Teilchen
Kreisförmig Norden

Phase 2 entwickelt sich, wenn wir das Gesetz der Polarität anwenden, das besagt, dass wir, sobald wir in die subatomare Ebene eindringen, was durchaus mit dem Durchschreiten eines schwarzen Lochs vergleichbar ist, ein Spiegelbild der Ordnung in der Außenwelt vorfinden.

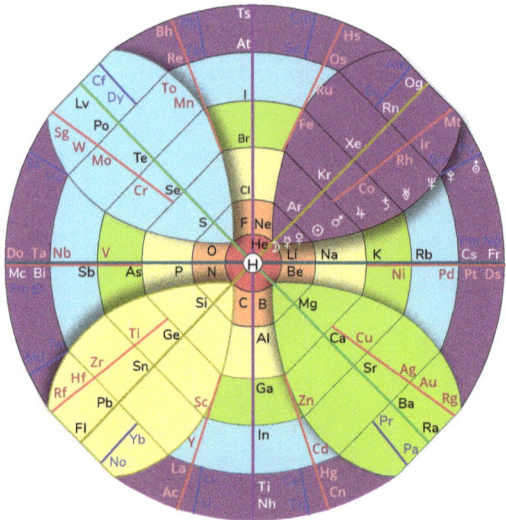

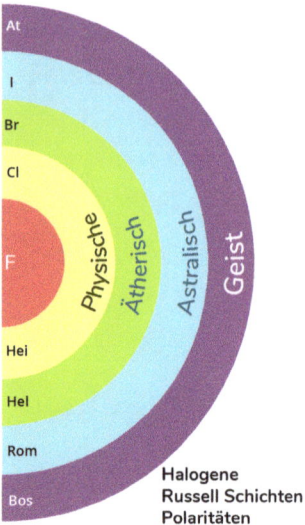

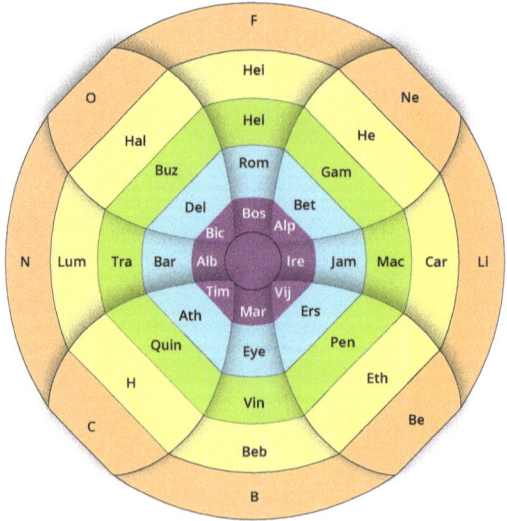

Halogene
Russell Schichten
Polaritäten

Walter Russell Subatomare Teilchen
Kreisförmig Norden
Schichten Polarität

Es gibt 9 Schichten
Welche können polarisieren?

Die vier Schalen mit einem Zentrum, die irdischen Substanzen, die Sphäre der Polarität aus der das Leben hervorgeht, spielt diese Rolle.

Walter Russell
Subatomare Teilchen
Kreisförmig Norden
Schichten Polarität
Zirkulär periodisch

Phase 3, die alchemistische Chemie, besagt, dass wir das letzte Bild um 45 Grad drehen können, damit es mit den Bildern der alchemistischen Chemie übereinstimmt, um zu sehen, ob die gleichen Regeln gelten.

Dies alles deutet darauf hin, dass wir, wenn wir **ein äußeres Element verwenden, auch seinen subatomaren Begleiter verwenden können, und zwar gemeinsam**.

Für die Sub-Atome gelten dieselben Fragen wie für den Zugang zu und das Beschaffen von Chemikalien, und die Antwort auf dieses Problem ist dieselbe. Unter „Praktische Überlegungen" erfahren Sie, wie Sie diese Elemente beschaffen können.

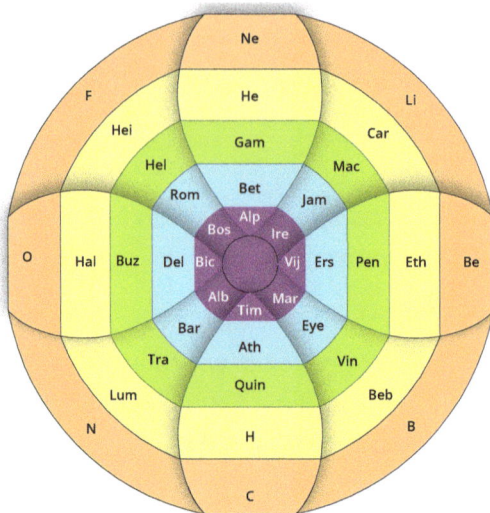

Walter Russell Subatomare Teilchen
Kreisförmig Norden
Schichten Polarität

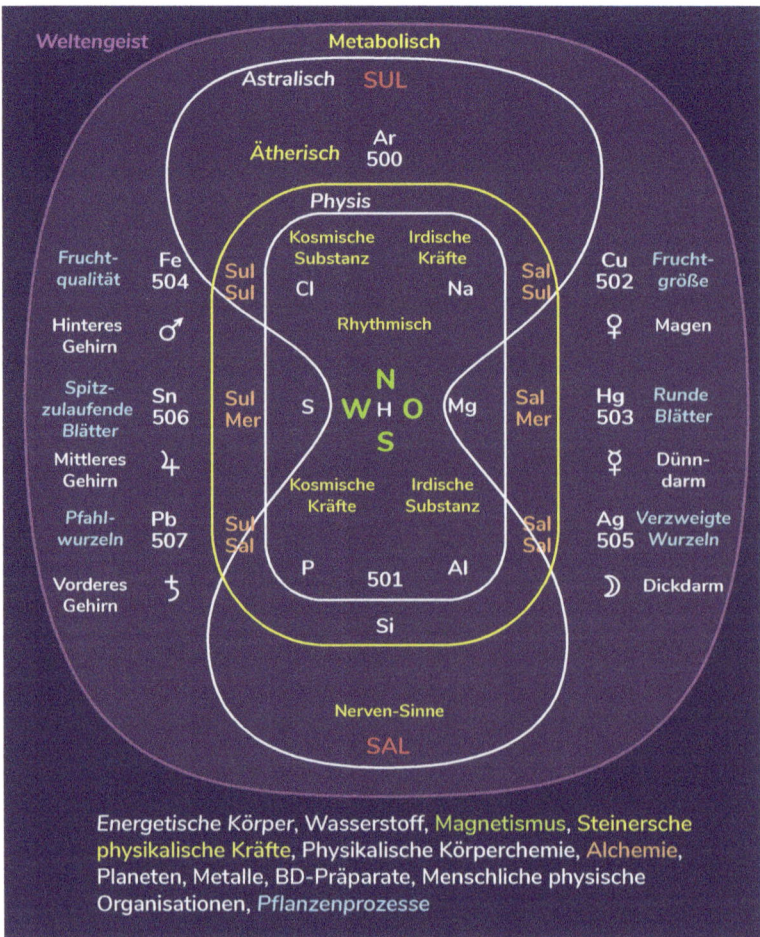

Blume
Blatt
Stiel
Wurzel

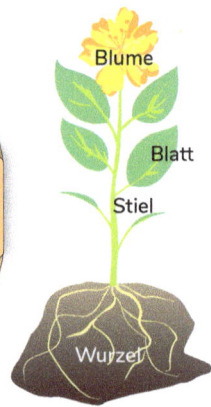

Weltengeist — Metabolisch

Astralisch SUL

Ätherisch Ar 500

Physis

	Kosmische Substanz	Irdische Kräfte	
Frucht-qualität Fe 504	Sul Sul		Sal Sul Cu 502 Frucht-größe
	Cl	Na	

Hinteres Gehirn ♂   Rhythmisch   ♀ Magen

Spitz-zulaufende Blätter Sn 506   Sul Mer   S   N W H O S   Mg   Sal Mer Hg 503 Runde Blätter

Mittleres Gehirn ♃   ☿ Dünn-darm

Pfahl-wurzeln Pb 507   Sul Sal   Kosmische Kräfte   Irdische Substanz   Sal Sal Ag 505 Verzweigte Wurzeln

Vorderes Gehirn ♄   P   501   Al   ☽ Dickdarm

Si

Nerven-Sinne

SAL

Energetische Körper, Wasserstoff, Magnetismus, Steinersche physikalische Kräfte, Physikalische Körperchemie, Alchemie, Planeten, Metalle, BD-Präparate, Menschliche physische Organisationen, Pflanzenprozesse

Praktische Überlegungen

Eines der größten Probleme bei der Erforschung der Chemie besteht darin, dass die meisten chemischen Elemente entweder giftig sind, wenn man mit ihnen umgeht, explosiv, wenn sie der Luft ausgesetzt sind, oder radioaktiv. Man muss also ein relativ gut ausgebildeter Chemiker sein, um sich nicht umzubringen.

Das zweite „Problem" der Chemie ist die Verfügbarkeit dieser giftigen und gefährlichen Stoffe. Im Grunde kann der Durchschnittsmensch nicht auf viele der Elemente zugreifen, und dann kann man natürlich nur auf die zugreifen, die in der Natur vorkommen. Es gibt also verschiedene Kombinationen, die man gerne hätte, die aber überhaupt nicht verfügbar sind.

Diese Hindernisse sind sicherlich groß genug, um die Erkenntnisse aus diesem Buch als intellektuelles Potenzial, aber als praktische Unmöglichkeit zu betrachten. Es gibt jedoch eine Lösung für diese Probleme, und zwar eine, die es ermöglicht, dass die Erkenntnisse dieses Buches der gesamten Menschheit kostenlos zur Verfügung stehen. Es ist genau diese Fähigkeit dieses Systems, die mich dazu „zwingt", diese ganze Methodik der Menschheit kostenlos zur Verfügung zu stellen. Mehr als je zuvor brauchen die Menschen auf der Welt eine nicht-bürokratische Antwort. Ja, es ist ein gewisser Aufwand nötig, um alle Informationen zusammenzutragen, aber mit der Zeit und den kooperativen Bemühungen der interessierten Parteien sollte eine einfache „Materia Medica" entstehen, die normale Menschen für einfache Lösungen ihrer Probleme nutzen können. Die Homöopathie verfügt bereits über viele Informationen der chemischen Elemente.

Die Antwort auf die obigen Fragen liegt in ein paar einfachen Wahrheiten. Eine „Eckpfeiler-Wahrheit" all meiner Bemühungen ist, dass Schöpfung = Bewegung + Zeit. Aus dieser Bewegung über einen sehr langen Zeitraum hinweg hat sich die Schöpfung nach grundlegenden Prinzipien entfaltet, die auf allen Ebenen der Schöpfung zu erkennen sind. Viele Menschen haben gezeigt, dass das mathematische Bild dieser Ordnung der Goldene Schnitt ist, während RS und andere das Axiom „Wie oben, so unten" bekräftigt haben. Mein gesamtes Werk ist der Darstellung der reflektierten Ordnung gewidmet, die zwischen dem, was über uns ist, und der Art und Weise, wie sich die Lebensprozesse organisieren, steht. . Daraus wird ersichtlich, dass es eine archetypische Ordnung gibt, vom Anfang der Geschichte, wie sie in „Biodynamics Decoded" zum Ausdruck kommt, bis hin zum Ende, wie es auf Seite 58 steht. Es ist wichtig zu beobachten, dass meine gesamte Geschichte eine Etappe nach der anderen abläuft, ausgehend von einfachen Beobachtungen dessen, was als wissenschaftliche Tatsache vor uns liegt. Ich sehe, was einfach da ist.

Eine grundlegende Erkenntnis war für mich, als ich zu reisen begann und feststellte, dass jede Kultur auf der Erde den Kreis und das Achteck verehrt. Warum ist das so? Weil diese Form die makrokosmische Wahrheit repräsentiert, dass wir in einer elektromagnetischen Sphäre leben, in der sich alle Materie entsprechend der Nord-Süd-Polarität des stärksten Feldes organisiert. Dies bestimmt die äußere Realität des Lebens. Wir erkennen auch, dass das verinnerlichte Leben das Darunter ist und eine Reflexion dieser Realität darstellt. Das zweite Kreuz, das das Achteck bildet und mit den erdgebundenen Tagundnachtgleichen und Sonnenwenden in Verbindung steht, ist somit ein archetypisches Bild für die Schöpfung, die wir sind. Es scheint, dass alle Kulturen erkannt haben, dass der einfache Akt des Zeichnens eines Kreises in der elektromagnetischen Suppe unserer Lebenssphäre ein „Wesen" hervorbringt, das mit der archetypischen Form der energetischen Sphäre, die die Galaxie, das Sonnensystem und die Erde ist, in Resonanz treten kann. Der Kreis wird zu einem Energieorganisationsmittel, und das Organisationsmuster ist die Ordnung, die ich in meinen Schriften beschrieben habe. Alle Kreise und Achtecke schaffen diese Ordnung, unabhängig von ihrer Größe oder dem Material, aus dem sie hergestellt sind.

Die älteren Kulturen wissen das. Es gibt eine großartige Geschichte über den großen Stupa in der Mitte von Katmandu. Eine Armee von 300 Menschen beschützt diesen Stupa, weil sie glauben und zweifellos erfahren haben, dass der Stupa eine Kraft kosmischer Harmonie erzeugt, die über ihr Land ausstrahlt und Stabilität für die Entwicklung ihrer Kultur schafft. Ihre anhaltende friedliche Existenz hängt von der Existenz des Stupa ab. Die islamische

Kultur sieht in dieser Form ebenfalls eine Repräsentation der kosmischen Harmonie, und alle ihre wichtigsten Gebäude sind achteckig.

Eines der besten Beispiele für die bauliche Nutzung dieser Form ist der Petersdom und der Petersplatz in Rom. Die St. Pauls-Kirche in London ist ein weiteres gutes Beispiel. Die Christen änderten die Grundform des griechischen Kreuzes geringfügig, indem sie die westliche Apsis ihres Gebäudes verlängerten, aber das grundlegende griechische Kreuz wird immer noch durch die gleichen Längen der anderen drei Apsiden gebildet, die dann die Begrenzung der vierten Seite, oft ein Drittel oder die Hälfte der westlichen Apsis, wiedergeben. Ein Hinweis auf die christlichen Kathedralen sind die griechischen Kreuze in den Kacheln und Verkleidungen der Gebäude. Auch auf den Gewändern der Priester ist es zu sehen. In den späteren Kathedralen der Templer gibt es mehrere Beispiele für achteckige Kapitelsäle.

Andere Kulturen wie die alten Briten haben Steinkreise angelegt, während die amerikanischen Indianer ihre in die Erde gezeichneten Kreise „Medizinräder" nennen. Sie haben sehr klare Vorstellungen von der Wirkung der verschiedenen Teile des Kreises. Die Details in den tibetischen Mandalas, die auf dieser Ordnung basieren, lassen vermuten, dass auch sie ein detailliertes Verständnis der inneren Struktur haben, ebenso wie die Chinesen mit ihrem I Ging und Feng Shui.

Während also das Wissen um die Kraft des Kreises und des Achtecks für unsere westliche Kultur verloren ist, ist es für einige andere nicht verloren gegangen. Meine Bemühungen, zunächst einfach dem Prinzip „Wie oben, so unten" der astronomischen Ordnung zu folgen und dann an den „ausgefransten Überresten" dessen zu ziehen, was in der Vergangenheit meiner Kultur liegen geblieben ist, haben eine genaue Karte der Aktivitäten erstellt, die an jedem Punkt des Kreises zu finden sind. Indem man sich einfach an einen beliebigen Punkt des Erdkreises stellt, kann man die dort versammelte spezifische Energie erfahren und von ihr beeinflusst werden. Wir brauchen nur die Experimente mit Sand auf einer vibrierenden Platte zu sehen, um den Prozess zu beobachten. Die Form des Sandes ergibt sich aus der Schwingung. Durch Veränderung der Schwingung ändert sich die Form. So wie die Form aus dieser Schwingung entsteht, so treibt das Magnetfeld der Erde die universelle Organisation an, wenn ein Kreis oder ein Achteck gezeichnet wird.

Dies geschieht mit jedem Kreis oder Achteck, egal welcher Größe. Wenn Sie also bemerken, dass diese Kreise in Ihrer Umgebung herumliegen, können Sie eine Möglichkeit sehen, das Heilmittel, das Sie brauchen, buchstäblich an Ihren Fingerspitzen zu finden.

Das Bild auf dem Umschlag dieses Buches ist ein energetisches Organisationsmittel, das Sie verwenden können, indem Sie einfach Ihren Finger auf die Energie legen, die Sie zu sich ziehen möchten. Achten Sie darauf, dass der Nordpol des Bildes auf den Norden in Ihrer Umgebung ausgerichtet ist.

Der Vorteil dieser Methode besteht darin, dass Sie zu keinem Zeitpunkt mit der physikalischchemischen Substanz in Berührung kommen und daher alle Probleme im Umgang mit ihrem atomaren Gewicht nicht bestehen. Nichts wird explodieren, nichts ist radioaktiv, und ich würde sagen, nichts ist giftig, aber es ist möglich, zu viel von einer bestimmten Schwingung zu bekommen, und das könnte ein Ungleichgewicht verursachen, das zu einer Krankheit führen könnte. Seien Sie also „vorsichtig", es ist eine Kunstform, die etwas Übung erfordert.

Methode der Beschaffung

Während das Stehen auf einer Stelle oder sogar das Auflegen des Fingers auf eine Stelle energetische Bewegungen bewirken kann, ist es auch wünschenswert, Heilmittel herstellen zu können, die man mitnehmen und je nach Bedarf verwenden oder an andere weitergeben kann.

Wir haben die wunderbaren natürlichen Qualitäten von Wasser und Kieselerde zu unseren Diensten. Dr. Emoto aus Japan und andere haben gezeigt, dass Wasser ein programmierbarer Kristall ist. Wenn man Wasser in das Feld einer Person bringt, nimmt das Wasser sofort die energetische Qualität an, auf die sich die Person konzentriert.

Glasflaschen bestehen aus Siliziumdioxid, und wir wissen, dass Siliziumdioxid die Fähigkeit hat, elektromagnetische Energie zu übertragen. Daher wird Wasser in einer Flasche, das in das Sonnenlicht gestellt wird, während es auf einen bestimmten Punkt innerhalb des Kreises gestellt wird, die Energie dieses Punktes ansammeln und halten.

Auf diese Weise haben Sie nun die Möglichkeit, jede gewünschte Energie zu sammeln. Diese Art von Heilmittel ist von der Qualität her sehr ähnlich wie ein Bachblüten-Heilmittel, das im Wesentlichen auf die gleiche Weise hergestellt wird, außer dass die Blütenteile in Wasser im Sonnenlicht platziert werden.

Die einzelnen Heilmittel können dann kombiniert oder potenziert werden, um ihre Wirkung weiter zu spezialisieren. Da wir nun aber alle Elemente des Periodensystems verwenden können, frage ich mich, ob eine Potenzierung notwendig ist.

Die Beschaffung von Subatomen

Eines der Probleme mit der WR-Subatomtheorie war, dass es sich um Energieknoten und nicht um echte Substanzen handelt. Innerhalb des Kreises haben wir sie jedoch im ersten Kreis in der Mitte platziert. Wenn man also einen ausreichend großen Kreis hat, dann ist das Zentrum groß genug, um vier Ringe innerhalb dieser Zone zu identifizieren, und indem man die Flaschen auf diese Punkte stellt, kann man diese Energien sammeln. Ich habe einen Kreis mit einem Radius von 4 Metern verwendet, so dass jeder der 6 Ringe 666 cm groß ist. Die vier Ringe innerhalb des innersten Kreises waren also jeweils 166 cm groß. Das ist groß genug für eine Flasche von guter Größe, wenn Sie möchten. Ich platziere die Flasche in der Mitte der Zone.

In Steiners Methodik wird die Substanz nach ihrer Wirkung auf die Energiekörper ausgewählt, und dann wird die Potenz verwendet, um sie auf das physische System (z. B. den Menschen) zu richten, das wir brauchen. Wir dürfen nicht vergessen, dass er und seine Anhänger nur die Funktion von etwa 20 chemischen Elementen beschrieben haben, und obwohl sie den von mir gezeigten Rahmen öffentlich vorstellten, scheint es, als hätten sie meine Bilder des glenologischen Steins von Rosetta durchaus gehabt.

Wie man diese Informationen verwendet

In den vorangegangenen Kapiteln habe ich verschiedene Ansätze zur Betrachtung der Organisation der Chemie skizziert, und während ich hoffe, dass Sie die praktischen Anwendungen, die sich aus diesen unterschiedlichen Ansichten ergeben, erkennen können, tue ich uns allen vermutlich einen Gefallen, wenn ich darlege, wie ich diese Informationen verwende.

Die Grundlage dieses ganzen Systems ist, dass die Manifestation als eine Interaktion der vier energetischen Körper auftritt, die ihre Quelle in den vier großen astronomischen Sphären finden, wie zu Beginn dieses Buches skizziert. Die beste Metapher, die ich für das Wirken der Körper gefunden habe, ist die, die beim Bau eines Hauses verwendet wird. Der Geist ist der Architekt, der den Plan hat. Der Astralkörper ist der Baumeister, der die Energie hat, um den Plan zu verwirklichen. Der Ätherleib ist der Arbeiter, der die Anweisungen des Architekten befolgt, aber letztlich den Anweisungen des Baumeisters folgt. Der physische Körper ist das Holz und die Bretter, die für das Gebäude verwendet werden.

Der Geist bringt Ordnung. Durch eine nach innen gerichtete Bewegung, die zum Zentrum drängt. Der Astralkörper bringt Energie und Bewegung. Auch er hat eine nach innen gerichtete Bewegung, aber es gibt auch die Tendenz, wenn er nicht vom Geist kontrolliert wird, die Dinge nach außen zu drehen, was das Gefühl vermittelt, „außer Kontrolle" zu sein. Das Ätherische bringt den Treibstoff für die Arbeit und hat eine expandierende, sich ausdehnende Bewegung, die sowohl das Astralische als auch das Spirituelle abstoßen kann, wenn das Ätherische zu stark arbeitet, was zu einer Erfahrung von „Mumienhirn" führt. Jede Funktion braucht die andere. Ohne den Spirit gibt es keine Richtung oder keinen Kontext, innerhalb dessen man arbeiten kann, und ohne den geschäftigen Astral wird das Ätherische träge und hört auf zu arbeiten, um „stagnierend" zu werden. Das Physische hat auch einen zusammenziehenden Einfluss, indem es alles in die Manifestation bringt. Der astralische Chef muss den Anweisungen des Architekten folgen und die Arbeiter antreiben, um die Substanz an den richtigen Ort zu bringen. So einfach ist das.

Der energetische Kreis

Der erste Schritt in dieser Studie war die Identifizierung der energetischen Organisation des Kreises. Dies entwickelte sich aus einem künstlerischen Prozess der Betrachtung der Astronomie und ihrer Organisation, die das Bild der Ringe ergab. Als wir dann von RS' Vorschlag erfuhren, was mit den Primärenergien geschieht, wenn sie sich bewegen und zu biologischen Einheiten werden, entstand das Bild des Doppelkreuzes. Auf der Suche nach einer Möglichkeit, die Ideen von RS darüber, wie die Energien miteinander interagieren, darzustellen, habe ich die astronomische „Ringe"-Realität über die biologische „Kreuze"-Realität gelegt, was das erforderliche Bild jeder Aktivität ergab, die miteinander interagiert. Auf diese Weise konnte die Botschaft des Landwirtschaftskurses an die richtige Stelle gesetzt werden. Das ergibt die Bilder auf Seite 58.

Ich akzeptierte dies als einen künstlerischen Prozess für etwa 10 Jahre, bis ich mir der Realität bewusst wurde, welche die Menschheit seit über 10.000 Jahren kennt: dass Kreise universelle Energieorganisationsmittel sind. Alles in der Schöpfung ist eine energetische Sphäre, und Kreise sind nur ein Teil einer Sphäre, daher MUSS jeder Kreis mit allem anderen in der Schöpfung in Resonanz stehen. Wenn wir das Erdmagnetfeld als organisierende „Kraft" verwenden, sollten wir daher in der Lage sein, DIE universelle Organisation in JEDEM Kreis zu finden. Es dauerte weitere 10 Jahre, in denen ich mit Kreisen lebte und sensibel auf die Energieveränderungen innerhalb des Kreises reagierte, bis ich zu dem Schluss kam, dass die Organisation, die ich durch den eben erwähnten künstlerischen Prozess gefunden hatte, tatsächlich DIE universelle Organisation war. Es ist wichtig zu beachten, dass die meisten Kreissysteme der nördlichen Hemisphäre auf der Sonne und nicht auf dem Magnetfeld der Erde basieren. Ich habe mich dafür entschieden, mit dem realen Magnetismus zu arbeiten, der die realen chemischen Elemente beeinflusst.

Ein praktischer Nutzen dieser Erkenntnis besteht darin, dass wir jede beliebige energetische Interaktion akkumulieren können, indem wir uns an die entsprechende Stelle innerhalb eines Kreises stellen, sobald wir festgestellt haben, wo der magnetische Norden liegt. Es ist auch möglich, eine Flasche Wasser für mehr als 10 Minuten in den gewünschten Bereich zu stellen und ein Heilmittel zu sammeln, das man für den späteren Gebrauch mitnehmen kann. Für die Wissenschaft der Anwendung der energetischen Aktivitäten kann ich nur auf die medizinischen Vorträge von Steiner und die nachfolgende medizinische Literatur der Steiner-Ärzte verweisen. Eine Vortragsreihe, die ich sehr nützlich fand, war eine der letzten von RS. Pastoralmedizin (GA 318 Sept 1924). Sie vermittelt ein ziemlich klares Bild davon, was geschieht, wenn die Energiekörper ihre Beziehung ändern.

Biodynamische Chemie *(S. 76-185)*

Die wichtigsten Entwicklungen, die sich aus dieser Studie ergeben, sind die Identifizierung der energetischen Aktivitäten aller chemischen Elemente. Dies ist am besten in den Diagrammen auf den Seiten 184-185 dargestellt. Die Beobachtungen und Erfahrungen der letzten 20 Jahre, die ich und einige andere, insbesondere Hugh Lovel, gemacht haben, haben gezeigt, dass die durch diese Studie hergestellten Assoziationen richtig sind. Die in diesen Diagrammen gemachten „Vorhersagen" der Wirkung haben sich vielfach bewährt.

Der Diagnoseprozess

Ich werde einige Geschichten über die Behandlung von Hunden erzählen, da dies Fragen der menschlichen subjektiven Voreingenommenheit ausräumt. Die Referenz für die energetische Aktivität des Tierreichs ist Dr. E. Kolisko und seine „Zwölf Gruppen von Tieren". Das Bild, das er gibt, ist, dass wir mit einzelligen Tieren beginnen, als ein Bild von ätherischen dominanten Einflüssen. Sobald wir die Einbuchtung der Gastrula sehen, sehen wir die Inkarnation der Astralität. Wenn wir uns durch die verschiedenen Stämme bewegen, sehen wir eine zunehmende Verkörperung der Astralität, bis wir das Auftauchen von Blut sehen, was ein Hinweis auf die Anwesenheit einer geistigen Aktivität ist.

Die folgenden Erfahrungen stammen von Linde Walker, einer erfahrenen Hundefriseurin und -pflegerin. Sie hatte einen 15 Jahre alten Hund mit einem Milbenbefall in seinen Pfoten.

Milben sind Insekten, die auf ein astralisches Problem hinweisen. Sie saugen Blut, was darauf hinweist, dass ein Aspekt des Geistes beteiligt ist. Dieses Problem deutet auf ein geistig-astralisches Ungleichgewicht hin. In Anbetracht des Alters des Hundes können wir davon ausgehen, dass sich der Spirit von seinen Körperfunktionen trennt, so wie wir es bei alten Menschen beobachten.

Wenn der Geist den physischen, ätherischen und astralischen Komplex eines Tieres verlässt, werden seine Lenkungskräfte auf diese Körper schwächer. Die astralischen Kräfte beginnen selbständig zu handeln, was sich beim Menschen in psychologischen und emotionalen Störungen sowie in der Anfälligkeit für Bakterien und Insekteninfektionen zeigt. Es können auch verschiedene körperliche Erschütterungen auftreten. Der Geist ordnet und kontrolliert und drängt nach innen.

Wir wollen also den Spirit stärken und die Astralität schwächen oder beruhigen. Da es sich um ein lebendes Wesen handelt, befassen wir uns mit den inneren Aktivitäten. Der innere Astralbereich - das blaue Blütenblatt - ist also angezeigt. Um die spirituelle Aktivität einzubringen, können wir uns auf den kosmischen Ring des Weltgeistes konzentrieren, welcher der äußere violette Ring ist. Es gibt acht mögliche Elemente, die auf diese Weise identifiziert werden können. Meine Wahl fiel jedoch auf Holmium Ho. Da Milben winzige Tiere sind, liegt es nahe, dass wir uns auf den Anfang des Tierbereichs konzentrieren.

Eine weitere Studie, die ich durchgeführt habe, ist im Bild „Kreis von allem" zu finden (S. 283, 19). Daraus geht hervor, dass Koliskos 12 Tiergruppen um denselben 90-Grad-Quadranten in der Astral-Welt angeordnet werden können. Die ersten sechs Stämme befinden sich entlang der horizontalen Unterteilung des Astral-Welt, während die anderen sechs gleichmäßig von der horizontalen bis zur vertikalen Achse verteilt sind. Damit befinden sich die Insekten, der siebte Stamm, etwa 15 Grad oberhalb der horizontalen Achse. Das Element, das diesem Punkt am nächsten liegt, ist Holmium, ein Lanthanoid. Die gesamte Gruppe der Lanthanoiden wird mit der Unterstützung des inneren Geistes in Verbindung gebracht, also ein weiteres Häkchen, das gesetzt werden kann.

Wir können auch feststellen, dass Holmium von dem Planeten „Exkarnationsmanifest Mars" regiert wird. Exkarnierende Prozesse scheinen mit „manifesten" Dingen wie Insekten usw. verbunden zu sein, während inkarnierende Prozesse eher in körperlichen Prozessen aktiv zu sein scheinen, wie wir bei Samarium - „Inkarnierender Kraft-Mars" - sehen werden.

Diese Holmium-Diagnose bezieht sich auch auf ähnliche Probleme wie Zecken, Moskitos, Sandmücken, Flöhe usw. Dies deutet auch darauf hin, dass das entsprechende Mars-2-Element auf den Spuren- und Hauptgruppen ebenfalls für diese Probleme verwendet werden könnte.

Hier ist Lindes Bericht: „Ich habe das Lanthanoid Ho (Holmium) bei einem sehr alten, über 15 Jahre alten Shih-Tzu eingesetzt, der von Milben befallen war, die sich in seinen Körper und insbesondere in die Schwanzspitzen gefressen hatten. Jeder, dessen Hund von diesen Milben befallen war, weiß, dass sie nur sehr schwer wieder loszuwerden sind. Ich kümmere mich um diese reizende alte Seele und habe daher beschlossen, das Lanthanoid Ho auszuprobieren. Auf der emotionalen Seite hilft es, Klarheit und Richtung zu geben und unterstützt Dinge wie positiven Enthusiasmus, Aufmerksamkeit für notwendige Details, Expansion, Risikobereitschaft und die Vorteile langfristiger Ziele. Diese kleine Seele kann manchmal (besonders nachts, wenn wir die Lichter ausmachen) in ANGST verfallen und sich stressen, hyperventilieren und herumlaufen. Doch schon nach dem ZWEITEN Tag der Einnahme von Ho Lant ist er entspannt und hat keine Angst mehr. Ich lege ihn auf mein Bett und er schläft sofort ein. Das Ende seines

Schwanzes, das von Milben befallen war, ist jetzt frei , er kann seinen Schwanz wieder spüren, es wachsen neue Haarfollikel nach und der ganze schreckliche schwarze Milbenbefall ist völlig verschwunden. Ich bin so begeistert. Dies ist eine sehr natürliche Methode, mit Milben und Flöhen umzugehen und hilft bei den eigenen Emotionen, denn Ho bringt sie zurück in ihren eigenen Geist ... das macht einen glücklichen, entspannten Welpen mit 15+.

Ich habe gerade ein Experiment mit zwei weiteren kleinen 'Doodle'-Rassehunden abgeschlossen. Einer von ihnen hat chronisch unter Hefepilzen und Bakterien gelitten. So entstehen diese Flecken auf der Haut und bei dem einen riecht es so stechend, dass es in die Innenohren zieht. Der andere kleine Doodle (ein Pudel-Mix) hatte eher einen Bakterien- als einen Hefefleck auf seiner Seite. Ich verschrieb ihm eine Woche lang 2 Tropfen Ho pro Tag und ... eine äußerliche Anwendung, um die sich ausbreitenden Bakterien zu bekämpfen. Das Ergebnis war verblüffend. Alle Bakterien und Hefepilze sind jetzt vollständig verschwunden, außer bei Lottie, die (in der Vergangenheit chronisch) immer noch leicht Hefepilze in den Ohren hat. Ich habe gefragt, ob sie ihr 1 Tropfen pro Tag ins Ohr geben können, um diese hoffentlich abzutöten. Das sind aufregende Neuigkeiten für mich. Wenn das bei meinen kleinen pelzigen Tieren funktioniert, dann ... wie wäre es, wenn man Tiere züchten würde, insbesondere Tiere aus biologischer Zucht, und bei ihnen Ho anstatt chemische, giftige Heilmethoden verwendet. Ich werde Ihnen von den „Nebenwirkungen" meiner kleinen Erfahrung berichten.

Die Nebenwirkungen von Lottie (weiblich) und Harry (männlich) sind, dass sie einen neuen Retriever-Welpen haben, der auf ihrem Grundstück lebt. Harry hat KEINE Toleranz für ihr süßes, ungestümes Welpenspiel und weist diesen armen, aufgeregten, großen Welpen aggressiv in seine Schranken, was dazu führt, dass sie sich zu sehr unterwirft. Täglich, wenn sie zum Spielen rausgelassen wurde, biss Harry ihr in die Ohren, bis sie quiekte, und in die Beine. Lottie stürzte sich auf sie, als diese kleine Hündin zwischen Lottie und ihren Mann Harry geriet. Lottie ist normalerweise die süßeste, sanfteste kleine Seele. Da jedoch sowohl Lottie als auch Harry gegen Milben/Bakterien/Hefen behandelt werden und Ho im Zeichen von Mars/Skorpion steht und den Menschen (und anscheinend auch den Hunden) dabei hilft, „die Dinge mit positivem Enthusiasmus anzugehen, sie zum Laufen zu bringen, einen klaren Kopf zu bewahren, die Dinge in Ordnung zu bringen", erzählt mir ihre Mutter mit dem größten Erstaunen, dass Harry, der normalerweise aggressiv ist, nun nicht mehr aggressiv ist, sondern den Welpen willkommen heißt und mit ihm spielt. Lottie fängt jetzt an, sich an den Welpen zu schmiegen wenn sie sich ausruhen, schlafen und miteinander kuscheln. Wahnsinn! Fantastische Ergebnisse.

Bis jetzt hat das Experiment der Flohbekämpfung funktioniert. Glen und ich fragen uns nun, wie lange es dauern wird, bis wieder Flöhe auftreten, bevor wir die Tropfen verabreichen müssen (2 Tropfen 2 x täglich für 2 Tage oder ins Trinkwasser geben). Es sind jetzt 4 Wochen vergangen und alles ist soweit gut.

Ein anderes Beispiel, dieses Mal mit Neodymium (Nd). Dies ist ein Lanthanoid, also der äußere violette Kreis, aber im inneren ätherischen Blütenblatt. Das Ätherische hat die Wirkung, ein zu stark wirkendes Astral zu verdrängen, wirkt also in der Regel beruhigend auf psychische Probleme.

„Fantastische Neuigkeiten". Der Pitt Bull X, der soooo widerspenstig und aggressiv und räuberisch war. Der neue Besitzer war unzufrieden. „Ich kann diesen Hund nicht kontrollieren. Ich muss sie loswerden." Also haben wir ihn an einen anderen neuen Besitzer weitervermittelt. Ich habe Nd Lantz zu ihr geschickt. Mir wurde gerade mitgeteilt, dass es Mala (dem Hund) „spektakulär" geht. Ich bin so aufgeregt und freue mich für alle, sonst war es die Nadel und die Krankenschwester, die Gute-Nacht sagte. (Neodymium ist das Element Venus 1, das die sozialen Fähigkeiten betont, die man braucht, um seine Ziele zu verwirklichen. Es macht dich also sozial sicher und bereit, 'freundlich' zu sein.)

Samarium

Der Unterschied zwischen „inkarnierenden und exkarnierenden"
Planeten lässt sich am besten als Teil eines kreisförmigen Prozesses
betrachten. Die Energie kommt von den Sternen auf uns zu, bewegt
sich durch die Planetensphären und dann durch die atmosphärische Hülle der Erde, bevor sie von der Erde aufgenommen wird. Die
Erde reflektiert dann all diese kombinierte Energie als Lebensformen
zurück nach außen. Wir können also von den inkarnierenden Prozessen als Kräften sprechen, während die exkarnierenden Prozesse sich
als Manifestation zeigen.

Samarium ist der inkarnierende Mars oder Mars 1, und meine
Erfahrung mit ihm zeigt, dass er viele Anwendungen hat. Mars ist der
Planet der Astralität. Saturn ist der Planet des Geistes, während Jupiter dem Geist und der Astralität hilft, zusammenzuarbeiten. Mars in
der Region des Inneren Geistes deutet also darauf hin, wie Geist und
Astral zusammenarbeiten, um die nachfolgenden Manifestationen zu
organisieren.

Er arbeitet jedoch eher an biologischen Funktionen als an äußeren
Schädlingen. Mars ist der Gott des Krieges und regiert den heran-
wachsenden Mann, also hitzköpfige, impulsive Handlungen. Ich habe
es zum ersten Mal verwendet, nachdem ich einen Herzinfarkt hatte
und Hitzewallungen erlebte. Das liegt daran, dass der Innere Geist aufgrund des Herzinfarkts nicht richtig inkarniert ist. Die Hitzewallungen
hörten auf. Ich habe es dann einigen Frauen in den Wechseljahren
gegeben, die fanden, dass es ihnen bei ihren Hitzewallungen half.
Als nächstes, als „Überbleibsel" der Arbeit mit der Brennnessel - die
ein astral stimulierendes Kraut ist - in den späten 1970er Jahren,
bekomme ich jeden November einen Ausschlag auf meinen Armen.
Wenn ich kratze, wird es schlimmer. Im Laufe der Jahre habe ich viele
Dinge ausprobiert, und kaltes Wasser ist so gut wie alles was hilft. Als
ich anfing, Sm äußerlich aufzutragen, hörte der Juckreiz auf. Seitdem
nehme ich die Tropfen innerlich ein, und das hat noch besser funktioniert. In letzter Zeit hat diese Behandlung dazu geführt, dass dieses
jährliche Ereignis kein Problem mehr darstellt.

Bei einer anderen Gelegenheit waren wir zelten und ich sammelte etwas Sm aus einem nahe gelegenen Kreis, als zwei Leute von Wespen gestochen wurden. Mein Astral Cooler-Produkt, das Brennnessel enthält, hat sich in der Vergangenheit als sehr nützlich gegen Wespenstiche erwiesen, also dachte ich, Sm sei einen Versuch wert. Innerhalb von ein paar Minuten waren alle Auswirkungen des Wespenstichs verschwunden. Es war auch eine erfolgreiche Schmerzlinderung, wenn die Tropfen auf die schmerzhafte Stelle gerieben wurden.

Die Botschaft, die ich zu vermitteln versuche, ist, dass man, sobald man die energetische Aktivität identifiziert hat, mit der man arbeiten möchte, die chemischen Elemente identifizieren kann, die mit diesen Prozessen arbeiten. Oft gibt es zwei oder mehr Stellen, an denen man das Gewünschte finden kann.

In dem Holmium-Beispiel - Kosmischer Geist, innere Astral-Welt -, in dem wir den Geist und die Astralität in Harmonie bringen wollen, können wir auch das innere geistige Blütenblatt und den kosmisch-astralischen Ring betrachten, die beide Xenon und Rhodium anzeigen. Beide können mit dem Holmium kombiniert werden, wenn Sie dies wünschen. In der Chemie gibt es selten nur ein einziges Element, sondern immer ein Kationen- und ein Anionenpaar, so dass ich gerne einen Partner habe, was aber nicht immer notwendig ist.

Steiners Organismen

Ein gutes Beispiel für die Paarung von Elementen ist die Behandlung der Steinerschen Organismen. Ich habe gerade die Hitzewallungen erwähnt, die ich nach einem Herzinfarkt hatte. RS würde sagen, dass mein Wärmeorganismus nicht unter Kontrolle war.

Ein „Organismus" entsteht, wenn der eine oder andere Körper über einen bestimmten Zeitraum in den physischen Körper hineinwirkt. Wenn der Geist in den physischen Körper einwirkt. Er erschafft eine Hülle innerhalb des physischen Körpers, die kontrolliert, wie wir Wärme in unserem Körper manifestieren oder nicht. Wenn der Astralkörper in den physischen Körper einwirkt, schafft er einen Luftorganismus, der sich in unseren Atmungsprozessen zeigt. Asthma tritt also auf, wenn der Astralkörper den Luftorganismus in irgend-einer Weise stört. Wenn das Ätherische in den physischen Körper hineinwirkt, haben wir einen Wasserorganismus, der den Fluss der Flüssigkeiten durch unseren Körper und aus ihm heraus kontrolliert. Wenn wir altern, schwächt das Ätherische seine Verbindung mit dem Physischen und wir haben Inkontinenz. Die Lösung für all diese Probleme besteht darin, die verschiedenen Körper wieder in eine tiefere Durchdringung des physischen Körpers zu bringen.

Mit dem Wärmeorganismus wollen wir den Geist in das Physische bringen. Also können wir den Ring des kosmischen Geistes im inneren Physischen betrachten, der Blei ist (und die damit verbundenen Elemente), während wir auch den inneren Geist mit dem Ring des kosmischen Physischen haben können, der Argon ist. Also PbAr.

Wenn der Innere Geist exkarniert, funktioniert der Wärmeorganismus weiterhin innerhalb des physischen Körpers, aber er hat seinen Kontrolleur verloren.

Für den Luftorganismus wollen wir den Astral in eine tiefere Durchdringung des Physischen bringen. Das innere astralische Blütenblatt mit dem kosmisch-physischen Ring ist also Schwefel, während der innere physische und der kosmisch-astralische Ring Zinn-Sn ist. SnS kann also für Atemprobleme verwendet werden.

Für den Wasserorganismus haben wir das innere ätherische Blütenblatt mit dem kosmisch-physischen Ring, der Magnesium Mg ist, und den inneren physischen und den kosmisch-ätherischen Ring, der Germanium Ge ist. Um Ihre Wasserwerke zu kontrollieren, können Sie also MgGe verwenden.

Die unzähligen Gesundheitsprobleme, mit denen wir konfrontiert sind, können alle mit diesem System angegangen werden, sobald Sie die energetische Aktivitätsinteraktion identifiziert haben.

Bei dieser Methode haben wir die energetische Aktivität identifiziert, die wir nutzen wollen, aber wir haben sie nicht auf ein physisches System gerichtet. Dies wird durch die Potenzierung der „Substanz" erreicht. RS schlägt hierfür vor, dass die Potenzen von 1-10 auf das

Stoffwechselsystem, 11-20 auf das rhythmische System und 21-30 auf das Nervensystem wirken.

Die nächste Frage ist, welche genaue Potenz innerhalb dieser Bereiche wir wählen. Es gibt zwei Möglichkeiten, dies zu tun. Die eine ist, Dr. L. Kolisko zu folgen und Weizenpflanzen bis zum dritten Blattstadium wachsen zu lassen und die Länge der Blätter und der Wurzel in allen 30 Potenzen zu messen. Man trägt sie in ein Diagramm ein und schätzt dann ein, welche Potenz in der Gruppe den stärksten Einfluss hat. Ich habe dies für meine BD-Vorbereitungen getan.

Die zweite Methode ist die Wünschelrute. Dies ist das einzige Mal, dass ich die Wünschelrute verwende. Ich verwende die Wünschelrute nicht zur Diagnose, denn eine der Gaben von RS ist die Fähigkeit, energetische Manifestationen bewusst zu diagnostizieren, wie oben gezeigt. Dies ist ein echter „Muskel", und wenn Sie ihn nicht trainieren, werden Sie ihn nicht aufbauen, was bedeutet, dass Sie nicht zu einem bewussten kreativen „Engel" werden.

Zuerst frage ich das Universum, welche Potenz zwischen 1-10 für diese Substanz am besten ist, um welche Aufgabe im Stoffwechselsystem zu erfüllen. Normalerweise erhalte ich eine Zahl. Dann fahre ich mit dem Finger über eine Zeichnung einer Skala von 1-10 und stelle dieselbe Frage, um zu überprüfen. Bei der richtigen Zahl spüre ich eine kleine Beule. Meistens sind sie identisch. Mir ist klar, dass beides von „zweifelhaftem wissenschaftlichem Ruf" ist, aber die ganze Arbeit mit den Pflanzenversuchen ist für die meisten Laien eine ziemliche Herausforderung. Ich habe damit aufgehört, als ich anfing, mit der Chemie und ihren über 100 Elementen zu arbeiten. Das sind einfach viel zu viele Flaschen.

Um etwas zu potenzieren, nimmt man 1 Teil der Substanz und verdünnt ihn mit 9 Teilen möglichst reinem Wasser. Destilliertes Wasser und dann Regenwasser sind am besten geeignet. Füllen Sie die Flasche nur zu etwa 75 % ihres Fassungsvermögens. Dann schütteln Sie die Flasche 2,5 Minuten lang rhythmisch. Dies ist D1. Dann nehmen Sie diese Menge und verdünnen sie auf 9 Teile und wiederholen das Ganze. Das ist D2. Sie können auch nur etwas von D1 nehmen und diese Menge um 9 Teile verdünnen und dann schütteln. Führen Sie diesen Prozess fort, bis Sie die gewünschte Potenz erreicht haben.

Für die chemischen Elemente benutze ich jetzt ein einfaches radionisches Potenziergerät, da sonst zu viele Flaschen im Spiel sind, und es scheint die Aufgabe zu erfüllen.

Inkarnierende und exkarnierende Planeteneinflüsse

In der vorherigen Passage von Linde sprach sie von Mars 1 und Mars 2. Dies bezieht sich auf den Prozess um den Kreis herum. Die Einzelheiten dazu habe ich in den „Reisen durch die Lanthanoiden" behandelt. Sie können also die Phase des Zyklus bestimmen, an der Sie interessiert sind, und dann haben Sie die Möglichkeit, den Ring des Kreises zu benutzen, so dass Sie sich auf eine Aktivität des Energiekörpers konzentrieren können. Das Diagramm auf Seite 164 zeigt die planetarischen Herrschaftsbereiche.

Welt- und verinnerlichte Gruppen

Es scheint mir, dass die verinnerlichten Gruppen und Welt-Elemente auf ähnliche Weise funktionieren wie die Kraft- und Substanzseiten des Kreises. Die Kraft oder die Seite mit den inkarnierenden Planeten arbeitet an Prozessen, während die Seite des Kreises mit der exkarnierenden Manifestation mehr an manifesten Problemen wie Insekten arbeitet. In ähnlicher Weise arbeiten die inneren Arme an manifesten und inneren zellulären biologischen Funktionen, während die Weltaktivitäten an allgemeineren extrazellulären Prozessen sowie an der äußeren Umgebung wie Boden und Wetter arbeiten.

Ich bin kein so guter Biologe, dass ich die Einzelheiten dieses Unterschieds klar definieren könnte.

Walter Russells Sub-Atome

Mein Studium dieser Elemente deutet darauf hin, dass die Sub-Atome ein Spiegelbild der manifesten Elemente sind und dass die „entgegengesetzten" Elemente zusammen oder einzeln die gleiche Wirkung erzeugen. Wenn Sie also den inneren Ätherkörper in den inneren physischen Körper hinein stärken wollen, eine Aktion, die eine gute Gesundheit unterstützt, dann können Sie Magnesium (Mg) und Ethlogen (Eth) verwenden. Das ist so, als ob Sie die Note E in der 4. und 6. Oktave gleichzeitig spielen würden.

Die saisonalen Zyklusbehandlungen

Im Jahr 2019 habe ich einen Versuch durchgeführt, um zu sehen, ob ich den Jahreszeitenzyklus als Indikation für Heilmittel verwenden kann, die für die jeweilige Jahreszeit geeignet sind. Das Ergebnis war gemischt. Einer der Gründe, warum ich es aufgeschrieben und zur Verfügung gestellt habe, war, dass ich meine Gedankengänge aufzeigen wollte, die mich zu meinen Vorschlägen geführt haben.

Eu

Gd   Sm

♄1   ♃1   ♂1

N   O

Pm

☉1

Sommersonnenwende

Dezember Juni

12

Salamander
Kambium
August   Sylphen

Februar   November

9

Mai

Irdische
Kräfte

♀1 Nd

Tb ♄2

15

Kosmische   Chemischer   Wärme-
Substanz   Äther   Ar   Äther

Cl   Na

Undinen

Lebens-
Äther

)y ♃2   18   S   Mg   Lebens-   6 Frühlings-
Herbst-   Licht-   Äther   Tagund-   ♀1 Pt
Tagund-   Äther   Licht-   nachtgleiche
nachtgleiche   Äther

P   Al

Kosmische   Irdische
Kräfte   Substanz

Ho ♂2

21   Wärme-   Si Chemischer
     Äther   Äther

3

)1 Ce

Mai   August Februar
November

24

☉2   Juni Dezember

Er

Wintersonnenwende
Zwerge
Baumsaft

W   S

♀2   ☿2   )2

Tm   Yb   Lu

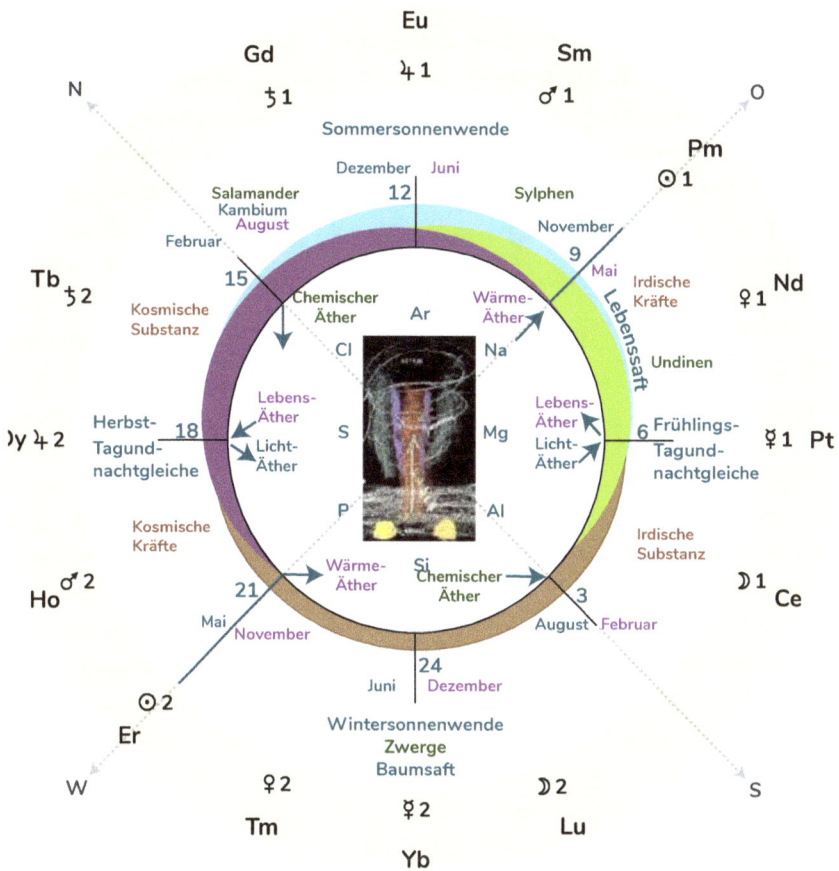

Jetzt ist es 2022 und ich habe meine Untersuchungen zu dieser „Idee" fortgesetzt und bin zu einem neuen Verständnis darüber gelangt, wie wir damit arbeiten könnten. Hauptsächlich aufgrund meiner Bemühungen, den „Ausschlag" zu kontrollieren, der jedes Jahr im November auf meinen Armen auftaucht, hatte ich herausgefunden, dass Samarium bei äußerlicher Anwendung den Juckreiz lindern würde. Als ich nun die Mineralienreferenzen innerhalb des Jahreszeiten-Komplexes erweiterte, stellte ich fest, dass im November, wenn der Wärmeäther in der Natur stärker zum Ausdruck kommt, eines der angezeigten Elemente für diese Zeit Samarium ist. Dieses Jahr habe ich es innerlich eingenommen, einmal alle paar Wochen, und ich habe nur einen sehr leichten Ausschlag. Das deutet darauf hin, dass dieses Mittel bei den jahreszeitlichen Veränderungen von großem Nutzen sein kann.

Ein weiteres Beispiel, das auffällt, ist der Echte Mehltau auf Weintrauben und das Gesichtsekzem bei Schafen, beides Pilzkrankheiten, die beide auf Zinkanwendungen ansprechen. Dies sind nicht die Elemente, die auf dem Februar-Punkt sitzen, aber Zink sitzt diesem Punkt gegenüber, was uns nahelegt, auch die polar entgegengesetzten „Begleiter" der Elemente zu erforschen, die direkt mit der saisonalen Phase zusammenhängen. Diese Erkundung wird fortgesetzt. Tb wird vorgeschlagen.

Ich werde meine anfänglichen Vorschläge hier als „Denkbeispiele" stehen lassen und die neuen Optionen in Kursivschrift hinzufügen. Die Verwendung der Spurenelemente, die mit diesen Regionen verbunden sind, bietet die Möglichkeit, bestimmte Körper hervorzuheben, indem ein Element aus einem bestimmten kosmischen Ring verwendet wird.

In den folgenden Vorschlägen sind die biodynamischen Präparate enthalten. Hier ist ein Leitfaden für ihre energetische Aktivität.

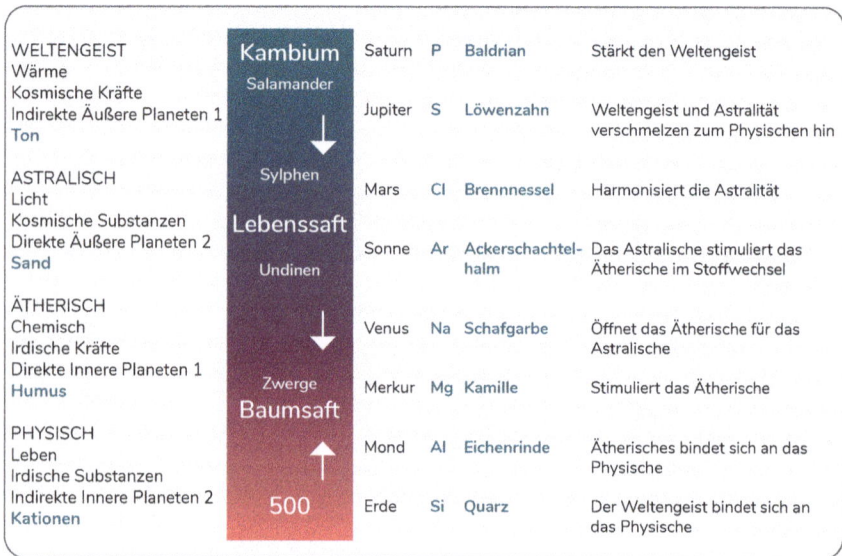

WELTENGEIST Wärme Kosmische Kräfte Indirekte Äußere Planeten 1 Ton	**Kambium** Salamander ↓	Saturn	P	Baldrian	Stärkt den Weltengeist
		Jupiter	S	Löwenzahn	Weltengeist und Astralität verschmelzen zum Physischen hin
ASTRALISCH Licht Kosmische Substanzen Direkte Äußere Planeten 2 Sand	Sylphen **Lebenssaft** Undinen	Mars	Cl	Brennnessel	Harmonisiert die Astralität
		Sonne	Ar	Ackerschachtelhalm	Das Astralische stimuliert das Ätherische im Stoffwechsel
ÄTHERISCH Chemisch Irdische Kräfte Direkte Innere Planeten 1 Humus	↓ Zwerge **Baumsaft**	Venus	Na	Schafgarbe	Öffnet das Ätherische für das Astralische
		Merkur	Mg	Kamille	Stimuliert das Ätherische
PHYSISCH Leben Irdische Substanzen Indirekte Innere Planeten 2 Kationen	↑ 500	Mond	Al	Eichenrinde	Ätherisches bindet sich an das Physische
		Erde	Si	Quarz	Der Weltengeist bindet sich an das Physische

Station 1 - Mitte Winter bis einen Monat vor dem Frühling; Phase der irdischen Substanz; 2. Stufe der Lebensäther-/Baumsaftphase; Aluminium/Bor

In diesem Zeitraum findet die Kristallisationsphase statt. Dies ist „der" wahre Mittelpunkt des Jahres.

In einer der RS-Geschichten ist die Rede davon, dass die eigentliche „Samenbefruchtung", bei der die kosmische Prägung für die kommende Saison fruchtbar gemacht wird, erst in der Mitte des Winters stattfindet. Dies ist also der Beginn der neuen Jahreszeit. Die Bewegung nach außen beginnt. Die Aktivitäten der Erde, der kosmischen Kräfte und der irdischen Substanz sind von den Gnomen angeregt worden. Die kosmischen Kräfte wollen die Absicht der „samenbefruchteten" Spezies bis zur neuen Saat führen. Die irdische Substanz möchte alle physischen Nährstoffe bereitstellen, die für den „Körper" der Pflanze benötigt werden, und feine Gewebe bilden. RS sagt, dass es die Abneigung der Gnome gegen diese physische Aktivität ist, welche die Quelle dazu bringt, aus der Erde herauszustoßen. Ich bin froh, dass dies ein natürlicher Prozess ist, der mit dem Zyklus der Sonne verbunden ist. Die kosmischen Kräfte der Kieselsäure wollen in den Himmel schießen, und die irdische Substanz des Kalziums will die Fahrt mitmachen. Diese Kombination wird durch die Elemente dieser Periode, Aluminium und seinen Bruder Bor, unterstützt. Das Aluminium löst die Kieselsäure aus ihrem strukturierten Gitter und stimuliert als Lehm die kosmischen Kräfte der Kieselsäure nach oben. Bor hilft, indem es dem Kalzium hilft, sich auf der Reise zu halten. Auf dieser Reise nach außen kommt der aktive Lebensäther zu einem Ende, und der aus dem Äther stammende chemische Äther wird aktiver. Dies ist die Reise des Baumsaftes.

500 ist eine offensichtliche Wahl, da es sich während dieser Zeit in der Erde befindet und somit die Calcium-Absichten der Gnome trägt. Ich habe dieses Mal 501 mit Lehm verwendet, aber ich würde genauso gut Lehm allein verwenden oder ein Winterhorn-Lehm könnte sich als noch besser erweisen. Das 501 ist gut geeignet, wenn das erste richtige Wachstum beginnt. Je näher man dem Frühling ist, wenn man dieses „Tonikum" anwendet, desto bequemer kann man 501 hinzufügen.

Ich habe Borphosphat verwendet, vor allem, weil eine Mischung von Elementen aus verschiedenen Schichten anregender zu sein scheint als eine Mischung von Elementen aus derselben Schicht. Ich mag auch die Stimulierung von Phosphor im Frühjahr, um die Lichtprozesse anzuregen. Stickstoff könnte eine weitere Überlegung sein, als Partner von Boron, sobald der Boden sich erwärmt hat.

Was die Potenzen betrifft, so wollen wir, dass die Aktivität der Erde über die Oberfläche hinausgeht. Daher sind mittlere Potenzen jetzt in Ordnung.

Diese Anwendung wurde im August durchgeführt, also etwa einen Monat nach der Wintermitte (in Neuseeland). Sie bewirkte, dass sich die Pflanzen energetisiert fühlten, aber sie erschienen wie eine zusammenhängende, wachsende Masse, die uns entgegenkam.

Dies deutet auch auf die Gruppe der Elemente um Cerium, Gold, Silber usw. hin.

Station 2 - Frühling
Ein Monat vor und nach der Tagundnachtgleiche; der chemische Äther wird stärker und der Lichtäther beginnt; der Lebenssaft beginnt; Magnesium.

Das Blattwachstum beginnt, also baut die Photosynthese die Pflanze auf. Der Äther gewinnt an Kraft, und das ganze Potential der kommenden Saison liegt vor uns. Gegen Ende dieser Periode beginnt der astral inspirierte Lichtäther zu erstarken und der Beginn der Blütenprozesse setzt ein.

Dies ist eine der Perioden des Jahres, in der die Erde die horizontale Ebene der Sonne durchquert, was während der „Lanthanoid-Reise" als eine sehr nebulöse „Zwischenzeit" erlebt wird, in der „die Dinge neu überdacht werden". In der alchemistischen Form ist dies die Merkurzeit, der Ort der Vermischung, an dem sich die Pole treffen. Magnesium-Sulfat sind die Elemente der horizontalen Ebene. Schwefel scheint mit seinen katalytischen Fähigkeiten, die vielen Elementen und Prozessen helfen, zusammenzuarbeiten, sehr geeignet. Magnesium als das Element, das in der Mitte des Photosyntheseprozesses sitzt, scheint ebenfalls geeignet. Seine energetische Aufgabe ist es, die ätherische Aktivität mit der physischen zu verbinden, und das spiegelt sich darin wider, wie der jetzt beginnende „Lebenssaft"-Prozess die atmosphärischen ätherischen Aktivitäten mit den aufsteigenden „Baumsaft"-Prozessen zusammenbringt. Dies ist die Umstellungsperiode, in der der Prozess des Unter-der-Erde-Stoffes und der Prozess des Über-der-Erde-Kräfte zusammenwirken müssen.

Daher scheinen die „mittleren" Vorbereitungen angemessen. Wir wollen das Ätherische anregen und mit der Astralität verbinden, Kamille, Schafgarbe, Brennnessel und Equisetum entsprechen diesem Bedürfnis. Kamille stärkt das Ätherische, Schafgarbe öffnet es für die sich nach innen bewegende Astralität, Brennnessel sorgt dafür, dass die Astralität nicht zu sehr überhand nimmt, während Equisetum der Astralität und dem Ätherischen hilft, zusammenzuarbeiten und das Licht in die frühlingshafte Feuchtigkeit zu bringen.

Die von mir verwendeten chemischen Elemente waren Magnesium, Selen, Stickstoff und Prometheum. Magnesium wegen seiner Photosynthese, Selen, um eine andere Schicht als Magnesium zu verwenden, aber auch, weil es der ätherische Bruder von Schwefel ist. Der Stickstoff dient dazu, dieses Element während der starken Blattphase zu stimulieren, während Prometheum hinzugefügt wurde, um der gesamten Periode, die sich etwas unkonzentriert anfühlen kann, hoffentlich eine geistige Richtung zu geben.

Alle Potenzen lagen im mittleren Bereich, da wir uns noch in der ätherischen Blattphase befinden.

Bei dieser Anwendung, die Ende September oder um die Tagundnachtgleiche herum stattfand, wurden die rohen Wachstumskräfte des Baumsaftes verfeinert und „individualisiert", während sich das Wachstum mit den erhöhten Lichtkräften nach oben zu strecken scheint.

Es deutet auch darauf hin, dass die Elementgruppe um Barium, Platin und Palladium verwendet werden kann, besonders wenn es ein feuchter Frühling ist.

Station 3 - Ein Monat nach dem Frühling bis zum Hochsommer: Der chemische und der Licht-Äther sind aktiv, während der Wärme-Äther etwa einen Monat vor dem Hochsommer beginnt; Erdkräfte-Periode; der Lebenssaft nimmt an Intensität zu, so dass der Kambium-Prozess an Stärke gewinnen kann.

Das Wachstum ist in vollem Gange, das Licht ist stärker und gegen Mitte dieser Periode beginnen die Wärmeprozesse. Ich hatte das Gefühl, dass der Garten vor Vitalität strotzte und etwas Halt brauchte.

Im Oktober, also einen Monat nach der Frühlings-Tagundnachtgleiche (in Neuseeland), habe ich eine Mischung aus Kamille, Schafgarbe, Brennnessel, Löwenzahn, Equisetum und Lehm angewendet. Das Ziel dieser Mischung ist es, das Zusammenwirken von Äther und Astral zu erhalten und gleichzeitig das „weiche" Licht und die expansiven Prozesse des Löwenzahns in die Befruchtung der starken Blüte dieser Periode einzubringen. Der Ton wurde hinzugefügt, um die aufwärts gerichteten Prozesse der kosmischen Kräfte in Gang zu halten.

Die chemischen Elemente waren Kalium und Krypton. Kalium wird von der Pflanze während dieser Periode verwendet, um starke strukturelle Stämme zu bilden und die astralischen Lichtprozesse in das Ätherische zu tragen, was sich in der frühen Fruchtbildung zeigt. Krypton war eine interessante Wahl. Ich wollte die Halogenelemente zu dieser Jahreszeit nicht verwenden, da sie einen sehr kondensierenden, sogar blockierenden Einfluss auf verschiedene Prozesse haben. Deshalb habe ich die Gruppe der Edelgase gewählt. Dies ist ein innerer Weltengeist-Einfluss, der etwas innere Wärme mit sich bringen sollte. Krypton ist das ätherische Element in dieser Gruppe. Ich wählte es in der Hoffnung, dass es das Ätherische auf seine eigentliche Aufgabe, das Wachstum der Blätter, lenken würde.

Alle Potenzen waren im niedrigen Bereich, um den Fokus auf den Stoffwechselbereich der Pflanze zu legen und die Jahreszeit zu dominieren. Diese Mischung wurde im Oktober gespritzt, zu der Zeit, als der Lichtäther sich verstärken würde. Das Gefühl, dass sich die Pflanzen nach dem Licht ausstrecken, spiegelte sich in den Blütenstängeln wider, die zu dieser Zeit eine Verlängerung zwischen den Blüten zeigten. Der Garten schrie nach einer Begrenzung.

Im November, zu der Zeit, als der Wärmeäther begann und der Kambiumprozess sich nach innen zu bewegen begann, war es Zeit für eine „Kontraktion". Ich beschloss, die Mischung der Kosmischen Substanz herzustellen und sie im November, einen Monat vor der Sommermitte, anzuwenden.

Die Mischung enthielt Löwenzahn, Baldrian, 501, Equisetum und Sand. Ziel ist es, die geistigen Prozesse in Gang zu bringen und die Bildung der Kambiummasse zu stimulieren.

Die von mir gewählten chemischen Elemente waren Kalzium und Jod. Diese Mischung ist eher für die Zeit nach dem Hochsommer gedacht, aber die Anfänge dieser Periode sind die Zeit, in der der Wärmeäther stärker zu wirken beginnt. Kalzium ist ein Element, das von der Pflanze während der Gewebebildung verwendet wird, und es kann knapp werden, wenn die Frucht sich ausdehnt. Es befindet sich außerdem auf demselben Ring wie Kalium, das man jetzt wahrscheinlich stattdessen verwenden könnte. Ich habe mich aus ähnlichen Gründen wie bei Krypton für Jod entschieden. Ich wollte kein Chlor verwenden, wie es für die Periode der kosmischen Substanz vorgesehen ist, sondern ein Halogen, um diesen nach innen gerichteten geistigen Einfluss zu verstärken. Jod ist das Astralelement dieser Gruppe. Die Astralität stimuliert die Dinge eher, als dass sie sie ausschaltet, und ist als „Starterelement" in vielen biochemischen Prozessen zu finden. Daher dachte ich, dass dies die beste Wahl für diese Zeit des Jahres wäre.

Alle Potenzen waren in der niedrigen Reihe, um die Dinge auf die metabolische Region zu konzentrieren.

Dieses Spray bewirkte, dass die Pflanzen eine komprimiertere und stärkere Geste annahmen. Sie stehen stark in ihrem eigenen Raum und beginnen, Substanz einzuziehen und sich zu verdichten. Ihre Farbe nahm ein tiefes Grün an, das ein Gefühl von starker Vitalität vermittelte.

Im Hochsommer – Ende Dezember – hatte ich das Gefühl, dass der Garten aufgepeppt werden musste. In dieser Saison hat es ausreichend geregnet, so dass der übliche Trockenstress noch nicht aufgetreten ist. Also beschloss ich, eine Anwendung von Spray 2 und 3 zusammen zu machen und dann 2 Tage später Spray 4 zu wiederholen. Der ätherische Reiz machte die Pflanzen „wacher", aber sie begannen wieder, sich nach dem Licht zu strecken. Spray 4 wurde auch nach 2 Tagen noch benötigt, und nach der Anwendung kehrte die „gedrungene Vitalität" zurück. Der Garten hat ein dunkleres Grün als sonst, und alles wächst kräftig.

Es deutet auch darauf hin, dass die Gruppe der Elemente um Cäsium, Promethium, Kobalt usw. nützlich sein wird.

Station 4 - Hochsommer
Ich habe die Sprays Nr. 2 und Nr. 3 zusammen gesprüht, morgens.
Zwei Tage später habe ich das Spray Nr. 4 erneut gesprüht.
Die Pflanzen sind aufgegangen und stark gewachsen. Sehr gutes Wetter 55 ml Regen im Januar - Hochsommer.

Es wird vorgeschlagen, dass die Elemente um Radon, Europium und Eisen während dieser Periode nützlich sein könnten.

Station 5 - Ende Januar bis eine Woche vor der Herbst-Tagundnachtgleiche
Das Kambium sollte gestärkt werden, während der Prozess der kosmischen Substanz beginnt, sich der Erde zu nähern. Der chemische Äther bewegt sich unter die Erde.
Für die Aktivität der Kosmischen Substanz habe ich einen Trank aus 506, 507, 501, Sand und Equisetum bei D3 hergestellt, um sie auf Stoffwechselprozesse zu konzentrieren; ein weiteres 1/3 war 500, 502, 503 bei D24, um sie auf die Bodenaktivität zu konzentrieren, während das letzte 1/3 Palladiumchlorid bei D3 war. Hier wird die Natriumchlorid-Achse verwendet, um die Chlor-Indikation für diese saisonale Station hervorzuheben. Ich mochte das Palladium, da es ein Astralstimulans des Kationenarms ist, aber als Übergangselement wirkt es eher in Lebensprozessen. Es ist ein Element der „horizontalen" Ebene. Ich hoffe, dass es das Wachstum anregt, damit die Früchte größer werden, während das Chlor dafür sorgt, dass die Dinge in der Reifung zu Ende gehen.

Diese Anwendung schien einen starken kontraktiven Einfluss zu haben. Der 501-Einfluss am Nachmittag scheint den hohen Phosphorgehalt in meinem Boden übermäßig stimuliert zu haben, was zu einem „ausgebrannten" Effekt führte.

In dieser Zeit werden Trauben und Kürbisgewächse stark vom Echten Mehltau und Schafe vom Gesichtsekzem befallen. Beides Pilzkrankheiten, die mit Zink bekämpft werden können. Zink befindet sich an der entgegengesetzten Stelle des saisonalen Zyklus. Zu beachten ist auch das von RS empfohlene Quecksilbersulfat bei trocken-heißen Krankheiten. Dies ist die größere Schwester des Zinks. Während also die Elemente in der Nähe von Atatin und Jod wie Gd, Tb und Chrom vorgeschlagen werden, haben wir den Hinweis, dass wir auch auf die entgegengesetzten Elemente achten sollten, die durch das jahreszeitliche Bild vorgeschlagen werden. Ich habe bewiesen, dass die Verwendung der Quecksilber- und Zinkgruppe bei Echten Mehltau geholfen hat, also ist dies ein Weg, den es sich lohnt zu verfolgen.

Station 6 - Herbst-Tagundnachtgleiche
Der Lebensäther wird in der Erde stark, Kalzium, Magnesiumsulfat, 500, 505, Sand, D12 - 503, 506, 507, 508 D24
Dieser Sprühnebel hatte einen sanft zusammenziehenden Einfluss, der sich zur Erde hin bewegte.

Es wird vorgeschlagen, dass die Gruppe der Elemente um Pollonium Dy, Ta und Vanadium während dieser Periode nützlich sein kann.

Station 7 - ein Monat nach dem Herbst bis Mitte Winter
Der Lebensäther baut sich weiter auf, während der Wärmeäther seine oberirdische Aktivität einstellt.
Dies ist die Phase der kosmischen Kräfte des Zyklus. Der herbstliche Strom nach innen verbindet sich mit den Erdprozessen. Das Bodenleben ist noch aktiv und Humus wird gebildet.

Etherics 1000 D24 - alle BD-Präparate, Galliumnitrat D24 zur Unterstützung dieser Bodenprozesse

Es wird vorgeschlagen, dass die Elemente um Bismut, Zirkonium und Arsen während dieser Zeit nützlich sein können.

Station 8 - Mitte Winter - Kristallisation

Die Gnome kombinieren die kosmischen Impulse, die sie in der vergangenen Saison erhalten haben, mit den irdischen Substanzen, die ihnen zur Verfügung stehen, um die „Fruchtbarkeit" und Fruchtbarkeitsaktivität für die kommende Saison zu gewährleisten.

500, 501, 505, 507, Lehm, Kalk, Germaniumphosphat D 24

Es wird vorgeschlagen, dass die Elemente um Blei, Yb und Yttrium usw. in dieser Zeit nützlich sind.

Die Wahl von Elementen aus den spezifischen kosmischen Ringen wird Ihnen helfen, Ihr Handeln zu spezialisieren. Der spirituelle Ring bringt Wärme und Ordnung. Der Astralring wird Licht und Aktivität in Ihre Prozesse bringen, während ätherische Elemente helfen, wenn es trocken ist und mehr Vitalität im Land benötigt wird.

Zusammenfassung

Insgesamt wurde die Saison 2019 als der „beste Start in eine zweijährige Dürreperiode" für die Hawkes Bay NZ bezeichnet. Wir hatten eine gleichmäßige Menge an Regen, Sonnenschein und Wärme, als wir sie am meisten brauchten, bis wir sie nicht mehr brauchten.

Meine Vermutung, dass die hier erwähnten Spritzungen ausreichen würden, hat sich nicht bewahrheitet. Pilzkrankheiten bei Tomaten traten immer noch auf, und die Apfelwickler traten in der „normalen", unbehandelten Menge auf. Interessanterweise wurde der Mehltau dadurch in Schach gehalten, dass „die Jahreszeit" bei Bedarf reagierte.

Die Gesundheit des Gartens war insgesamt sehr gut, was auf die gesamte Saison zurückzuführen ist. Nächstes Jahr werde ich die Spritzungen während des Sommers „abmildern", da der „nach innen gerichtete" Schub für meinen Garten mit hohem Phosphorgehalt (600 ppm Melich 3 P - ideal sind 50 ppm) offensichtlich zu stark war. Im Zweifelsfall schlage ich vor, bei den chemischen Elementen des „Physikalischen Rings" zu bleiben, bis man mehr Erfahrungen darüber gesammelt hat, wie die äußeren Ringe das Pflanzenwachstum beeinflussen.

In den folgenden zwei Saisons habe ich nur wenige Anwendungen meines Pilzkomplexes verwendet - der sowohl gegen Fäulnis als auch gegen Trockenpilz wirkt - und etwas Etherics 7 zur Schädlingsbekämpfung und eine Dosis Etherics 1000 hinzugefügt. Dies hat zu guten Gesamtergebnissen geführt, wenn man es etwa alle 6 Wochen anwendet.

Alchemistische Chemie

Ich betrachte die biodynamische Chemie und die alchemistische Chemie als zwei verschiedene Bezugssysteme und versuche, die beiden nicht zu verwechseln. Die biologisch-dynamische Chemie basiert auf dem World Physical Arm und funktioniert gut, wenn man über die Interaktionen der Energiekörper nachdenkt. Die alchemistische Chemie hingegen basiert auf dem inneren physischen Arm und führt uns zur Manifestation und zu den biologischen Funktionen. Hier wird die Organisation des physischen Körpers in Nerven-Sinnes- (sal), Rhythmus- (merc) und Stoffwechselsysteme (sulf) unterteilt. Dann können wir überlegen, welchen anderen Körper wir in dieser physischen Region betonen möchten. Diese Diagnosemethode ist das Gegenteil der BD-Chemie und muss anscheinend nicht potenziert werden.

Ein Beispiel war Durchfall, der durch eine leichte Vergiftung durch den Umgang mit Ameisengift entstanden war. Das Stoffwechselsystem war angezeigt, aber ich wollte speziell die Geistaktivität dort stärken, um eine kontrahierende Ordnung zu schaffen. In den Abbildungen auf den Seiten 190 und 192 ist der Stoffwechselbereich der obere Teil des Diagramms, während der äußere Ring der Ring des Weltengeistes ist. Wie wir sehen können, gibt es eine ganze Reihe von Elementen um diesen Ring herum. Ich habe bisher nur den inneren der beiden möglichen Ringe verwendet. Dieser konzentriert sich auf den inneren Geist, während der äußere Ring der Actinoiden eher einen kosmischen Weltengeist-Einfluss darstellt. Ich habe noch nicht viel über sie geforscht. Bei den Lanthanoiden habe ich das allerdings getan. Bei dieser Methode verwende ich gerne ein Kationen- und ein Anionenelement, aber es spricht auch einiges dafür, ein Element von der vertikalen Achse einzubeziehen, das als „Regisseur" der gesamten Stoffwechselaktivität zu wirken scheint. Ich könnte also Atatin (At), Radon (Rn) und Cäsium (Cs) verwenden. Ich könnte auch die Spurenelemente oder die Lanthanoiden verwenden, die in der Nähe dieser Elemente liegen, oder ich könnte sie alle verwenden. Ich kann auch die Sub-Atome hinzufügen, die sich auf die von mir gewählten Elemente beziehen, oder nur die Sub-Atome selbst verwenden.

In diesem Fall habe ich die Lanthanoiden Tb, Gd, Eu, Sm, Pm und die Sub-Atome Bos, Alp und Ire verwendet. Jeweils 5 Tropfen davon in mein Schokoladengetränk. Einmal. Das hat die Dinge zusammengeführt und die Möglichkeit von „Unfällen" sofort unterbunden. Nach ein paar Tagen war alles wieder 'normal'.

Ein anderes Beispiel ist, dass ich „Herzprobleme" habe, da ich 2 leichte Verstopfungen in den Venen an der Außenseite des Herzens hatte. Außerdem habe ich hohen Blutdruck. Das sind Probleme mit dem Rhythmischen System, und es wurde offensichtlich, dass Magnesium und Selen empfohlen wurden. Das Magnesium steigert das Ätherische ins Physische, während das Selen ein Astralelement ist, das das Ätherische stimuliert, beides im rhythmischen System. Nach der Einnahme spürte ich eine sofortige „Öffnung des Brustkorbs", und ich konnte viel leichter atmen. Ich nehme sie 'nach Bedarf'.

Bei diesem Ansatz geht es darum, welchen Energiekörper man in welchem physischen System stärken möchte. Es scheint keine Potenzierung notwendig zu sein.

Dies sind die vielfältigen Möglichkeiten, die ich mit meinen Chemiestudien genutzt habe. Es gibt zweifellos noch mehr, also erforschen Sie bitte alle Inspirationen, die Sie vielleicht haben. Die gute Nachricht ist, dass Sie durch die Einnahme der Heilmittel Ihre eigene Testperson sind, so dass Sie direkt sehen können, ob sie so wirken, wie Sie es sich vorstellen. Auch Pflanzen sind wunderbare Testobjekte. Sie lügen nicht. Besprühen Sie eine Pflanze und beobachten Sie, was in den nächsten zwei Wochen passiert, insbesondere mit dem neuen Wachstum.

Dosierung

Ich schlage vor, am besten nach Bedarf zu dosieren. Homöopathika wirken am besten in kleinen Dosen, also müssen wir herausfinden, wie wenig wir das Mittel verwenden können. Das Mittel setzt einen Rhythmus in die Umgebung frei, und es wirkt auf subtile Weise, und das kann über Wochen sein. So verwenden Sie es einmal und warten ab. Verwenden Sie 10 Tropfen in einem Liter Wasser und sprühen Sie es auf die Haut. 10 Tropfen können auch direkt eingenommen werden.

Den Pfad der Schöpfung gehen

Die Manifestationsreise

Auf Seite 162 befindet sich ein Diagramm, das zeigt, wie die Planeten und Sternbilder mit dem Periodensystem zusammenhängen. Die Reihenfolge der Planeten, die dort und in diesem Diagramm gezeigt wird, ist ein archetypisches Muster. Die astrologischen Planetenherrschaften für den Tierkreis sehen so aus und werden von Dr. Lievegoed im Zusammenhang mit den Inkarnations- und Exkarnationsprozessen der Schöpfung beschrieben. Der Zyklus beginnt mit dem Stern-/Geist-Impuls, der aus der kosmischen/galaktischen Sphäre in den Planetenbereich eintritt und von Saturn 1 als „göttliche Aufgabe" aufgegriffen wird. Dies ist der Keimgedanke, an dem während des gesamten Prozesses der Inkarnation und Manifestation festgehalten wird. Er wird an die Nachkommenschaft weitergegeben, sei es ein Same, Ihr Kind oder der Erbe eines sozialen Impulses. Dieses Samenkorn muss viele Phasen durchlaufen, bevor es den endgültigen Abschluss eines Lebenszyklus erreicht. Das Diagramm von Lievegoed zeigt diesen Prozess im Uhrzeigersinn (S. 246).

Wenn wir diese Strukturierung innerhalb eines Kreises und des Periodensystems gefunden haben, können wir den „Schöpfungsprozess" durchlaufen. Man kann einen meditativen Spaziergang machen, indem man sich um den Kreis bewegt und am Punkt Saturn 1 beginnt. Wenn Sie möchten, haben Sie eine Absicht, die Sie verarbeiten möchten, oder sehen Sie einfach, was der Prozess Ihnen bringt, während Sie sich durch ihn bewegen.

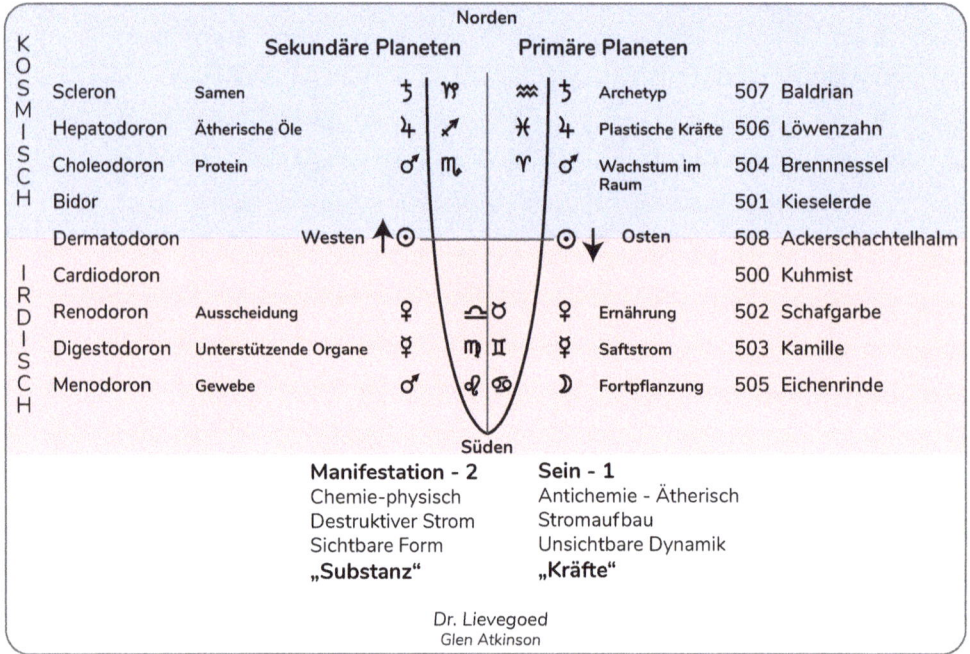

	Sekundäre Planeten					Primäre Planeten		
Scleron	Samen	♄	♑	♒	♄	Archetyp	507	Baldrian
Hepatodoron	Ätherische Öle	♃	♐	♓	♃	Plastische Kräfte	506	Löwenzahn
Choleodoron	Protein	♂	♏	♈	♂	Wachstum im Raum	504	Brennnessel
Bidor							501	Kieselerde
Dermatodoron	Westen ↑☉				☉↓ Osten		508	Ackerschachtelhalm
Cardiodoron							500	Kuhmist
Renodoron	Ausscheidung	♀	♎	♉	♀	Ernährung	502	Schafgarbe
Digestodoron	Unterstützende Organe	☿	♍	♊	☿	Saftstrom	503	Kamille
Menodoron	Gewebe	♂	♌	♋	☽	Fortpflanzung	505	Eichenrinde

KOSMISCH — IRDISCH

Norden

Süden

Manifestation - 2
Chemie-physisch
Destruktiver Strom
Sichtbare Form
„Substanz"

Sein - 1
Antichemie - Ätherisch
Stromaufbau
Unsichtbare Dynamik
„Kräfte"

Dr. Lievegoed
Glen Atkinson

Auf dieselbe Weise können Sie eine Reihe von homöopathischen Tropfenprüfungen durchführen, die Sie durch die Planetenfolge führen. Wenn Sie z.B. die Übergangselemente verwenden, könnten Sie mit der Einnahme von ein paar Tropfen Eisen / Fe zweimal an einem Tag beginnen. Machen Sie das zwei Tage lang, denn es dauert die Hälfte des nächsten Tages, bis die Wirkung auf das nächste Element übergeht. Am dritten Tag nehmen Sie Kobalt / Co, zweimal, zwei Tage lang. Dann Nickel / Ni und so weiter durch die Serie.

Beobachten Sie, wie diese Tropfen auf Sie wirken, und machen Sie sich Notizen über Ihre Erfahrungen und darüber, wie sich Ihr Keimgedanke entwickelt.

Dieser Prozess kann auch mit allen anderen Schichten und Serien durchgeführt werden.

Die archetypische Reise

Ein anderer Weg kann beschritten werden, wenn Sie bei Mond 1 beginnen und gegen den Uhrzeigersinn bis zu Saturn 1 und dann zurück zu Mond 2 gehen. Diese Reise ist diejenige, die man unternimmt, wenn man entlang der Zunahme des „atomaren Gewichts" der Elemente geht. Jan Scholten verwendet diese Abfolge für sein Verständnis der Elemente und beschreibt jede Schicht der Elemente als einen Prozess des Ausdehnens und Zusammenziehens.

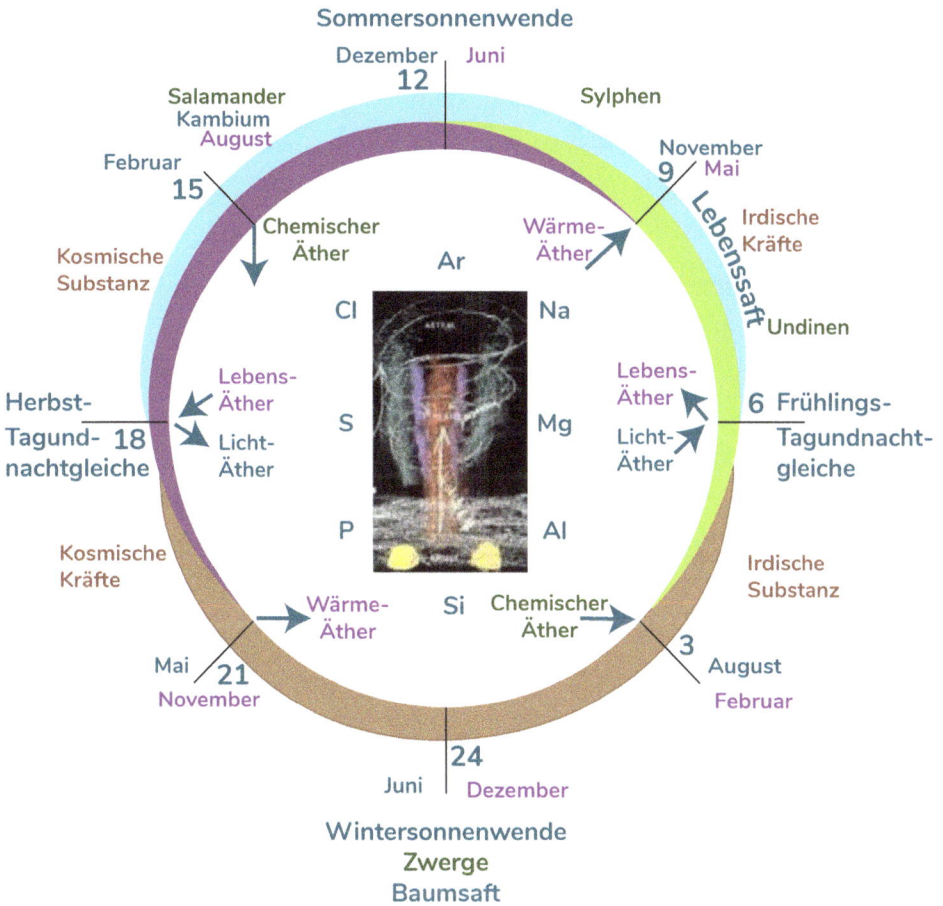

Dies ist eine „natürliche Entfaltungs"-Sequenz, die auch durch die Jahreszeiten der Erde erlebt werden kann. Dies ist der archetypische Weg. Hier gibt es etwas sehr Grundlegendes. Es ist ein Gehen gegen den Uhrzeigersinn, und es kann Ihren Körper umherbewegen.

Hier ist das Bild des Jahreszeiten-Komplexes, um die jahreszeitlichen Aktivitäten zu verdeutlichen. Die Planetenreise Seite 190 und dieses Bild sind zwei verschiedene Enden der Geschichte. Die Planetengeschichte ist eine Geschichte der Stufe 1, während der Jahreszeitenkomplex eine Geschichte der Stufe 3 ist. Dennoch bewegen sich beide gegen den Uhrzeigersinn um den Kreis, nur mit unterschiedlichen Ausgangspunkten.

Glens „Organizing Device" verwenden

Im Zuge der Visualisierung der kugelförmigen 3D-Darstellung des Periodensystems habe ich meine durchsichtigen und farbigen „Windskulpturen" entworfen. Es hat sich gezeigt, dass diese Geräte in jeder Umgebung, in der sie aufgehängt werden, ein Gefühl von Ruhe und Ordnung vermitteln. Vor allem Therapeuten schätzen sie in ihren Behandlungsräumen. Sie sind so konzipiert, dass sie vom Wind geblasen werden, sich also drehen und auch die Sonne durch sie hindurch scheinen kann, so dass sie verschiedene Lichtspiele im Raum oder im Garten erzeugen.

Sie können auch auf ähnliche Weise wie der „Circle of everything" verwendet werden. Man kann das Gyroskop in die Hand nehmen und die Finger auf ein paar Punkte legen, die man erhalten möchte.

Meine Experimente legen nahe, dass man, wenn man ein paar kleine kreisförmige Magnete hat, zwei davon (damit sie an Ort und Stelle bleiben) auf beiden Seiten eines Elements auf der Plastikscheibe anbringen und sie in der Umgebung, die man beeinflussen möchte, hängen lassen kann. Ich bin mir nicht sicher, wie weit dies ausstrahlt. Aber ich kann sagen, als ich einen dieser Magneten in einem Umkreis von zwei Metern um ein großes Wespennest im Boden anbrachte, war das Nest nach zwei Monaten nicht mehr aktiv. In dieser Jahreszeit, in der wir große Wespenprobleme haben, hatten wir danach kaum noch welche.

Experimentieren ist die Mutter der Erfindung. Machen Sie weiter.

Das Labyrinth von Chartres

In der Kathedrale von Chartres, eine Stunde südlich von Paris, befindet sich ein ausgeklügelter Labyrinthpfad, der in letzter Zeit wieder an Popularität gewonnen hat. Die Kathedrale von Chartres wurde im 12. Jahrhundert von dem christlichen Orden der Tempelritter erbaut. Diese Ritter verfügten zu ihrer Zeit über enorme Macht und hatten durch ihre Beteiligung an den Kreuzzügen Zugang zu altem Wissen, sowohl aus der europäischen als auch insbesondere aus der persischen Tradition.

Das Labyrinth wurde als Ersatz für die Reise ins Heilige Land entwickelt, die im 13. Jahrhundert nicht mehr möglich war. Es ist ein symbolischer Weg, der vom physischen Leben zum spirituellen Zentrum des Menschen führt. Der Weg beginnt am südwestlichen Ende der Kirche und endet in der Mitte des Labyrinths. Man verlässt das Labyrinth, indem man direkt in der Kathedrale hinaufgeht, in Richtung des Altars, der sich in der Mitte der vier Arme des Kreuzes befindet, und zum Allerheiligsten, im Nordosten.

Während viele Kathedralen auf der Nord-, Süd-, Ost- und Westachse gebaut wurden, wobei die Haupthalle auf die Ost-West-Achse ausgerichtet ist, ist Chartres nach Nordosten ausgerichtet, so dass die Sonne zur Sommersonnenwende in ihrem Fenster im Nordosten aufgeht und nicht im Osten, wo die Sonne zur Frühlings-Tagundnachtgleiche aufgeht – so wie die Kathedrale von Wells im Vereinigten Königreich.

Es gibt viele Bücher, die sich mit der architektonischen Bedeutung der Kathedrale von Chartres befassen, und ich werde es ihnen überlassen, die Einzelheiten zu erläutern, doch möchte ich einige wichtige Punkte hervorheben.

In seinem Buch „Chartres, Sacred Geometry, Sacred Space" (dem dieses Bild entnommen ist) beschreibt Gordon Strachan viele der Merkmale der Kathedrale. Es gibt ein Merkmal, das einen Hinweis auf die Bedeutung des Labyrinths in der Kathedrale gibt. Strachan wies nach, dass das christliche Symbol der Fische (Viscsi Pisces) im Mittel-

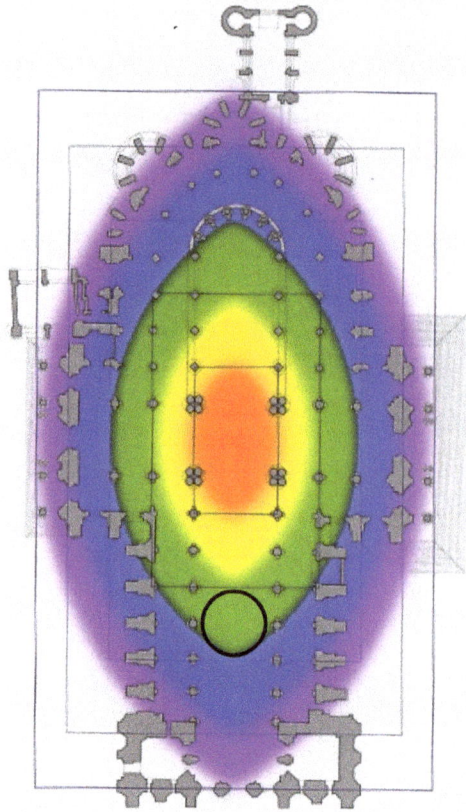

punkt des Entwurfs des Gebäudes stand. Er stellte dieses Bild zur Verfügung, das die fünf „Visci Pisces"-Schichten zeigt, die er im Design der Kathedrale sieht. Auf diesem Bild ist zu erkennen, dass sich auf dem mittleren grünen Ring, am oberen Ende, das Allerheiligste befindet. Alle fünf früheren Kirchen, die an dieser Stelle gebaut wurden, hatten ihren Mittelpunkt in diesem Bereich. Dieser Bereich ist der spirituelle Mittelpunkt der gesamten Kathedrale. Am entgegengesetzten oder polaren Ende dieses grünen Bereichs befindet sich das Labyrinth.

Wenn das Allerheiligste das spirituelle Zentrum und ein Ort der inneren Erfahrung der „Mutter und des Kindes" ist, denen alle sakralen Gebäude an diesem Ort gewidmet sind, dann kann das Labyrinth eine nach außen gerichtete Darstellung der archetypischen Form der Schöpfung darstellen. Dies ist ein umgekehrter Ausdruck des inneren spirituellen Zentrums.

Folgen Sie dem Weg des Labyrinths mit Ihrem Finger.

Das Labyrinth entspricht den Kriterien, die ich in meinen anderen Schriften über die Struktur der astronomischen Kreiselform, die hinter der Schöpfung steht, identifiziert habe, die sich wiederum in vielen achteckigen Sakralbauten und -formen aus allen großen Kulturen der letzten 10.000 Jahre widerspiegelt. Es handelt sich um eine Kreuzform mit zwölf (6 x 2) inneren Schichten.

Ich habe allerdings noch ein paar unbeantwortete Fragen: 1) In welcher Richtung ist der richtige Eingang? 2) Wie sollte das Periodensystem auf das Labyrinth ausgerichtet sein?

Labyrinthe werden inzwischen überall auf der Welt gebaut, und es scheint keine Einigung darüber zu geben, wo bzw. in welcher Richtung der Eingang liegen sollte. Chartres hat seine eigene Besonderheit. Im

Gegensatz zu den meisten christlichen Kathedralen und Kirchen, die sich auf das Ostfenster konzentrieren und ihren Eingang im Westen haben, ist Chartres nach Nordosten ausgerichtet, um die Position der Sonne zur Sommersonnenwende zu betonen, und hat seinen Eingang im Südwesten. Es wäre also sinnvoll, den Eingang von Südwesten her zu betreten, aber es gibt viele Labyrinthe in verschiedenen Kathedralen, und das Labyrinth richtet sich immer nach der Haupthalle der Kirche aus, egal in welche Richtung diese ausgerichtet ist. Da die meisten Menschen die Kirche von Westen her betreten, könnte dies auch ein geeigneterer „allgemeiner" Eingangspunkt sein.

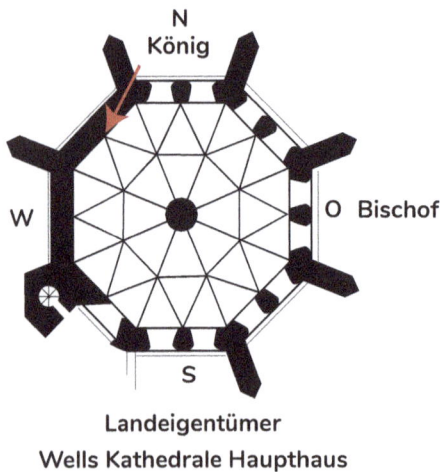

N
König

W

O Bischof

S

Landeigentümer
Wells Kathedrale Haupthaus

Ein interessanter Bezugspunkt für das Labyrinth könnten die um 1300 gebauten Kapitelsäle sein, insbesondere die achteckigen in England, in Salisbury, Westminster Abbey und Wells. Sie alle sind so ausgerichtet, dass man sie von Westen her betritt. Der Kapitelsaal von Wells ist besonders interessant, da über der äußeren Sitzreihe kleine Zierköpfe angebracht sind, die zeigen, wer wo saß. Auf der Nordseite sitzt der König, auf der Ostseite der Bischof und auf der Südseite der führende Landbesitzer. Die nördliche Apsis wird als Königstür bezeichnet und ist der Ort, an dem die Könige die Kathedrale betreten würden, während die Massen von Westen her eintreten. Ich frage mich, inwieweit die Gestaltung der Kathedralen, die in der Blütezeit der Kirchen – vor 1500 – gebaut wurden, darauf abzielte, den Klerus zu betonen und das Königtum zu schmälern.

Die Kapitelsäle waren der Ort, an dem die Geschäfte der Gemeinde abgewickelt wurden. Im Falle des Kapitelsaals von Westminster diente er viele Jahre lang als Parlamentsgebäude, bevor das Parlament in die heutigen Parlamentsgebäude umzog. Der Kapitelsaal ist also der Ort, an dem „Dinge geregelt" wurden.

Warum der Südwesten

In Bezug auf meine Organisation der energetischen Aktivitäten innerhalb des Kreisels, die entsprechend der archetypischen elektromagnetischen Form angeordnet sind, habe ich die geistige Welt im Norden, die ätherische Welt im Osten, die physische Welt im Süden und die astralische Welt im Westen angeordnet.

Der 'Ärger' kommt von der Astralität. Die Astralität ist die Bezeichnung für die Energien, die durch die Bewegung der Planeten zu uns kommen. Sie verändert sich also ständig, da die Planeten in ständiger Bewegung sind. So wie sich die Planeten bewegen, wird unsere EM-Umgebung durch ihre ständige Veränderung beeinflusst, was sich wiederum auf die menschliche Psychologie auswirkt. Die Astralität ist der Ort, an dem alle unsere Probleme angesiedelt sind. Daher das 5000 Jahre alte Studium der Astrologie, das diese Planetenbewegungen und ihre Auswirkungen auf den Menschen aufzeichnet.

Wenn also für den Einzelnen oder eine Gemeinschaft Probleme auftauchen, dann werden sie größtenteils von den Planetenbewegungen und damit von der Astralität herrühren. Daher ist das Betreten eines Ortes der Lösung vom Westen aus symbolisch für das Einbringen eines Problems, das von der Gemeinschaft gelöst werden muss. Sobald es gelöst ist, kann die Welt mit einer „reinen Astralität" wieder betreten werden.

Für das Labyrinth könnten wir ein ähnliches Bild verwenden. Da es als „spiritueller Weg" betrachtet wird, besteht das Ziel darin, „Dinge zu sortieren", damit wir mit dem Geist zusammen sein können. Das Zeug, das sortiert werden muss, wäre das astralische Zeug. Wenn man also von Westen her in das Labyrinth eintritt, würde man das Gleiche tun.

In Chartres ist das Labyrinth jedoch entlang der Nordost-Südwest-Achse ausgerichtet, wodurch der Eingang auf der inneren physischen/inneren spirituellen Achse liegt, aber fest in der inneren physischen Sphäre der EM-Form über der Kathedrale. Diese Achse personalisiert alles. Die Weltarme beziehen sich auf Dinge, die außerhalb von uns selbst liegen, und korrigieren somit gemeinschaftsbezogene Phänomene, aber die inneren Arme machen sie zu unseren Dingen. Wenn die gesamte Kathedrale diese Ausrichtung hätte, würde sie „die Themen" zurück ins Persönliche bringen und somit ein Ort sein, der die persönliche spirituelle Reise und deren Bedeutung für das tägliche Leben stärker in den Mittelpunkt stellt, als wenn man sich auf die Ost-West-Achse konzentriert. Interessanterweise glaube ich, dass es das einzige verbliebene Labyrinth in französischen Kathedralen ist, da alle anderen entfernt worden sind.

Ich stattete Chartres nur einen kurzen Besuch ab, ziemlich am Anfang meines „Achteck-Gehens", mit dem Hauptzweck zu erkennen, dass sich die Energie verändert, wenn man sich darin bewegt. Aber um die spezifische Energie eines bestimmten Ortes zu erkennen, war es noch zu früh für mich, sie klar zu definieren. Außerdem war der Platz mit Stühlen übersät, was die Fortbewegung erschwerte. Mein Besuch zeigte mir jedoch, dass ich auf dem richtigen Weg war.

Zunächst legte ich mein Grundmuster der energetischen Körper und des Periodensystems über das Labyrinth. Dies wurde in meiner früheren Ausgabe der „Biodynamischen Chemie" veröffentlicht. Seitdem habe ich jedoch einen bedeutenden Unterschied erkannt, den ich auf der Grundlage der „astrologischen Orientierung" beschritten hatte. Diese basiert auf dem Tierkreis und damit auf der Ekliptik der Sonne und dem Zenit, wie er von der nördlichen Hemisphäre aus gesehen wird, und der Orientierung, die auf dem elektromagnetischen Nord-Süd-Feld der Erde basiert. Ich bin zu dem Schluss gekommen, dass das Periodensystem, da es elektromagnetischer Natur ist, nach dem Nord-Süd-Elektromagnetfeld der Erde und nicht nach der Ekliptik/Zenit-Orientierung ausgerichtet werden sollte, und dass das Labyrinth, wie es in Chartres gefunden wurde, ein sehr spezifisches christliches Phänomen ist und aus sehr spezifischen Gründen auf der Nord-Süd-Achse liegt. Dies sollte gewürdigt werden, daher zeige ich Ihnen nun das Bild des Labyrinths entlang der Richtungslinie der Kathedrale von Chartres (NO / SW) mit dem Periodensystem im Norden.

Das Innere des Labyrinths

Das Labyrinth ist eine 2-D-Kreiselform mit einer starken Betonung der vertikalen und horizontalen Ebenen. Es hat vier Quadranten und 12 Ringe. Diese 12 inneren Ringe sind in meinem Bild „Apfel des Lebens" identifiziert und werden durch die zweifache Natur der sechs Haupt-dimensionsringe gebildet, die in „Biodynamiccs decoded" beschrieben sind. Es ist daher möglich, (a) das Labyrinth farblich zu kodieren und (b) meine Interpretation der Interaktionen der spirituellen Körper darauf zu übertragen. In dieser Hinsicht ziehe ich es vor, mich am Perioden-system zu orientieren.

Eine weitere Information, die der gesamten Sammlung von Hin-weisen, die aus dem Labyrinth stammen, hinzugefügt wird, ist die Beziehung der Planeten zu jedem der 12 inneren Ringe. Ich habe meine verschiedenen astrologischen Bezugsquellen benutzt, um die Planeten zu platzieren. Im Zentrum steht die Erde, und die anderen Planeten sind in der Reihenfolge ihrer Länge des astronomischen Zyk-lus aufgeführt, wie sie von der Erde aus gesehen werden. Der letzte Planet in dieser Reihe ist Persephone. Ich habe über seinen Einfluss in dem Kapitel „The Planets" (S.282, 10) gesprochen. Diese Reihen-folge der Planeten wurde in Europa anhand von Dokumenten, die von einem Dozenten aus Chartres zitiert wurden, als „richtig" bestätigt. Dies bietet einen weiteren wichtigen Bezugspunkt, um alle anderen gesammelten Informationen zu untersuchen.

Man kann davon ausgehen, dass dieses Muster und diese Form des spirituellen Altertums mit einer archetypischen Kraft verbunden ist. Durch das Hinzufügen der Elemente des Periodensystems zum Labyrinth, könnte es möglich sein, dass dadurch die Qualität der ver-schiedenen Stadien der „Reise des Lebens" des Labyrinths identi-fiziert sind. Es kann auch möglich sein, ein bestimmtes Element „anzu-ziehen", indem man sich auf die entsprechende Stelle des Labyrinths stellt. Legen Sie Ihren Finger auf ein bestimmtes Element und sehen Sie, ob Sie dessen Einfluss bestimmen können.

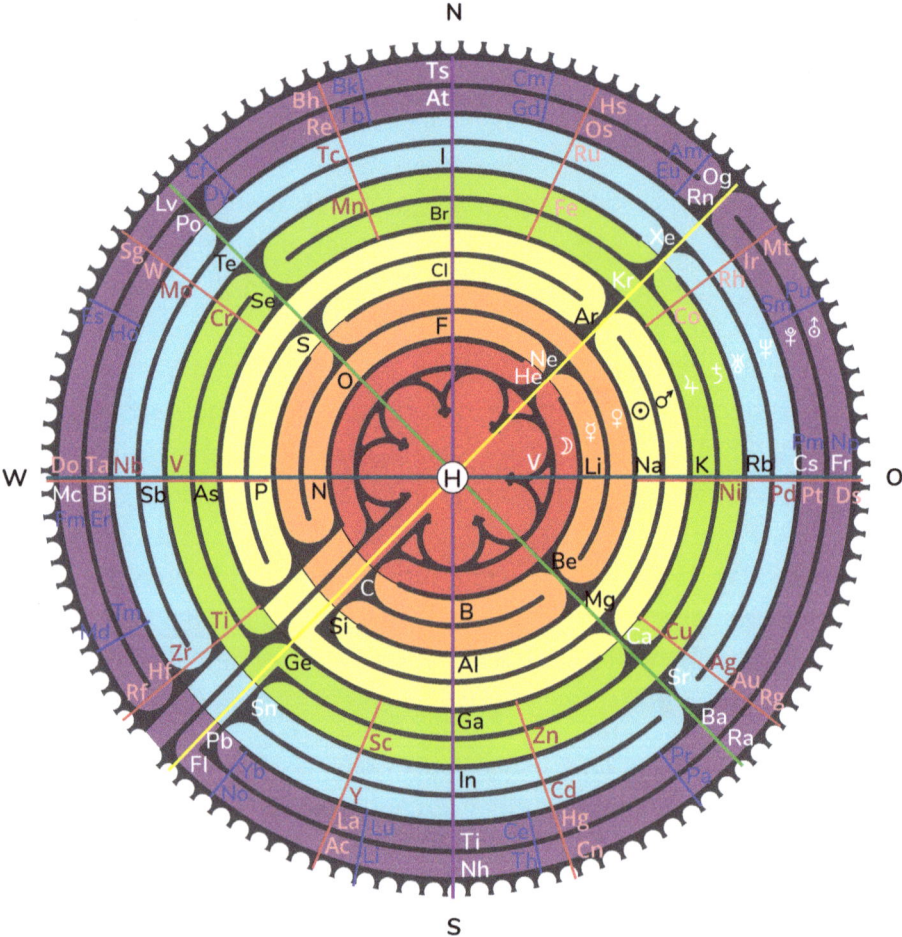

Anhang 1

Die These von Atkinson –„The Atkinson Conjecture"

In dieser modernen Welt scheint alles einen Namen zu brauchen. In der wissenschaftlichen Weltanschauung gibt es diesen wunderbaren „Ort", der These genannt wird. Hier dürfen wir träumen und uns jede beliebige Geschichte ausdenken, die wir als mögliche Erklärung für das, was uns interessiert, in Betracht ziehen. Im Gegensatz zum Theorem, das unter allen Umständen bewiesen werden muss, ist die These ein Anfang, etwas, das auf dem Weg ist, bewiesen zu werden. Das ist der Prozess, an dem ich beteiligt war. Ich hatte eine Vision von dem, was sein könnte – in den späten 70er Jahren – und habe die letzten Jahre damit verbracht zu zeigen, dass diese „Idee" wahr ist.

Die „Idee" war, dass es in der lebendigen Schöpfung eine inhärente archetypische Ordnung gibt, und wenn wir diese Ordnung identifizieren können, werden wir in der Lage sein, die Lebensprozesse in einer Weise zu kontrollieren, die ökologisch sicher und nachhaltig ist. Diese Ordnung kann als innerer Ausdruck der äußeren Strukturen, die wir um uns herum vorfinden, identifiziert werden. Der nächste Teil dieser These ist, dass die identifizierten Prozesse in allen Lebewesen durch die biodynamischen Präparate kontrolliert werden können.

Dies ist an sich keine neue Idee. „Wie oben, so unten" ist ein sehr altes Konzept. Ich habe dieses Konzept weiterentwickelt, indem ich zunächst feststellte, dass die Vorschläge von Dr. Steiner (RS) und die Erkenntnisse der Astrologie über die Wirbelform und dann über das Gyroskop miteinander in Einklang gebracht werden können. Dies bietet einen organisatorischen Weg, durch den die sehr komplizierten Hinweise von RS rational verstanden werden können, was wiederum die Identifizierung sehr praktischer Aufgaben ermöglicht. Mehrere dieser Ergebnisse sind mit wissenschaftlich glaubwürdigen Studien verbunden. Die bedeutendste ist die von HortResearch NZ durchgeführte Bird-Control-Studie (S. 282, 12). Dabei handelt es sich um ein homöopathisches Produkt der BD-Präparate, das die energetische Disharmonie anspricht, die ein Raubtier zu seiner „Beute" zieht. Genauso wie ein Ton durch das Abspielen seines Gegenteils aufgehoben werden kann, kann die energetische Kopie eines Tieres seine Fähigkeit, sich an einem bestimmten Ort aufzuhalten, aufgehoben werden. Die energetische Beschaffenheit eines jeden Wesens zu identifizieren, ist die Aufgabe, bei der die biodynamische Gemeinschaft große Fortschritte gemacht hat.

Damit eine These wahr ist, muss sie unter allen Umständen richtig sein, was bedeutet, dass auch die Chemie – eine organische Manifestation unserer Umwelt – der „archetypischen Ordnung" entsprechen muss. Diese Veröffentlichung und die daraus entstandenen praktischen Versuche sind der Beweis dafür. Meine bisherigen Bemühungen beweisen mir, dass die These von Atkinson in der Tat eine Wahrheit ist, und somit sind ihre Formeln, **der biodynamische Wirbel, das biodynamische Glossar, die Interaktion der energetischen Körper, das 3D-Periodensystem, der glenologische Stein des Anstoßes und die Gleichung:**

Schöpfung = Bewegung + Zeit ein Theorem.

Anhang 2

Vom Doppelkreuz zum Gyroskop
Die drei Dimensionen des Raums

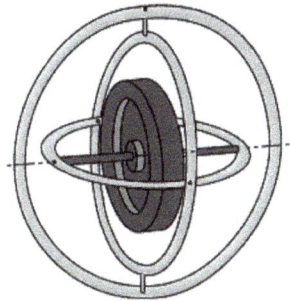

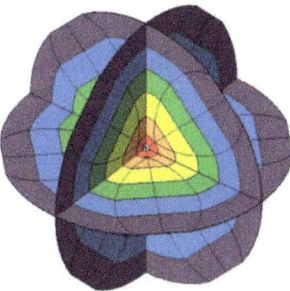

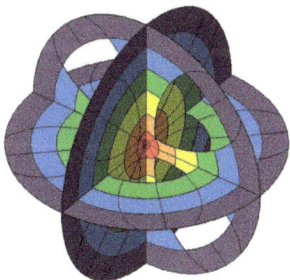

Im modernen Leben kommt es nicht sehr oft vor, dass wir bewusst in drei Dimensionen denken müssen. Natürlich „leben" wir in drei Dimensionen und fällen immer wieder Urteile über Entfernungen, Geschwindigkeiten und unser Verhältnis zu den Dingen, aber wenn es um unser Denken geht, nehmen wir viele Dinge einfach als selbstverständlich hin, weil sie eben sind. Wenn wir uns ein Bild unserer Galaxie ansehen, wie oft sehen wir dann die flache, stationäre Spiralebene. Wie viele von uns fügen hinzu, dass sich diese mit 64.000 km/h dreht oder dass diese flache Ebene, die wir sehen, nur ein Teil einer gigantischen Kugel ist?

Als ich versuchte, all die verschiedenen Informationen, die wir in der Biodynamik finden, zu koordinieren, begann ich mit einem flachen Stück Papier, auf dem ich schließlich die Form eines flachen Wirbels fand, als die beste Form für die Organisation des vielschichtigen Bildes, das uns von Dr. Steiner (RS) gegeben wurde. Mit etwas mehr 'Wahrnehmen' wurde klar, dass Wirbel nur innerhalb von Kreiselkugeln existieren. So ging ich mit meinem flachen Stück Papier zu dem Acht-Segment- und Sechs-Ring-Diagramm über, das ich für das „Glossar des Landwirtschaftlichen Kurses" verwendet habe. Das genügte für einige Zeit, bis ich bei meinen Untersuchungen des Periodensystems feststellte, dass die atomare Struktur jedes chemischen Elements eine dreidimensionale Kugel ist. Dies führte zu der Frage, wie man das Periodensystem in eine 3-dimensionale Form bringen könnte. An diesem Punkt ging ich von den flachen Ebenen ohne Tiefe zu einem wesentlich komplexeren „Wesen" über, bei dem alle möglichen neuen Beziehungen zu berücksichtigen waren. Zunächst fertigte ich 3D-Modelle aus Papier und Pappe an, bevor ich zu lasergeschnittenen Kunststoffmodellen überging, die eine gewisse Stabilität ermöglichten, Farbelemente enthielten und die Wirkung des Windes zuließen, um das notwendige Element der Bewegung hinzuzufügen.

Die Hauptmerkmale eines dreidimensionalen Modells sind drei Ebenen. Eine für die Höhe, eine für die Tiefe und eine für die Breite. Es handelt sich jedoch nicht um ein stationäres Wesen. Es ist ein Wesen, das aus der Bewegung heraus entsteht. Kreisel, die sich drehen, bilden zunächst Wirbel auf der vertikalen Achse, durch die sie Substanz in ihr Zentrum ziehen, bevor sie diese entlang der horizontalen Ebene wieder ausstoßen, wo sie sich oft als die Substanz ansammelt, die wir als Planeten oder sogar als flache Spiralform der Galaxie sehen.

Daran erkennt man, dass es zwei vertikale Achsen und eine horizontale Ebene gibt. Wir können also sehen, dass die vertikale Achse „nach oben" zeigt, aber es ist wahrscheinlich angemessener, von Nord- und Südpol oder Plus- und Minuspol zu sprechen, basierend auf den elektromagnetischen Feldern, in denen diese „Wesen" leben und sich entsprechend organisieren. Eine weitere Unterscheidung zu dieser Form ergab sich, als diese Form entsprechend der Anordnung der chemischen Elemente gezeichnet wurde, und wie ich jeder Ebene eine bestimmte Gruppe von Elementen zuordnete (s. Glenopathische Chemie). Dadurch wurde die primäre Vertikale mit den Hauptelementen identifiziert, die sekundäre Vertikale mit den Elementen der Seltenen Erden, die sich nur auf dem äußeren Ring dieser Ebene manifestieren, und die Übergangselemente auf der horizontalen Ebene. Diese manifestieren sich erst ab dem vierten Ring der Elemente und stellen einen horizontalen Ring dar, der dem um den Planeten Saturn ähnelt. Diese

Unterschiede tragen dazu bei, dass jede Ebene ganz unterschiedliche Qualitäten aufweist.

Die genaue Art der Unterschiede – abgesehen von ihrer Beziehung zu den verschiedenen Gruppen chemischer Elemente und ihren vierten, fünften und siebten „Tönen" – interessierte mich nicht sonderlich, bis ich die Bedeutung des Unterschieds in der Ausrichtung bemerkte, zwischen unserem kulturellen Fokus auf die Sonne und den Tierkreis und dem, was sich aus der Ausrichtung auf den magnetischen Nordpol der Erde ergibt. Ich hatte sie in gewisser Weise für das Gleiche gehalten. Diese „Verwischung" wird dadurch erleichtert, dass ich auf der Südhalbkugel lebe und mich daher ganz natürlich nach Norden orientiere, wenn ich auf die Sonne und den Tierkreis schaue. In den „Zwei Ausrichtungen" (S. 173) gehe ich dieser Frage weiter nach.

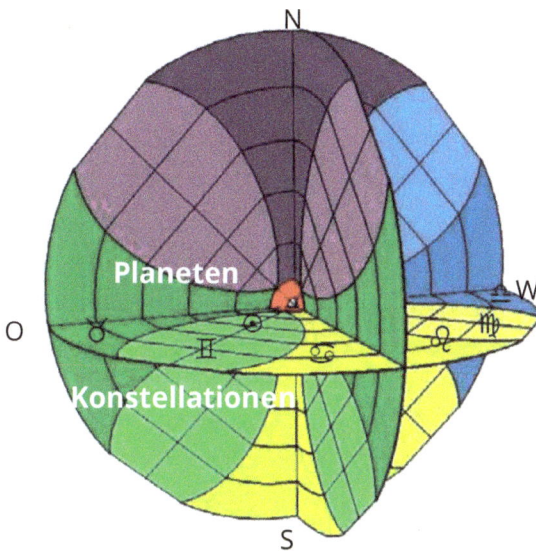

Der springende Punkt bei dieser Diskussion ist, dass die Planeten alle auf der horizontalen Ebene des Sonnenkreisels stehen. Wenn wir von der Erde aus auf die Sonne schauen, sehen wir sie zwischen den anderen Planeten entlang der Linie, die wir Ekliptik nennen. Je nachdem, wo wir uns auf der Erde befinden (welcher Breitengrad), wird dieser Bogen über den Himmel entweder höher oder niedriger am Himmel sein. Wenn wir uns jedoch auf der nördlichen Hemisphäre befinden, schauen wir in Richtung Süden, um den Weg der Sonne zu sehen, was bedeutet, dass der Osten zu unserer Linken und der Westen zu unserer Rechten liegt.

Der Tierkreis ist definiert als die Gruppen von Sternen, die hinter der Bahn der Sonne stehen. Daher ist der Tierkreis auch ein Wesen der horizontalen Ebene. Diese Orientierung am Tierkreis / an der Sonne ist eine sehr alte Praxis in unserer Kultur, und wir können sehen, dass Dr. Steiner natürlich den Tierkreis und die Planeten als wichtige Referenzen in seiner Arbeit verwendet hat.

Als Gegenpol zu dieser Orientierung müssen wir die Möglichkeit in Betracht ziehen, uns nach dem magnetischen Nordpol zu orientieren. Einige alte Kulturen nutzten diesen Bezug zur Erde, um ihre Tempel und Kathedralen zu platzieren, aber es scheint, dass die meisten sich an der Sonne orientierten. Wenn man bedenkt, dass wir elektromagnetische Wesen sind, spricht einiges dafür, dass wir unsere persönlichen Nord-Süd-Pole bewusster an den Nord-Süd-Polen der Erde ausrichten.

Bei meinen Überlegungen, was die verschiedenen Ausrichtungen bedeuten könnten, stieß ich auf einige Passagen von Dr. Steiner in seiner Vortragsreihe „Der Mensch –Hieroglyphe des Universums" aus dem Jahr 1920. Eine von Steiners zentralen Lehren war, dass wir, wenn wir uns selbst verstehen wollen, zuerst die Ordnung des Universums um uns herum erkennen müssen, und dann sehen, wie wir in diesem „Masterplan" abgebildet sind. Alternativ dazu können wir natürlich auch Dinge in uns selbst finden und sehen, wie sie sich außerhalb von uns widerspiegeln.

In den Vorträgen 1 und 3 dieser Vortragsreihe spricht er über die Bedeutung des Lebens in den dreidimensionalen Ebenen. Er sagt: „Die Astronomie beobachtet den Lauf der Sterne und rechnet; aber sie nimmt nur jene Kräfte wahr, die das Universum, soweit die Erde darin eingeschlossen ist, als eine große Maschine, einen großen Mechanismus zeigen. Man kann sagen, dass diese mechanisch-mathematische Beobachtungsmethode schlicht und einfach als die einzige angesehen wird, die tatsächlich zur Erkenntnis führen kann.

Womit rechnet nun die Mentalität, die in dieser mathematisch-mechanischen Konstruktion des Universums ihren Ausdruck findet? Sie rechnet mit etwas, das bis zu einem gewissen Grad in der Natur des Menschen begründet ist, aber nur in einem sehr kleinen Teil von ihm. Sie rechnet zunächst mit den abstrakten drei Dimensionen des Raumes. Die Astronomie rechnet ebenfalls mit den abstrakten drei Dimensionen des Raumes; sie unterscheidet eine Dimension, eine zweite (Zeichnung an der Tafel) und eine dritte, die im rechten Winkel zueinander steht. Sie richtet ihre Aufmerksamkeit auf einen Stern in Bewegung oder auf die Position eines Sterns, indem sie diese drei Dimensionen des Raums betrachtet. Nun könnte der Mensch nicht vom dreidimensionalen Raum sprechen, wenn er ihn nicht am eigenen Leibe erfahren hätte.

Der Mensch erlebt den dreidimensionalen Raum. Im Laufe seines Lebens erfährt er zunächst die horizontale Dimension. Als Kind krabbelt er, und dann richtet er sich auf und erfährt dabei die vertikale Dimension. Es wäre dem Menschen nicht möglich, von der vertikalen Dimension zu sprechen, wenn er sie nicht erleben würde. Es wäre eine Illusion zu glauben, dass er im Universum etwas anderes finden könnte als in sich selbst. Der Mensch findet diese vertikale Dimension nur, indem er sie selbst erfährt. Indem wir unsere Hände und Arme im rechten Winkel zur Vertikalen ausstrecken, erhalten wir die zweite Dimension. In dem, was wir beim Atmen oder Sprechen erleben, beim Ein- und Ausatmen der Luft, oder in dem, was wir beim Essen erleben, wenn sich die Nahrung im Körper von vorne nach hinten bewegt, erleben wir die dritte Dimension. Nur weil der Mensch diese drei Dimensionen in sich selbst erlebt, projiziert er sie in den äußeren Raum. Der Mensch kann absolut nichts im Universum finden, wenn er es nicht zuerst in sich selbst findet. Das Seltsame ist, dass der Mensch in diesem Zeitalter der Abstraktionen, das in der Mitte des fünfzehnten Jahrhunderts begann, diese drei Dimensionen homogenisiert hat. Das heißt, er hat einfach die konkrete Unterscheidung zwischen ihnen aus seinem Denken herausgelassen. Er hat das weggelassen, was die drei Dimensionen für ihn unterschiedlich macht. Wenn er seine wirkliche menschliche Erfahrung schildern würde, würde er sagen: Meine senkrechte Linie, meine operative Linie, meine extensive oder ausgedehnte Linie. Er müsste einen Qualitätsunterschied zwischen den drei Raumdimensionen annehmen. Wenn er dies täte, könnte er sich eine astronomische Kosmogonie nicht mehr in der gegenwärtigen abstrakten Weise vorstellen. Er würde ein weniger rein intellektuelles kosmisches Bild erhalten. Dazu müsste er aber sein eigenes Verhältnis zu den drei Dimensionen konkreter erfahren. Heute hat er keine solche Erfahrung. Er erlebt zum Beispiel nicht das Einnehmen der aufrechten Position, das Sein in der Vertikalen; und so ist er sich nicht bewusst, dass er sich in einer vertikalen Position befindet, aus dem einfachen Grund, dass er sich zusammen mit der Erde in eine bestimmte Richtung bewegt, die der Vertikalen folgt. Er weiß auch nicht, dass er seine Atembewegungen, seine Verdauungs- und Essensbewegungen sowie andere Bewegungen in einer Richtung macht, durch die sich auch die Erde in einer bestimmten Linie bewegt. All dieses Festhalten an bestimmten Bewegungsrichtungen impliziert eine Anpassung, eine Einpassung in die Bewegungen des Universums: Der Mensch nimmt heute keinerlei Rücksicht auf dieses konkrete Verständnis der Dimensionen; er kann daher seine Position im großen kosmischen Prozess nicht bestimmen. Er weiß weder, wie er darin steht, noch, dass er gleichsam ein Teil und Glied davon ist. Es müssen nun Schritte unternommen werden, die es dem Menschen ermöglichen, ein Wissen über den Menschen zu erlangen, ein Wissen über sich selbst und damit ein Wissen darüber, wie er im Universum platziert ist.

Die drei Dimensionen sind für den Menschen wirklich so abstrakt geworden, dass es für ihn äußerst schwierig wäre, sich das Gefühl anzueignen, dass er, indem er in ihnen lebt, an bestimmten Bewegungen der Erde und des Planetensystems teilnimmt. Eine geisteswissenschaftliche Denkmethode kann jedoch auf unsere Menschenkenntnis angewandt werden. Beginnen wir also mit der Suche nach einem richtigen Verständnis der drei Dimensionen. Es ist schwer zu erreichen; aber wir werden uns leichter zu dieser räumlichen Erkenntnis des Menschen erheben, wenn wir nicht die drei rechtwinklig stehenden Linien des Raumes, sondern drei ebene (gleiche) Flächen betrachten. Betrachten wir einen Augenblick lang das Folgende. Wir werden leicht erkennen, dass unsere Symmetrie etwas mit unserem Denken zu tun hat. Wenn wir beobachten, werden wir eine elementare natürliche Geste entdecken, die wir machen, wenn wir in einer stummen Vorstellung ein entschiedenes Denken ausdrücken wollen. Wenn wir den Finger auf die Nase legen und uns durch diese Ebene hier bewegen, bewegen wir uns durch die vertikale Symmetrieebene, die uns in einen linken und einen rechten Menschen teilt. Diese Ebene, die durch die Nase und durch den ganzen Körper verläuft, ist die Ebene der Symmetrie, und sie ist diejenige, deren man sich bewusst werden kann, weil sie mit all dem Unterscheiden zu tun hat, das in uns vor sich geht, all dem Denken und Urteilen, das unterscheidet und trennt. Ausgehend von dieser elementaren Geste ist es tatsächlich möglich, sich bewusst zu machen, wie man als Mensch in allen seinen Funktionen mit dieser Ebene zu tun hat.

Nehmen wir die Funktion des Sehens. Wir sehen mit zwei Augen, und zwar so, dass sich die Sehlinien kreuzen. Wir sehen einen Punkt mit zwei Augen; aber wir sehen ihn als einen Punkt, weil die Sehlinien sich kreuzen, sie schneiden sich (wie in der Zeichnung gezeigt). Unser menschliches Handeln ist in vielerlei Hinsicht so geregelt, dass wir seine Regelung nur anhand dieser Ebene verstehen können.

Wir können uns dann einer anderen Ebene zuwenden, die durch das Herz verläuft und den Menschen von vorne nach hinten trennt. Vorne ist der Mensch physiognomisch organisiert, hinten ist er ein Ausdruck seines organischen Wesens. Diese physiognomisch-psychische Struktur wird durch eine Ebene geteilt, die rechtwinklig zur ersten steht. So wie unser rechter und linker Mensch durch eine Ebene geteilt sind, so sind es auch unser vorderer und hinterer Mensch. Wir brauchen nur die Arme, die Hände auszustrecken, den physiognomischen Teil der Hand (im Gegensatz zum rein organischen Teil) nach vorne und den organischen Teil der Hände nach hinten zu richten, und uns dann eine Ebene durch die so entstehenden Hauptlinien vorzustellen, und wir erhalten die Ebene, die ich meine.

In gleicher Weise können wir eine dritte Ebene aufstellen, die alles, was in Kopf und Antlitz enthalten ist, von dem abgrenzt, was unten in Körper und Gliedmaßen organisiert ist. So erhalten wir eine dritte Ebene, die wiederum im rechten Winkel zu den beiden anderen steht.

Man kann ein Gefühl für diese drei Ebenen entwickeln. Wie man das Gefühl für die **erste (vertikale)** Ebene erlangt, wurde bereits gezeigt;

sie ist als die Ebene des unterscheidenden **Denkens** zu empfinden. Die **zweite (vertikale)** Ebene, die den Menschen in vorne und hinten (anterior und posterior) unterteilt, wäre genau diejenige, durch die der Mensch als Mensch gezeigt wird, denn diese Ebene kann beim Tier nicht auf die gleiche Weise gezeichnet werden. Die Symmetrieebene kann beim Tier gezeichnet werden, nicht aber die vertikale Ebene. Diese zweite (vertikale) Ebene wäre mit allem verbunden, was mit dem menschlichen **Willen** zu tun hat. Die dritte, die horizontale, wäre mit allem verbunden, was mit dem menschlichen Fühlen zu tun hat. Versuchen wir noch einmal, eine elementare Vorstellung von diesen Dingen zu bekommen, und wir werden sehen, dass wir mit diesem Gedankengang zu etwas gelangen können.

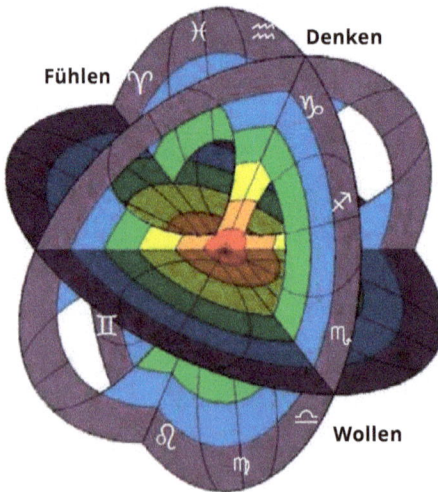

Alles, wo der Mensch sein Gefühl zum Ausdruck bringt, sei es ein Gefühl der Begrüßung oder der Dankbarkeit oder irgendeine andere Form des **Mitgefühls**, ist in gewisser Weise mit der **horizontalen** Ebene verbunden. So können wir auch sehen, dass der Wille in gewisser Weise mit der erwähnten vertikalen Ebene in Verbindung gebracht werden muss. Es ist möglich, ein Gefühl für diese drei Ebenen zu entwickeln. Wenn ein Mensch dies getan hat, wird er gezwungen sein, seine Vorstellung vom Universum im Sinne dieser drei Ebenen zu formen – so wie er, wenn er die drei Dimensionen des Raumes nur abstrakt betrachtet, gezwungen wäre, in der mechanisch-mathematischen Weise zu rechnen, in der Galilei oder Kopernikus die Bewegungen und Regelungen im Universum berechnet haben. In diesem Universum werden ihm nun konkrete Beziehungen erscheinen. Er wird nicht mehr nur nach den drei Dimensionen des Raumes rechnen, sondern wenn er gelernt hat, diese drei Ebenen zu fühlen, wird er merken, dass es einen Unterschied zwischen rechts und links, oben und unten, hinten und vorne gibt. In der Mathematik ist es gleichgültig, ob ein Gegenstand ein wenig weiter rechts oder links, davor oder dahinter liegt. Wenn wir *einfach messen*, messen wir unten oder oben, wir messen rechts oder links oder wir messen vorwärts oder rückwärts. In welcher Position auch immer drei Meter eingestellt sind, es bleiben drei Meter. Wir unterscheiden allenfalls, um von der Position zur Bewegung zu gelangen, die rechtwinklig zueinander stehenden Maße. Das tun wir aber nur, weil wir nicht beim einfachen Messen bleiben können, denn dann würde unsere Welt auf eine gerade Linie schrumpfen. Wenn wir aber lernen, Denken, Fühlen und Wollen konkret in diesen drei Ebenen zu beschreiben und uns so als seelischgeistige Wesen mit unserem Denken, Fühlen und Wollen in den Raum zu stellen, dann lernen wir ebenso wie die Dreidimensionalität des Raumes, wie wir sie im Menschen vorfinden, auf die Astronomie anzuwenden, wie wir die Dreiteilung des Menschen als Seelen- und Geistwesen auf die Astronomie anzuwenden lernen."

In Vortrag 3 werden die Pläne weiter verdeutlicht.

„Wenn wir uns bewusst sind, dass wir als Mensch auf der Erde stehen, umgeben von den Planeten und Fixsternen, beginnen wir uns als Teil von all diesen zu fühlen; es geht nicht nur darum, drei Dimensionen im rechten Winkel zu zeichnen, sondern konkret über den Kosmos nachzudenken und in die konkrete Realität der Dimensionen einzudringen.

Es gibt eine Reihe von Konstellationen, die für diejenigen, die das äußere Universum bei Nacht studieren, sofort ersichtlich ist, und die in der Tat immer gesehen wurde, wenn die Menschen die Sterne studiert haben. Wir nennen sie den Zodiak. Es ist unerheblich, ob wir an das ptolemäische oder das kopernikanische System glauben; wenn wir den scheinbaren Lauf der Sonne verfolgen, scheint sie auf ihrer jährlichen Runde immer durch den Zodiak zu laufen. Wenn wir uns nun vorstellen, dass wir uns auf lebendige Weise in das Universum hineinversetzen, stellen wir fest, dass der Zodiak von sehr großer Bedeutung ist. Wir können uns keine andere Ebene im himmlischen Raum als gleichwertig mit dem Zodiak vorstellen, genauso wenig wie wir uns die Ebene, die uns in zwei Hälften teilt und unsere Symmetrie schafft, als zufällig irgendwo platziert vorstellen könnten. Wir nehmen dann den Zodiak als etwas wahr, durch das eine Ebene beschrieben werden kann (Zeichnung). Nehmen wir an, diese Ebene sei die Ebene der Tafel, so dass wir hier die Ebene des Zodiak haben; die Ebene des Zodiak ist eben die Ebene der Tafel. Wir haben dann eine Ebene im kosmischen Raum vor uns, genau so, wie wir uns die drei vom Menschen skizzierten Ebenen vorgestellt haben. Das ist sicherlich eine Ebene, von der wir sagen können, dass sie für uns feststeht. Wir sehen, wie die Sonne ihren Lauf durch den Tierkreis nimmt; wir beziehen alle Erscheinungen des Himmels auf diese Ebene. Und wir haben hier eine Analogie außermenschlicher Art für das, was wir als Ebenen im Menschen selbst wahrnehmen und erleben müssen. Wenn wir nun die Symmetrieebene im Menschen zeichnen und auf der einen Seite der Symmetrieachse die Leber in einer Weise organisiert haben und auf der anderen Seite den Magen in einer anderen Weise, so können wir uns eine solche Tatsache nicht denken, ohne gleichzeitig einen inneren konkreten Zusammenhang zu fühlen; wir können uns nicht vorstellen, dass dort bloße Linien des Raumes liegen, sondern das, was in dem Raum ist, muss bestimmte Kräfte der Aktivität zeigen; es wird nicht gleichgültig sein, ob etwas rechts oder links ist. In gleicher Weise müssen wir uns vorstellen, dass es in der Organisation des Universums von Bedeutung ist, ob sich ein Ding oberhalb oder unterhalb des Tierkreises befindet. Wir werden anfangen, uns den kosmischen Raum so vorzustellen, wie wir ihn dort sehen, mit Sternen übersät, und wir werden anfangen, uns vorzustellen, dass er eine *Form* hat.

So wie wir uns diese Ebene auf der Tafel vorstellen können, so können wir uns auch eine andere vorstellen, die im rechten Winkel dazu liegt. Stellen wir uns eine Ebene vor, die sich vom Sternbild Löwe bis zu dem des Wassermanns auf der anderen Seite erstreckt. Dann können wir noch weiter gehen und uns eine dritte Ebene vorstellen, die wiederum rechtwinklig zu dieser Ebene verläuft, und zwar von Stier nach Skorpion. Wir haben nun drei Ebenen, die im rechten Winkel zueinander im kosmischen Raum verlaufen.

Diese drei Ebenen sind analog zu den drei Ebenen, die wir uns beim Menschen vorgestellt haben. Wenn wir an die Ebene denken, die wir als die des Willens bezeichnet haben - die Ebene nämlich, die uns hinten und vorne trennt -, haben wir die Ebene des Tierkreises selbst.

Wenn wir an die Ebene denken, die von Stier bis Skorpion verläuft, haben wir die Ebene des Denkens; das heißt, unsere Gedankenebene wäre dieser Ebene zugeordnet. Und die dritte Ebene wäre die des Fühlens. So haben wir den kosmischen Raum durch drei Ebenen unterteilt, so wie wir den Menschen in unserem ersten Vortrag unterteilt haben. Es kommt in erster Linie darauf an, nicht einfach das kopernikanische Kosmossystem so schnell wie möglich zu verlernen, sondern sich in dieses konkrete Bild hineinzuversetzen, sich den kosmischen Raum selbst so organisiert vorzustellen, dass man in ihm drei rechtwinklig zueinander stehende Ebenen unterscheiden kann, so wie es beim Menschen möglich ist."

Während ich RS zitiere, gibt es eine relevante Passage in Vorlesung 12 der medizinischen Vorlesungen von 1920, die sich auf die Beziehung einiger Substanzen zu den drei Richtungen bezieht. „Sie wissen, dass bestimmte Stoffe im menschlichen Organismus einfach dadurch wirken, dass sie entweder mit Basen oder Säuren verbunden sind oder, um den Fachausdruck zu gebrauchen, neutral in Form von Salzen erscheinen. Basen und Säuren wirken also als Komplexe antagonistischer Kräfte, die sich in Salzen gegenseitig neutralisieren. Aber das ist noch nicht alles. Wie funktioniert dieser Dreiklang, Säuren, Basen und Salze, im menschlichen System der organischen Kräfte? Wir werden feststellen, dass alle Basen die Tendenz haben, solche menschlichen Prozesse zu unterstützen, die im Mund beginnen und sich durch die Verdauung fortsetzen, d.h. von vorne nach hinten; und auch alle anderen Prozesse mit der gleichen Wirkungslinie. Und wie die basischen Substanzen mit dieser Richtung zu tun haben, so sind die Säuren auch mit der umgekehrten verbunden. Nur wenn man den Gegensatz von „vorne" und „hinten" studiert, versteht man den polaren Gegensatz von Basen und Säuren. Und salzhaltige Substanzen stehen im rechten Winkel zu den beiden Gegensätzen, zeigen also senkrecht zur Erde. Alle von oben nach unten zentripetal gerichteten Prozesse sind solche, in die sich das salzige Element hineindrängt. Wir müssen uns also diese drei Raumrichtungen deutlich vor Augen halten, wenn wir zu bestimmen suchen, wie der Mensch in die Triade Basen, Salze und Säuren eintritt."

Während die Zuordnung der Aktivitäten des Denkens, Fühlens und Wollens zu den drei Ebenen des Gyroskops bedeutsame Hinweise sind, ist der wichtigste Hinweis, den RS hier macht, dass die Ebene des Willens die Ebene des Zodiaks ist. Er beschrieb sie früher als die zweite vertikale Ebene. Daraus können wir das dreidimensionale Diagramm seiner Vision zusammensetzen.

Mit seinem Bild kommen jedoch einige interessante „Schwierigkeiten". Wenn wir nur RSs Worte nehmen und dieses nette Bild haben und nicht weiter suchen, können wir in einem gewissen Grad von Frieden ruhen, aber sobald wir seinen nächsten Vorschlag nehmen und die Natur und Aktivität all dieser Räume, die innerhalb dieser dreidimensionalen Sphäre geschaffen wurden, betrachten, werden die Dinge etwas komplexer.

Das erste Problem, das sich stellt, ist, dass das Bild RSs nicht mit der astronomischen Realität des Sonnenkreisels - dem Sonnensystem - übereinstimmt, da der Zodiak ein Wesen der horizontalen Ebene des Sonnenkreisels ist und nicht eine vertikale Achse. Der Zodiak wird als jene Sternengruppen identifiziert, die hinter der Sonnenbahn - der Ekliptik - liegen. Erinnern wir uns daran, dass wir von der Erde aus schauen, so nimmt die Sonne aus unserer Perspektive den Platz der Erde ein, daher manifestieren sich die Sonne/Erde und die Planeten auf der horizontalen Achse der Sonne, daher „lebt" auch der Zodiak auf der horizontalen Ebene der Sonne. Dies ist ein Bild für das Problem, das ich am Anfang dieses Kapitels angesprochen habe. Hier nimmt RS die archetypische horizontale Ebene und „macht" sie zu einer vertikalen Ebene.

Daraus ergeben sich viele Fragen: Wie verhalten sich diese beiden „Wahrheiten" zueinander? Warum tut RS dies und was bedeutet es, wenn dies geschieht? Es gibt auch mehrere Fragen zur Ausrichtung des Gyroskops. Welche Seite ist oben und wo ist Osten und Westen?

Meine Antworten auf diese Fragen sind Ausdruck des Geistes der Kommentare von RS: „Wenn wir uns bewusst sind, dass wir als Mensch auf der Erde stehen, umgeben von den Planeten und Fixsternen, beginnen wir uns als Teil von all diesen zu fühlen; es geht nicht nur darum, drei Dimensionen im rechten Winkel zu zeichnen, sondern konkret über den Kosmos zu denken und in die konkrete Realität der Dimensionen einzudringen."

Die drei Dimensionen ordnen

Wir müssen einen Prozess des Aufbaus von Bezügen durchlaufen, damit wir eine Grundlage haben, um zu beurteilen, was es für RS bedeutet, den Zodiak als vertikale Achse zu setzen.

Schritt 1 - Universelle Ordnung
Schöpfung = Bewegung + Zeit

Sobald sich etwas bewegt, beginnt es sich zu drehen, was zur Entwicklung eines elektromagnetischen Feldes führt, das wiederum alle Kräfte und Materie in diesem Feld in die Form eines komplexen „Kreuz"-Kreisels bringt. Die primäre Struktur dieser Form hat eine vertikale Achse mit zwei Wirbelformen, die Materie und Kräfte anziehen, um sie in der Mitte zu konsolidieren, bevor sie entlang der horizontalen Ebene herausgeschleudert werden.

In dieser Anordnung haben wir einen Nord- und einen Südpol, die jeweils von ihrem Pol aus Materie anziehen. Es ist daher eine gute Frage, welcher Weg nach oben führt. Wenn wir einen Stern im Weltraum betrachten, gibt es wahrscheinlich keinen großen Unterschied zwischen den beiden Polen, aber sobald wir diese Form auf Lebewesen auf der Erde, wie Pflanzen oder Menschen, anwenden, wird das Bild klarer. Bei Lebensformen gibt es eine Dualität von Einflüssen. Jene, die von oben kommen, in Form von Licht und Wärme, und jene, die von der Erde kommen, in Form von Wasser und Erde. So können die Pole unterschieden werden in den kosmischen Pol, der von oben - Nord - kommt, und den irdischen Pol, der von unten - Süd - kommt.

Diese Achse kann für unsere Zwecke als allgemein feststehend in den Lebensformen betrachtet werden. Diese Form ist jedoch nicht stationär. Sie dreht sich, und so wird die Frage, wo ist Osten und wo ist Westen, zu einer interessanten Frage. Zunächst müssen wir die Drehung stoppen und für einen Moment einfrieren, und dann müssen wir uns überlegen, wohin wir uns orientieren wollen. Wir haben zwei Möglichkeiten. Gehen wir davon aus, dass wir uns auf der Erde befinden, so können wir uns am Nordpol orientieren, was DIE „echte" vertikale Achse ist, ODER wir können uns an der Ekliptik orientieren, wie sie von der nördlichen Hemisphäre aus gesehen wird, was eine spezielle Sichtweise der horizontalen Achse ist. Die entscheidende Frage, die sich stellt, ist, auf welcher Seite / Hand der Osten und der Westen liegen.

Die meisten meiner Diagramme sind von der Ekliptik, von der nördlichen Hemisphäre aus gesehen, ausgerichtet, und da dies DIE unbewusst akzeptierte Ausrichtung in unserer Kultur ist, da die Sonne und der Tierkreis als unsere wichtigsten Bezugspunkte verwendet werden, werde ich diese für den Moment verwenden.

Wenn wir nach Süden auf die Ekliptik schauen, haben wir also den Osten auf der linken Seite und den Westen auf der rechten Seite.

Schritt 2 - Orientierung
Auf dieser archetypischen Grundform können wir die Organisation der Energiekörper im Leben aufbauen, die gemeinhin als Geist-, Astral-, Äther- und Physische Form bezeichnet werden. Diese Einteilung basiert auf RSs Angaben in seinen medizinischen Vorträgen vom Oktober 1922.

Hier haben wir die Organisation der Weltaktivitäten auf der primären Achse und die inneren Aktivitäten der Körper auf dem sekundären Kreuz. Während dies die Aktivitäten auf einem flachen zweidimensionalen Bild identifiziert, stellt sich die Frage, was damit passiert, wenn es in eine dreidimensionale Form gebracht wird.

Ein grundlegendes Merkmal der dreidimensionalen Form ist, dass es drei Ebenen gibt: Höhe, Breite und Tiefe.

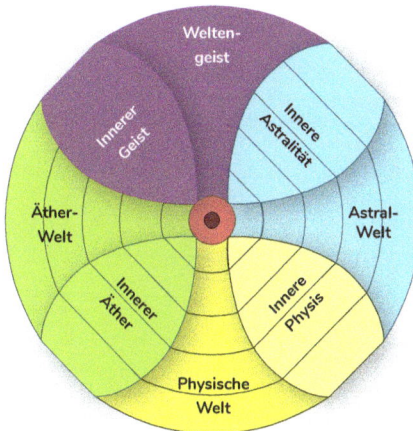

Durch die Arbeit mit dem Periodensystem der Elemente ist es möglich, eine gewisse Definition für jede dieser Ebenen zu erhalten. Ich habe die drei Gruppen chemischer Elemente auf den drei verschiedenen Ebenen angeordnet: die Hauptelemente, die Spurenelemente und die Seltenen Erden.

Wir können auch die planetarische Organisation über diese drei Gruppen legen. Diese besondere Organisation stammt aus der Biodynamik und insbesondere von Dr. Lievegoed. Sie identifiziert eine „nach innen" gerichtete primäre planetarische Aktivität und eine „nach außen" gerichtete sekundäre planetarische Ordnung. Dies ist nützlich, um die „Spitze" des Kreisels in Bezug auf die Planeten zu identifizieren, denn in der Biodynamik ist es klar, dass Saturn der Träger der spirituellen Aktivität im planetarischen Bereich ist, so dass wir Saturn der Spitze der vertikalen Achse des Weltgeistes zuordnen können. Der planetarische Bezug ist nützlich, wenn wir den Tierkreis ausrichten wollen, da die Sternbilder spezifische planetarische Herrschereigenschaften haben. So können wir den Tierkreis mit Wassermann und Steinbock an die Spitze des Kreisels stellen. Bei der Zuordnung der Planeten zum Tierkreis stellt sich die Frage, welche Konstellationen mit den „primären" und welche mit den „sekundären" Funktionen der Planeten verbunden sind. Ich habe diese Frage in meiner „12-fachen Manifestation" behandelt.

3D-Pläne

Der nächste Schritt besteht darin, diese drei Ebenen zu einem drei-dimensionalen Kreisel zusammenzusetzen.

Schritt 1 - Zunächst legen wir die drei Ebenen übereinander, wobei wir die violette vertikale Achse zusammen und oben halten.

Schritt 2 - Sie müssen den höchsten Punkt der Sonne am Himmel - den Zenit der Ekliptik, wie er auf der Nordhalbkugel zu sehen ist - physisch anvisieren. Der grüne Wirbel befindet sich also auf Ihrer linken Hand.

Schritt 3 - Halten Sie zwei Schichten oben und legen Sie die horizontale Ebene (Spurenelemente) um 90 Grad um, so dass vollständige grüne (a) und blaue (b) Wirbel auf der horizontalen Ebene entstehen.

Der violette Wirbel der horizontalen Ebene wird von Ihnen weg in Richtung des Zenits gelegt, da der Zenit die Eigenschaften des Geistpols hat.

Schritt 4 - Die sekundäre vertikale Ebene (Seltene Erde) muss um 90 Grad zur primären vertikalen Ebene (Hauptelemente) gedreht werden. Dadurch werden die violetten / nördlichen und gelben / südlichen vertikalen Wirbel vervollständigt. Auch diese Drehung kann in beide Richtungen erfolgen. Ich habe mich dafür entschieden, den blauen Wirbel in Richtung Zenit zu drehen, um die beiden „männlichen" Aktivitäten zusammenzuhalten.

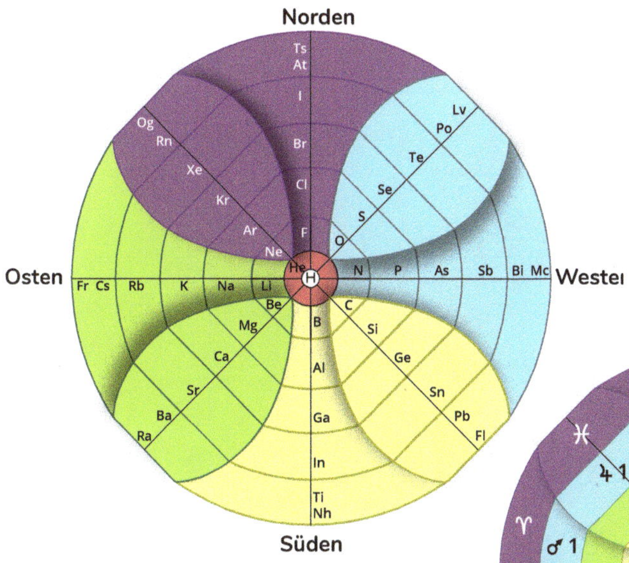

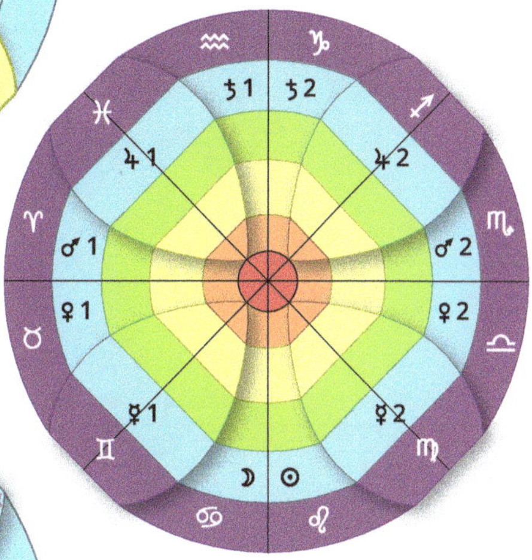

Norden

Osten

Westen

Süden

Planeten und Konstellationen

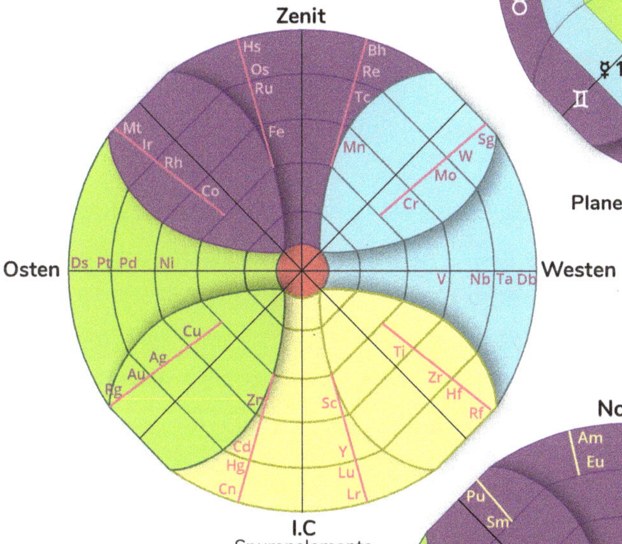

Zenit

Osten

Westen

I.C
Spurenelemente

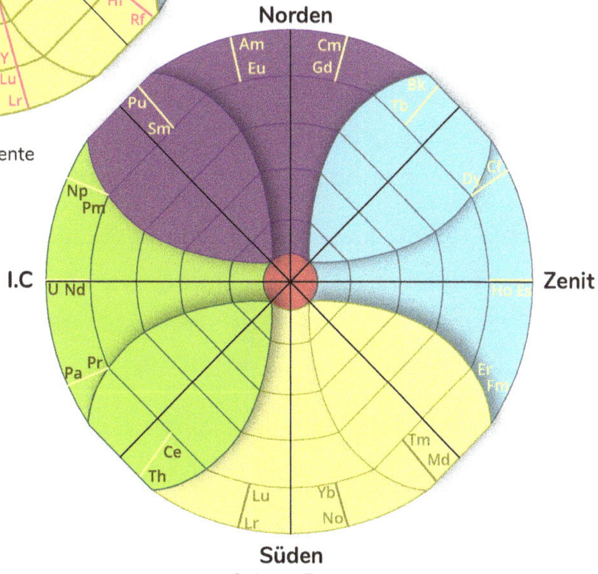

Norden

I.C

Zenit

Süden
Seltene Erden

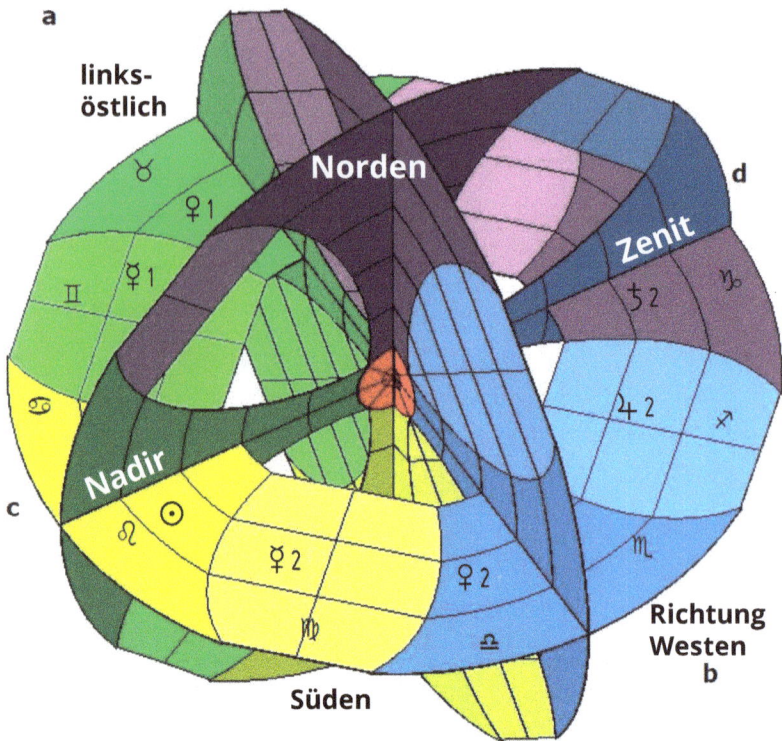

Dadurch entsteht ein interessanter Umstand, bei dem die horizontale Ebene nun vollständige grüne (a) und blaue (b) Wirbel als Teil des primären „Haupt"-Kreisels aufweist. Dann gibt es zwei Wirbel mit gemischten Farben, einen (d) mit Violett und Blau und den anderen (c) mit Gelb und Grün, wo die Ebene der Seltenen Elemente die Ebene der Spuren kreuzt.

Übertragen auf die energetische Körpersprache ergibt dies eine Achse, die geistige und astrale Qualitäten in einer Polarität zu einem physischen und ätherischen Pol aufweist.

Dies ist die Kombination von Aktivitäten, die wir in der Natur und in lebenden Organismen finden. Wir haben die physischen und ätherischen Kräfte, die aus der Erde nach oben kommen, und die geistigen und astralen Aktivitäten, die sich von oben nach unten bewegen.

Jetzt haben wir eine dreidimensionale Form, wir können feststellen, dass der Tierkreis auf der horizontalen Ebene des Sonnenkreisels existiert.

Dr. Steiners Vorschlag

In „Der Mensch - Hieroglyphe des Universums" beschreibt RS die drei Ebenen des Kreisels und er ordnet die Prozesse des Denkens, Fühlens und Wollens den drei Ebenen zu, wobei er sich besonders auf den Tierkreis bezieht. Allerdings stellt er den Zodiak als vertikale Ebene dar. Dies gibt dem Kreisel eine spezifische Ausrichtung, wobei die gemischten Wirbel (Violett-Blau und Grün-Gelb) die vertikale Achse einnehmen, während die Achse der Hauptelemente die horizontale „Gefühlsebene" wird.

Was ich hier interessant finde, ist, dass RS die Beziehung des Menschen zum Kreisel beschreibt und somit die Orientierung, die die Anordnung der Körper, wie wir sie in der Natur finden, zur Grundlage der Orientierung macht.

RS spricht davon, in den Räumen zu leben, die durch die Unterteilung der drei Ebenen entstehen, und mit Hilfe dieses Diagramms sollte es möglich sein, die spirituelle Aktivität jeder der Zonen zu identifizieren, allerdings gibt es ein Problem, da RS nicht definiert hat, in welche Richtung er in Bezug auf den Tierkreis schaut. Wenn wir davon ausgehen, dass er die Ausrichtung der nördlichen Hemisphäre beibehalten hat, dann ist der Tierkreis oben und der Osten / Grün ist auf der linken Seite und der Westen / Blau auf der rechten Seite. Daher wird die Zone hinten rechts unten eine Mischung aus geistigen, astralen und physischen Qualitäten haben. Die vordere rechte obere Zone - von uns abgewandt - wäre eine Zone mit einigen astralen und einigen physischen Qualitäten.

Ich habe diese Vorschläge nur gemacht, um den Prozess zu zeigen, da ich gerne weitere Referenzen aus anderen Quellen als Kontrollmechanismus finden würde, bevor ich zu weit in diese Richtung gehe.

Ändern der Ausrichtung

Nachdem die Achsen „Denken, Fühlen und Wollen" bestimmt wurden, können wir eine weitere Beobachtung über die Bedeutung des Wechsels von der Nordpolorientierung zur horizontalen Ebene machen. Die Nordpolachse ist die Gefühlsachse, während die horizontale Achse der Wille ist. Wir haben also ein Bild von der Menschheit, die sich mit dieser Änderung der Ausrichtung vom Fühlen zum Wollen bewegt. So kann die vertikale Achse des Denkens und Wollens über unseren Gefühlen auch als eine treffende Beschreibung unserer „modernen" Geschichte angesehen werden.

Nachwort

Während ich all dieses Material zusammenfügte und die Dualität der Orientierung betrachtete, die sich zwischen den astronomischen Realitäten und den von uns Menschen entwickelten Abstraktionen herausgebildet hat (S. 282, 10), und dann, wie ich dieses Phänomen als eine Polarität von kosmischer und irdischer oder archetypischer und subjektiver Aktivität einrahmte, und dann diese Dualität der Orientierung an der Ekliptik der Sonne oder am Nordpol der Erde betrachtete, was in Wirklichkeit bedeutet, sich am Magnetfeld der Erde zu orientieren, frage ich mich: ... Ich habe auch die Bewegung des Fokus der Menschheit von den Konstellationen zu den Zeichen und damit eine Bewegung von der Galaxis zu unserer Sonne als einen Prozess der Verinnerlichung des Geistes durch die Menschheit beschrieben. Jahrhunderte lang haben wir den Geist verinnerlicht und unsere eigene Beziehung zu „Gott" aufgebaut, ohne dass wir uns auf äußere Priesterschaften und dergleichen beziehen. Dieser Zustand ist die Erfüllung der von Christus gestellten Herausforderung des Fische-Zeitalters. 2000 Jahre lang vertrat er das Motto: Werde eins mit Gott und sei freundlich zu den Menschen - und das ist jetzt für die gesamte Menschheit möglich.

Nun frage ich mich, wie wir, wenn wir den nächsten Schritt machen und uns am Organisationsfeld der Erde orientieren, anstatt am Pfad der Sonne, „auf die Erde kommen" und „Gott, den Vater, töten". Es geht also um mich und das Universum, nicht so sehr als Atheist, sondern als bewusstes, gebildetes, intelligentes Individuum, das jetzt über das Wissen verfügt, das mir zur Verfügung steht, um die formativen Prozesse des Universums zu kennen und wie sie sich auf der Erde manifestieren. Es besteht also keine Notwendigkeit für einen Schöpfergott, der über uns steht. Wir können wissen, dass wir und alle anderen „Wesen", denen wir im Universum begegnen, Manifestationen von Bewegungen über einen langen Zeitraum sind, und dass ich letztendlich für meine Reise mit dem Universum voll verantwortlich bin. Es gibt keinen Vatergott, der meine Existenz definiert. Es mag durchaus andere Wesen im Universum geben, die in der Vergangenheit als Engel und Halbgötter bezeichnet wurden, aber auch sie sind Manifestationen der Bewegung und von ähnlicher spiritueller Natur wie wir selbst. Wir können sogar mit ihnen interagieren und einen Sinn darin finden, uns für ihre Sache einzusetzen, so wie wir uns für die Sache eines menschlichen Führers einsetzen können, aber letztendlich geht es jetzt um mich und das Universum.

In vielerlei Hinsicht ist dies ein Bild für die Lebenseinstellung der Wassermänner. Sie stehen fest in ihrem eigenen Wissen, fürchten sich vor keiner Autorität und gehen den Weg, den sie für sich als richtig empfinden, mit großer Sorge um ihre Gemeinschaft und die Menschheit im Allgemeinen. Ist dies also die Botschaft oder die Haltung, die die Menschheit in den nächsten 2000 Jahren anstreben sollte?

Das Universum ist ein großer Ort, und deshalb schlage ich keine Haltung des rationalen materialistischen Atheismus vor, sondern eine Haltung, die das Universum als das wundersame Wesen anerkennt, das es ist, und alles, was dort ist, mit der Perspektive ehrt, dass wir aktive und verantwortliche Teilnehmer an allem sind, was dort ist. In der Vergangenheit war all dies in einem religiösen und mystischen Jargon verpackt, der auf dem Glauben an etwas basierte, das über uns hinausgeht. Es ist nicht mehr jenseits von uns. Wir können wissen, wir wissen, was da ist und was die elektromagnetischen Bewegungen der Planeten mit uns machen. Wir können uns objektiv mit ihrem Einfluss auf unser Leben auseinandersetzen und erkennen, dass es nicht Teufel oder Götter sind, die uns das antun, sondern wir leben die Ergebnisse unserer eigenen Handlungen, Gedanken und Gefühle aus, die wir in unsere Energiekörper eingebaut haben und die von den Bewegungen der Planeten beeinflusst werden. Jeder, der eine Internetverbindung hat, kann dies jetzt in allen Einzelheiten und kostenlos erfahren. Wie kann es ohne dieses intime Wissen um die Wirkung der Planeten einen objektiven Sinn für das Selbst im Universum geben? Es ist immer etwas, das es mit uns macht. Ja, es sind die Planeten, die Träger unsres Schicksals sind. Indem wir uns ihrer Botschaft und ihres Laufs bewusst werden, können wir wirklich objektiv sein und haben keine Angst vor einem „Vater Gott". Durch das Erlernen dieser Wassermann-Kunst verinnerlichen Sie den „Gott, der es Ihnen antut", und Sie werden die Erfahrung machen, dass Sie es sich selbst antun. Dies ist der nächste große Schritt nach vorn für die Menschheit. Ich hoffe, dass die Astrologie von fast jedem praktiziert wird. Sie ist nicht länger eine Wissenschaft für die Elite, sie ist für jeden zugänglich, und sie ist überraschend einfach, und mit Computern ist die Raffinesse der Informationen, die uns in Sekundenschnelle zur Verfügung stehen, weit jenseits dessen, wovon die meisten der am besten ausgebildeten Astrologen der Antike auch nur träumen konnten.

Es war interessant, kürzlich Paracelsus zu lesen, und so großartig der intuitive Weise aus dem 16. Jahrhundert auch war, der die Realität der Astrologie „Wie oben, so unten" voll und ganz unterstützte, so ist doch klar, dass er nicht über die Werkzeuge der persönlichen Astrologie verfügte. Er wusste nicht, in welchem Maße die Planeten auf seine Psyche einwirkten, da er nicht nachschauen und keine Horoskope erstellen konnte. Ich zweifle nicht daran, dass mit den heute so leicht verfügbaren Werkzeugen einige seiner Erkenntnisse ganz anders ausfallen würden.

Während ich dies schreibe, habe ich darüber nachgedacht, dass ich, je mehr ich in den letzten Jahren mit dem magnetischen Norden gearbeitet habe, auf meiner eigenen Reise immer mehr dazu gekommen bin, „den Vater Gott zu töten". Ich frage mich, wie die Reise selbst die Erfahrung hervorgebracht hat, welche die Bedeutung dieser Neuausrichtung zeigt.

Bibliographie

(1) **Agriculture**, ISBN 0-938-250-37-1, BDFGA USA

(2) **Spiritual Science and Medicine**, Steiner Books, 1920,
ISBN 0- 89345-263-7

(3) **Anthroposophical Spiritual Science and Medical Therapy**.
Rudolf Steiner Archive, April 11 1921 to April 18 1921,
http://wn.rsarchive.org /Lectures

(4) **Spiritual Relations in the Human Organism**, Mercury Press,
Oct 20 1922 – Oct 23 1922

(5) **Fundamentals of Anthroposophical Medicine**, Mercury Press,
Oct 26 – Oct 28 1922

(6) **The Healing Process** 1923-24, Anthroposophical Press
ISBN 0-88010-474-0

(7) **Pastoral Medicine**, Rudolf Steiner Archive,
http://wn.rsarchive.org /Lectures 8th Sep 1924 to 18th Sep 1924

(8) **Biodynamics Decoded**, The Garuda Trust, ISBN 0-474-09003-1

(9) **The Working of the Planets and the Life Processes in Man
and Earth** Dr B. Lievegoed, BDA UK
http://rimu.geek.nz/garuda/Agriculture/Ag%20Course%
20remix%203.pdf

(10) **Biodynamic Questions, Astrological Answers**,
The Garuda Trust. ISBN 978-0-473-28959-1

(11) **The Twelve Groups of Animals**, Dr E Kolisko, Clunies Ross
Press, ISBN 0-906492-06-8

(12) **Hortresearch Bird research document**
http://www.bdmax.co.nz/report2/report2.htm

(13) **Agriculture of Tomorrow**, L Kolisko , Kolisko Archive Publishers,
UK, ISBN0-906492-00-9

(14) **www.garudabd.org**

(15) **Enzo Nastati**
http://www.considera.org/reslit.html
see his commentary on the Agriculture Course.

(16) **The Energetic Activities** – The Garuda Trust,
ISBN 978-0-473-19960-9

(17) **Geisteswissenschaft und Medizin**, Zwanzig Vorträge für Ärzte
und Medizinstudierende,, Rudolf Steiner, ISBN: 978-3727467707
(vor allem die Vorträge vom 26.-28. Oktober 2022)

(18) **Substanzlehre, Zum Verständnis der Physik, der Chemie
und therapeutischer Wirkungen der Stoffe**, Rudolf Hauschka,
12. Aufl. 2007. XIV, 360 Seiten.

(19) **Kreis von Allem (= Circle of Everything):**
https://garudabd.org/2019/06/05/the-circle-of-everything/

Wells Kathedrale Haupthaus
Gyroskopisches Periodensystem

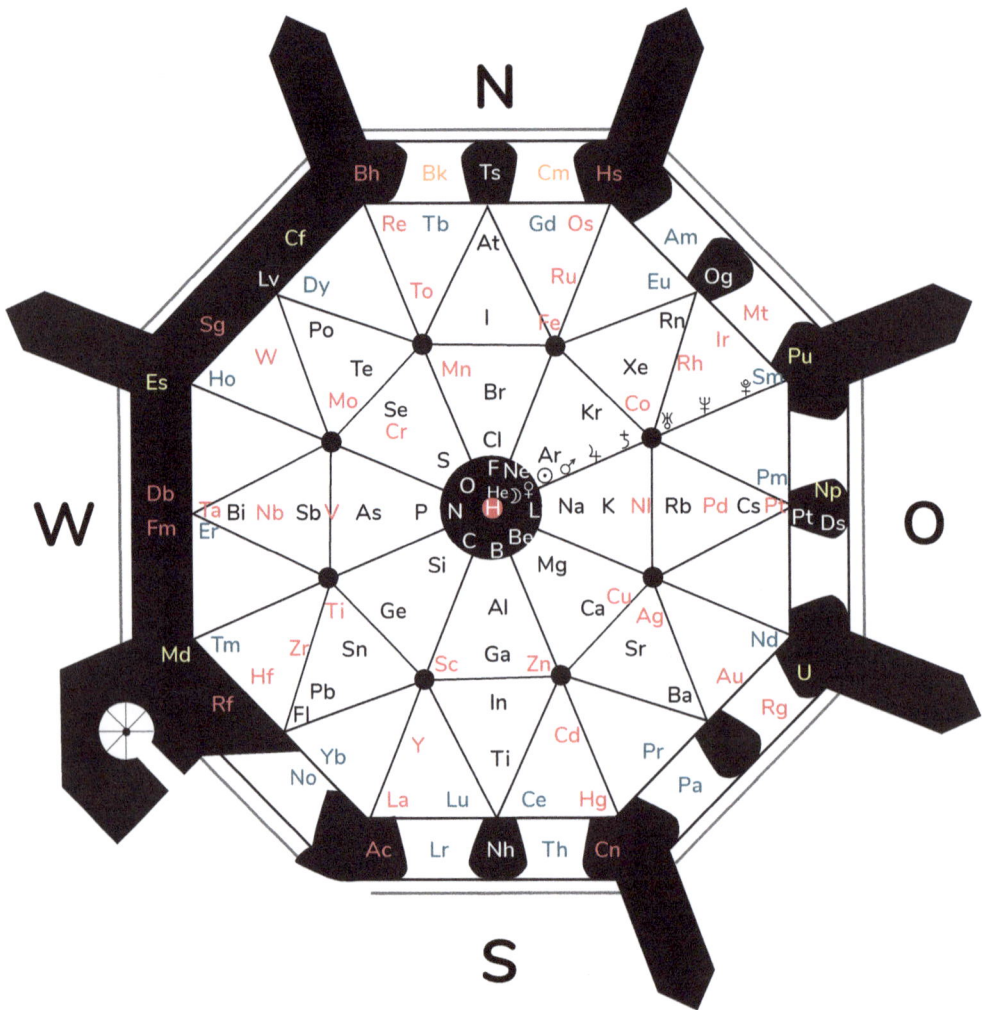

www.ingramcontent.com/pod-product-compliance
Lightning Source LLC
Chambersburg PA
CBHW042314210326
41599CB00038B/7122